"十三五"职业教育国家规划教材

建筑装饰工程施工技术

第 2 版

主　编　陈亚尊

副主编　姜秀丽

参　编　陈瑞涛　郭　倩　党云龙

U0216216

机械工业出版社

本书为"十三五"职业教育国家规划教材，按照实际的建筑装饰工程项目分类，用完成实际工程任务的形式来引导学生自主学习，以"任务驱动"为特色进行编写。本书共分6个项目29个任务，项目包括地面装饰施工、墙柱面抹灰装饰施工、墙柱面装饰施工、吊顶装饰施工、轻质隔墙工程施工、幕墙工程施工。

本书可作为职业院校建筑装饰类专业的教材，也可作为装饰专业技术工人的培训教材，还可作为装饰及相关专业技术人员自学的资料。

为方便教学，本书配套有电子课件、学习素材（书中任务拓展内容）和微课视频等数字化资源，凡使用本书作为教材的教师可登录机械工业出版社教育服务网 www.cmpedu.com 进行注册下载。教师也可加入"机工社职教建筑 QQ 群：221010660"索取相关资料，咨询电话：010-88379934。

图书在版编目（CIP）数据

建筑装饰工程施工技术/陈亚尊主编. —2 版. —北京：机械工业出版社，2019.9（2023.2 重印）

"十三五"职业教育国家规划教材

ISBN 978-7-111-63937-4

Ⅰ. ①建…　Ⅱ. ①陈…　Ⅲ. ①建筑装饰 – 工程施工 – 高等职业教育 – 教材　Ⅳ. ①TU767

中国版本图书馆 CIP 数据核字（2019）第 214790 号

机械工业出版社（北京市百万庄大街 22 号　邮政编码 100037）
策划编辑：王莹莹　沈百琦　责任编辑：王靖辉　王莹莹
责任校对：郑　婕　　　　　封面设计：马精明
责任印制：单爱军
北京虎彩文化传播有限公司印刷
2023 年 2 月第 2 版第 6 次印刷
184mm×260mm · 22.25 印张 · 376 千字
标准书号：ISBN 978-7-111-63937-4
定价：58.00 元（含任务手册）

电话服务　　　　　　　　　网络服务
客服电话：010-88361066　　机　工　官　网：www.cmpbook.com
　　　　　010-88379833　　机　工　官　博：weibo.com/cmp1952
　　　　　010-68326294　　金　书　网：www.golden-book.com
封底无防伪标均为盗版　机工教育服务网：www.cmpedu.com

关于"十三五"职业教育国家规划教材的出版说明

2019 年 10 月，教育部职业教育与成人教育司颁布了《关于组织开展"十三五"职业教育国家规划教材建设工作的通知》（教职成司函〔2019〕94 号），正式启动"十三五"职业教育国家规划教材遴选、建设工作。我社按照通知要求，积极认真组织相关申报工作，对照申报原则和条件，组织专门力量对教材的思想性、科学性、适宜性进行全面审核把关，遴选了一批突出职业教育特色、反映新技术发展、满足行业需求的教材进行申报。经单位申报、形式审查、专家评审、面向社会公示等严格程序，2020 年 12 月教育部办公厅正式公布了"十三五"职业教育国家规划教材（以下简称"十三五"国规教材）书目，同时要求各教材编写单位、主编和出版单位要注重吸收产业升级和行业发展的新知识、新技术、新工艺、新方法，对入选的"十三五"国规教材内容进行每年动态更新完善，并不断丰富相应数字化教学资源，提供优质服务。

经过严格的遴选程序，机械工业出版社共有 227 种教材获评为"十三五"国规教材。按照教育部相关要求，机械工业出版社将坚持以习近平新时代中国特色社会主义思想为指导，积极贯彻党中央、国务院关于加强和改进新形势下大中小学教材建设的意见，严格落实《国家职业教育改革实施方案》《职业院校教材管理办法》的具体要求，秉承机械工业出版社传播工业技术、工匠技能、工业文化的使命担当，配备业务水平过硬的编审力量，加强与编写团队的沟通，持续加强"十三五"国规教材的建设工作，扎实推进习近平新时代中国特色社会主义思想进课程教材，全面落实立德树人根本任务。同时突显职业教育类型特征，遵循技术技能人才成长规律和学生身心发展规律，落实根据行业发展和教学需求及时对教材内容进行更新的要求；充分发挥信息技术的作用，不断丰富完善数字化教学资源，不断提升教材质量，确保优质教材进课堂；通过线上线下多种方式组织教师培训，为广大专业教师提供教材及教学资源的使用方法培训及交流平台。

教材建设需要各方面的共同努力，也欢迎相关使用院校的师生反馈教材使用意见和建议，我们将组织力量进行认真研究，在后续重印及再版时吸收改进，联系电话：010-88379375，联系邮箱：cmpgaozhi@ sina. com。

机械工业出版社

　　本书是在国家大力发展职业教育，改革职业教育的教学模式，明确培养高素质、高技能的实用型技术人才的形势下，按照教学中"理论联系实际，以学生为课堂主体"的要求。以"怎么做就怎么教"为原则编写的。

　　本书主要有以下特色：

　　1. 以工作过程为导向　全书按照实际的建筑装饰工程项目进行分类，用完成实际工程任务的形式来引导学生自主学习，书中图片大量采用工程实际施工照片，更加形象、直观，培养学生对实际工程的认知。

　　2. 以工作任务为载体　每个任务设置"任务描述""任务目标""知识准备""任务实施""任务评价""任务拓展"六个环节，使学生明确任务内容，知道学习目标，掌握必须的理论知识和实际的操作技能，如果想要进一步学习也可了解任务拓展内容。这样，使学生在完成任务的过程中掌握专业技能。

　　3. 以"互联网＋职业教育"为形式　本书所有任务均配有微课视频，以二维码形式体现，方便自主学习；配有对应的任务手册，可以根据实际情况灵活布置任务形式。本书配套课程已建设完整的线上课程，教师和学生均可免费使用。

　　本书教学内容及课时安排建议见下表：

项目	名　　称	任　　务	课时安排
项目1	地面装饰施工	水泥砂浆地面施工	4
		陶瓷地砖地面施工	6
		大理石地面施工	4
		塑料地板地面施工	2
		木地板地面施工	4
		活动地板地面施工	4
		地毯施工	2

（续）

项目	名　称	任　务	课时安排
项目 2	墙柱面抹灰装饰施工	一般抹灰墙面施工	6
		干粘石墙面施工	2
		拉毛灰墙面施工	2
		斩假石墙面施工	4
项目 3	墙柱面装饰施工	外墙涂料施工	4
		内墙涂料施工	6
		壁纸裱糊施工	4
		内墙镶贴瓷砖施工	4
		外墙镶贴瓷砖施工	2
		墙面贴挂石材施工	2
		木龙骨镶板施工	6
		软包墙面施工	2
		金属板包柱面施工	4
项目 4	吊顶装饰施工	木龙骨吊顶施工	4
		轻钢龙骨吊顶施工	6
		铝合金格栅吊顶施工	2
项目 5	轻质隔墙工程施工	轻钢龙骨纸面石膏板隔墙施工	6
		石膏空心条板隔墙施工	2
		玻璃砖隔墙施工	4
项目 6	幕墙工程施工	玻璃幕墙施工	4
		金属幕墙施工	2
		石材幕墙施工	4

　　本书由河北城乡建设学校陈亚尊担任主编、姜秀丽任副主编，河北城乡建设学校陈瑞涛、郭倩、党云龙参与编写。全书编写分工如下：陈亚尊编写项目 1，姜秀丽编写项目 2，郭倩编写项目 3，陈瑞涛编写项目 4、项目 5，党云龙编写项目 6。

　　由于编者水平有限，书中难免有不妥和错漏之处，恳请同行和读者批评指正。

编　者

微课列表

序号	名　称	二维码	页码	序号	名　称	二维码	页码
1	水泥砂浆地面施工		1	10	塑料地板地面施工过程		31
2	水泥砂浆地面平整方法		1	11	木地板地面施工准备		40
3	陶瓷地砖地面施工准备		12	12	木地板地面施工过程		40
4	陶瓷地砖地面施工过程		12	13	活动地板地面施工准备		51
5	有地漏的房间如何铺贴地砖		12	14	活动地板地面施工过程		51
6	大理石地面施工准备		22	15	地毯地面施工准备		58
7	大理石地面铺贴过程		22	16	地毯地面施工过程		58
8	大理石地面试拼与试铺		22	17	一般抹灰墙面施工		68
9	塑料地板地面施工准备		31	18	干粘石、水刷石装饰抹灰墙面施工		78

（续）

序号	名称	二维码	页码	序号	名称	二维码	页码
19	拉毛灰、拉条灰装饰抹灰墙面施工		87	30	木龙骨吊顶施工		173
20	斩假石墙面施工		93	31	轻钢龙骨吊顶施工		184
21	外墙涂料施工		99	32	铝合金格栅吊顶施工		193
22	内墙涂料施工		108	33	轻钢龙骨纸面石膏板隔墙施工		199
23	壁纸裱糊施工		115	34	石膏空心条板隔墙施工		207
24	内墙镶贴瓷砖施工		123	35	玻璃砖隔墙施工		215
25	外墙镶贴瓷砖施工		133	36	玻璃幕墙施工准备		224
26	墙面贴挂石材施工		141	37	玻璃幕墙施工过程		224
27	木龙骨镶板施工		149	38	金属幕墙施工		236
28	软包墙面施工		155	39	石材幕墙施工		243
29	金属板包柱面施工		164				

Contents

目 录

前言

微课列表

项目 1 地面装饰施工 ··· **1**

    任务 1.1 水泥砂浆地面施工 ··· 1

    任务 1.2 陶瓷地砖地面施工 ·· 12

    任务 1.3 大理石地面施工 ··· 22

    任务 1.4 塑料地板地面施工 ·· 31

    任务 1.5 木地板地面施工 ··· 40

    任务 1.6 活动地板地面施工 ·· 50

    任务 1.7 地毯施工 ·· 58

项目 2 墙柱面抹灰装饰施工 ·· **68**

    任务 2.1 一般抹灰墙面施工 ·· 68

    任务 2.2 干粘石墙面施工 ··· 78

    任务 2.3 拉毛灰墙面施工 ··· 87

    任务 2.4 斩假石墙面施工 ··· 93

项目 3 墙柱面装饰施工 ··· **99**

    任务 3.1 外墙涂料施工 ·· 99

    任务 3.2 内墙涂料施工 ·· 108

    任务 3.3 壁纸裱糊施工 ·· 115

    任务 3.4 内墙镶贴瓷砖施工 ·· 123

任务 3.5　外墙镶贴瓷砖施工 ·· 133

任务 3.6　墙面贴挂石材施工 ·· 141

任务 3.7　木龙骨镶板施工 ·· 149

任务 3.8　软包墙面施工 ·· 155

任务 3.9　金属板包柱面施工 ·· 164

项目 4　吊顶装饰施工 ·· 173

任务 4.1　木龙骨吊顶施工 ·· 173

任务 4.2　轻钢龙骨吊顶施工 ·· 184

任务 4.3　铝合金格栅吊顶施工 ·· 193

项目 5　轻质隔墙工程施工 ·· 199

任务 5.1　轻钢龙骨纸面石膏板隔墙施工 ································ 199

任务 5.2　石膏空心条板隔墙施工 ······································ 207

任务 5.3　玻璃砖隔墙施工 ·· 215

项目 6　幕墙工程施工 ·· 224

任务 6.1　玻璃幕墙施工 ·· 224

任务 6.2　金属幕墙施工 ·· 236

任务 6.3　石材幕墙施工 ·· 243

参考文献 ··· 252

项目 1

地面装饰施工

地面装饰作为三大装饰界面的一个重要组成部分，是装饰施工中的一项重要内容。通过完成整体地面施工、陶瓷地砖地面施工、大理石地面施工、塑料地板地面施工、木地板地面施工、活动地板地面施工、地毯施工的学习任务，达到本项目的学习目标：

1. 了解楼地面装饰的基本类型。
2. 掌握常见的地面装饰施工技术。
3. 开拓装饰施工设计思维。

任务 1.1 水泥砂浆地面施工

整体面层地面是指由水泥砂浆、水泥石子浆等材料一次性连续铺筑而成的地面面层。常见的整体地面有水泥砂浆地面、水泥混凝土地面、水磨石地面、自流平地面等。水泥砂浆地面、水泥混凝土地面、自流平地面一般作为其他地面装饰施工的基层。

水泥砂浆
地面施工

任务描述

进行水泥砂浆地面施工方案设计，主要工作包括：首先检查工程现场的作业条件，讨论现场情况；然后根据《建筑工程施工技术标准》《建筑装饰工程施工手册》，制定水泥砂浆地面施工方案。

水泥砂浆地面
平整方法

任务目标

一、知识目标

1. 了解水泥砂浆地面施工的材料、机具要求。
2. 了解水泥砂浆地面施工的作业条件。
3. 掌握水泥砂浆地面施工的步骤及技术要点。
4. 熟悉水泥砂浆地面工程质量验收。

二、技能目标

1. 能根据需要选用符合质量要求的材料。
2. 能配置施工过程需要的机具。
3. 能合理安排施工流程。
4. 能掌握施工中的操作要点。
5. 能在施工现场进行水泥砂浆地面质量检查。

知识准备

水泥砂浆地面是在混凝土垫层或楼板上抹水泥砂浆形成的楼地面面层。水泥砂浆地面的构造有楼层地面与底层地面两种：楼层地面做法是在楼板上抹一层20~25mm厚1:2.5水泥砂浆；底层地面做法是先做垫层，再在垫层上铺20~25mm厚1:2.5水泥砂浆，抹平压光。水泥砂浆楼地面做法如图1-1所示。

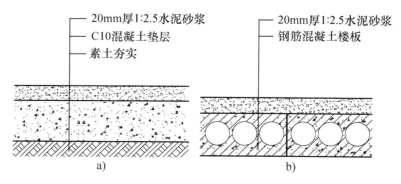

图1-1 水泥砂浆楼地面做法
a）底层地面做法 b）楼层地面做法

水泥砂浆地面施工构造图如图 1-2 所示。

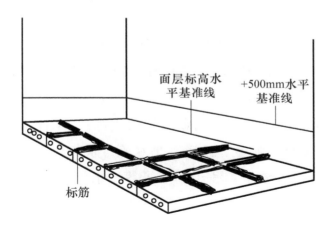

图 1-2　水泥砂浆地面施工构造图

任务实施

根据施工现场情况，按照水泥砂浆地面的施工做法进行施工方案的设计。

一、任务准备

（一）主要材料（图 1-3）

1. 水泥

硅酸盐水泥、普通硅酸盐水泥。不同品种、不同强度等级的水泥严禁混用。观察检查，检查材质合格证明文件和检测报告。结块或受潮的水泥不得使用。

图 1-3　水泥砂浆地面主要材料

2. 砂

应采用中砂或粗砂，过 8mm 孔径筛子，含泥量不应大于 3%。

3. 石屑

粒径宜为 1~5mm，含泥量不应大于 3%。防水水泥砂浆采用的砂和石屑含泥量不应大于 1%。

4. 水

水泥砂浆的拌合水、地面养护用水，都应使用饮用水（自来水），以免因水中其他的侵蚀性介质腐蚀水泥砂浆中的水泥石而降低地面的耐久性。

（二）主要机具

搅拌机、手推车、木刮杠（可用金属刮杠代替）、木抹子（可用塑料抹子代替）、铁抹子、劈缝溜子、喷壶、铁锹、小水桶、长把刷子、扫帚、钢丝刷、粉线包（可用墨斗代替）、錾子、锤子、筛子等。水泥砂浆地面施工主要机具如图 1-4 所示。

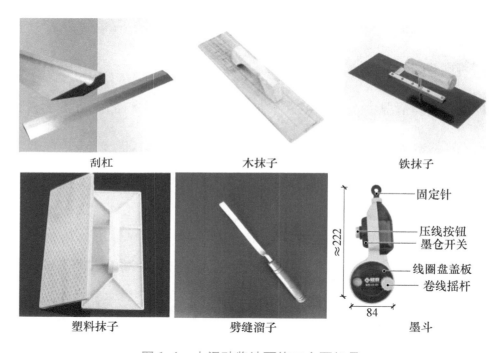

图 1-4　水泥砂浆地面施工主要机具

（三）作业条件

1）地面（或楼面）的垫层以及预埋在地面内的各种管线已施工完毕。穿过楼面的竖管已安装完毕，管洞已堵塞密实。有地漏房间应找好泛水。

2）墙面的 +500mm 水平标高基准线已弹在四周墙上。

3）门框已立好，并在框内侧做好保护，防止手推车碰坏。

4）墙、顶抹灰已做完。

5）屋面防水已施工完毕。

二、施工工艺流程

水泥砂浆楼地面施工工艺流程：①基层处理→②找标高、弹线→③洒水湿润→④抹灰饼和标筋→⑤搅拌砂浆→⑥刷水泥浆结合层→⑦铺水泥砂浆面层→⑧木抹子搓平→⑨铁抹子压第一遍→⑩第二遍压光→⑪第三遍压光→⑫养护。

三、施工步骤

（一）基层处理

先将基层上的灰尘扫掉，用钢丝刷和錾子刷净，剔掉灰浆皮和灰渣层，用10%的火碱水溶液刷掉基层上的油污，并用清水及时将碱液冲净。明显凹陷处用水泥砂浆或细石混凝土填平，表面光滑处应凿毛并清刷干净。抹砂浆前1d浇水湿润基层（图1-5），表面积水应排除。对表面不平且低于铺设标高30mm的部位，铺设前应用细石混凝土找平。

图1-5 抹砂浆前1d浇水湿润基层

厨房、浴室、厕所等房间的地面，必须找好流水坡度，有地漏的房间，坡向地漏的坡度不小于5%。弹好水平线，避免地面积水或倒流水。找平时，注意各室内与走廊高度的关系。

小提示：在进行地面铺设前，要对门框再次校核找正。方法是：先将门框的锯口线找平校正，并注意在地面面层砂浆铺设后，门扇与地面的间隙（风路）应符合规定要求；然后固定好门框，防止松动和位移。

（二）找标高、弹线

根据墙上的+500mm水平线，往下量测出面层标高，将面层上皮的水平基准线弹在四周墙上，如图1-6、图1-7所示。

（三）洒水湿润

用喷壶将地面基层均匀洒水一遍。

图 1-6　垂直测量找平标高

图 1-7　弹出面层基准线

（四）抹灰饼和标筋（或称为冲筋）

根据面层标高水平基准线，拉水平线开始抹灰饼（50mm×50mm），横竖间距为 1.5～2.0m，灰饼上平面即为地面面层标高。如果房间较大，应用水准仪测出基层的实际标高并算出面层的平均厚度，确定面层标高，然后做灰饼，如图 1-8～图 1-10 所示。

图 1-8　定位灰饼

图 1-9　做灰饼，水准仪控制灰饼标高

抹标筋（或称为冲筋），将水泥砂浆铺在灰饼之间，宽度与灰饼宽相同，用木抹子拍抹成与灰饼上表面相平一致，如图 1-11～图 1-13 所示。铺抹灰饼和标筋的砂浆材料配合比均与抹地面的砂浆相同。

小提示：要注意控制面层的厚度，面层的厚度应与门框的锯口线吻合。

（五）搅拌砂浆

水泥砂浆的配合比宜为 1∶2（水泥∶砂，体积比），其稠度不应大于 35mm，强度等级不应小于 M15。使用机械搅拌器，投料完毕后的搅拌时间不应少于 2min，要求搅拌均匀，颜色一致。

图1-10　控制好灰饼的间距与标高

图1-11　抹标筋，用靠尺找平冲筋

图1-12　房间较大时，用水平仪找基准点

图1-13　完成的冲筋

（六）刷水泥浆结合层

在铺设水泥砂浆之前，应涂刷素水泥浆一层，其水胶比为0.4～0.5（涂刷之前要将抹灰饼的余灰清扫干净，再洒水湿润），涂刷面积不要过大，随刷随铺面层砂浆，如图1-14所示。

（七）铺水泥砂浆面层

涂刷素水泥浆之后紧跟着铺水泥砂浆。在灰饼之间（或标筋之间）将砂浆铺均匀，注意水泥砂浆虚铺厚度宜高于灰饼3～4mm，随铺随用木抹子拍实；然后用木刮杠按灰饼（或标筋）

图1-14　刷素水泥浆

高度刮平，如图1-15、图1-16所示。

小提示： 施工时要由里往外刮到门口，水平面符合门框锯口线标高。

图 1-15　铺水泥砂浆面层，木抹子拍实

图 1-16　木刮杠刮平

（八）木抹子搓平

木刮杠刮平的同时把灰饼剔掉，并用砂浆填平；然后立即用木抹子搓揉压实，从内向外退着操作，并随时用 2m 靠尺或刮杠检查其平整度，如图 1-17、图 1-18 所示。

小提示： 如单用木抹子不足以让地面到达需要的平整度时，可用更大更平整的铝合金刮杠。为了防止留下脚迹，一般都是退着刮，并要刮得分外细致。

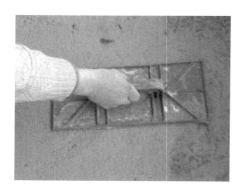

图 1-17　木（塑料）抹子搓揉压实

图 1-18　由内向外退着操作

（九）铁抹子压第一遍

待砂浆收水后，随即用铁抹子压第一遍，用力要均匀，尽量压得轻一些，使抹子纹浅一些，以压光后无水纹为宜，如图 1-19 所示。如局部砂浆过干，可用毛刷稍洒水；如果砂浆过稀表面有泌水现象时，可均匀撒一遍干水泥和砂（1:2）的拌合料（砂子要过 3mm 筛），并随手用木抹子用力搓平，使干拌料与砂浆层紧密结合，

吸水后用铁抹子压平。此外，还应将施工时踩上的脚印及其他痕迹压平，刮干净。

> **小提示：** 如表面无多余的水分，不应撒干水泥和砂，以免引起面层干缩或开裂。

（十）第二遍压光

面层砂浆初凝后，人踩上去，有脚印但不下陷时，用铁抹子压第二遍，边抹压边把砂眼、坑凹处填平，要求不漏压，表面压平、压光，如图1-20所示。第二遍压光最重要，表面要清除孔隙、气泡，做到平整、光滑。

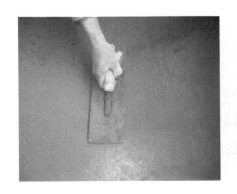

图1-19 铁抹子压第一遍

图1-20 铁抹子压第二遍

（十一）第三遍压光

在水泥砂浆终凝前（人踩上去稍有脚印）进行第三遍压光。铁抹子抹上去不再有抹纹时，用铁抹子把第二遍抹压时留下的全部抹纹压平、压实、压光，如图1-21所示。

> **小提示：** 第三遍压光必须在终凝前完成。

（十二）养护

地面压光完工后24h，铺锯木屑或其他材料覆盖，浇水养护（图1-22），保持湿润，养护时间不少于7d。当抗压强度达到5MPa才能上人。

> **小提示：** 浇水养护的时间要合适，一般春秋季48h后浇水，炎热的夏季24h以后浇水即可。浇水过早易起皮；过晚，又影响地面强度的增长，易开裂或起砂。保湿养护的时间长短，应根据所使用的水泥品种来决定。一般情况下，硅酸盐水泥和普通硅酸盐水泥的保湿时间不得少于7d，矿渣水泥的保湿时间不得少于14d。

冬期施工时，室内温度不得低于5℃。

图 1-21　铁抹子压第三遍

图 1-22　浇水养护

四、质量检验

（一）建筑地面工程施工质量检验一般规定

1）基层（各构造层）和各类面层的分项工程的施工质量验收应按每一层次或每层施工段（或变形缝）划分检验批，高层建筑的标准层可按每 3 层（不足 3 层按 3 层计）划分检验批。

2）每检验批应以各子分部工程的基层（各构造层）和各类面层所划分的分项工程按自然间（或标准间）检验，抽查数量应随机检验不应少于 3 间；不足 3 间，应全数检查；其中走廊（过道）应以 10 延长米为 1 间，工业厂房（按单跨计）、礼堂、门厅应以两个轴线为 1 间计算。

3）有防水要求的建筑地面子分部工程的分项工程施工质量每检验批抽查数量应按其房间总数随机检验不应少于 4 间，不足 4 间，应全数检查。

（二）水泥砂浆地面面层施工的主要检验项目

水泥砂浆地面面层施工的主要检验项目见表 1-1。

表 1-1　水泥砂浆地面面层施工主要检验项目

主控项目	① 水泥宜采用硅酸盐水泥、普通硅酸盐水泥，不同品种、不同强度等级的水泥严禁混用。砂应为中粗砂。当采用石屑时，其粒径应为 1～5mm，含泥量不应大于 3%。防水水泥砂浆，采用的砂和石屑含泥量不应大于 1% ② 防水水泥砂浆中掺入的外加剂的技术性能应符合国家现行有关标准的规定，外加剂的品种和掺量应经试验确定 ③ 水泥砂浆的体积比（强度等级）必须符合设计要求；且体积比应为 1:2，强度等级不应小于 M15 ④ 有排水要求的水泥砂浆地面，坡度应正确，排水通畅，防水水泥砂浆面层不应渗漏 ⑤ 面层与下一层应结合牢固，无空鼓和开裂。当出现空鼓时，空鼓面积不大于 400cm²，且每自然间（标准间）不应多于 2 处

（续）

一般项目	① 面层表面的坡度应符合设计要求，不得有倒泛水和积水等现象 ② 面层表面应洁净，无裂纹、脱皮、麻面、起砂等缺陷 ③ 踢脚线与柱、墙面应紧密结合，踢脚线的高度及出柱、墙面的厚度应符合设计要求且均匀一致。当出现空鼓时，局部空鼓长度不应大于300mm，且每自然间（标准间）不应多于2处 ④ 楼梯、台阶踏步的宽度、高度应符合设计要求。楼层楼梯梯段相邻高度差不应大于10mm，每踏步两端高度差不应大于10mm，旋转楼梯梯段的每踏步两端宽度的允许偏差不应大于5mm。踏步面层应做防滑处理，边角应正确，防滑条应顺直，坚固

（三）水泥砂浆面层的允许偏差和检验方法

水泥砂浆面层的允许偏差和检验方法见表1-2。

表1-2　水泥砂浆面层的允许偏差和检验方法

项次	项　目	允许偏差/mm									检验方法
		水泥混凝土面层	水泥砂浆面层	普通水磨石面层	高级水磨石面层	水泥钢（铁）屑面层	防油渗混凝土和不发火（防爆）面层	自流平面层	涂料面层	塑胶面层	
1	表面平整度	5	4	3	2	4	5	2	2	2	用2m靠尺和楔形塞尺检查
2	踢脚线上口平直	4	4	3	3	4	4	3	3	3	拉5m线和用钢尺捡查
3	缝格顺直	3	3	3	2	3	3	2	2	2	

五、填写任务手册

完成施工方案的设计，设计中必须明确实际工程的材料与机具要求和施工工艺，以及现场进行的质量检测，并填写"任务手册"中项目1的任务1。

📝 任务评价

水泥砂浆地面施工方案的设计任务，重点考核施工方案内容的完整性与合理性、学生的施工方案设计能力和现场处理问题能力，并结合学生完成任务的积极性与严谨性进行综合评价。

💡 任务拓展

在其他类型的整体面层中，自流平地面的应用越来越广泛，细石混凝土地面作为常规楼地面应用也较多，水磨石地面已经比较少应用。它们的施工做法可以参见本书配套资源"1.1 自流平地面施工"。

任务 1.2 　陶瓷地砖地面施工

板块面层地面是将定型生产的各种不同规格的块材产品，用铺砌或粘贴的方法形成的楼地面。常见的板块面层有陶瓷地砖面层、大理石和花岗石面层、预制板块面层、料石面层、塑料板面层等。

任务描述

进行陶瓷地砖地面的装饰施工实训，主要工作包括：查看实训现场情况；设计地砖铺贴图案，设计施工方案；准备施工机具与材料；合理安排陶瓷地砖地面的施工步骤；在施工过程中进行质量检测。

实训中，注意特殊构造节点的施工技术要求，注意施工安全。

陶瓷地砖地面
施工准备

任务目标

一、知识目标

1. 了解陶瓷地砖施工主要材料及机具要求。
2. 了解陶瓷地砖地面施工的作业条件。
3. 掌握陶瓷地砖地面的施工步骤及技术要点。
4. 了解陶瓷地砖地面工程质量检验知识。

陶瓷地砖地面
施工过程

二、技能目标

1. 掌握主要材料常用的检验方法。
2. 能配置施工过程需要的机具。
3. 掌握陶瓷地砖地面施工工序及施工技术要点。
4. 能在现场进行陶瓷地砖地面施工质量的检验。

有地漏的房间
如何铺贴地砖

知识准备

陶瓷地砖地面是在混凝土垫层或楼板上铺贴陶瓷地砖形成的面层。陶瓷地砖种类繁多，有陶瓷锦砖、劈离砖、缸砖、仿石抛光砖等，具有面层薄、重量轻、造价低、美观耐磨、色彩丰富、耐污染、易清洗等优点。陶瓷地砖地面是家庭地面和公共场所地面的主要装饰类型，不同类型的陶瓷地砖施工大同小异。陶瓷地砖地面做法如图1-23所示。

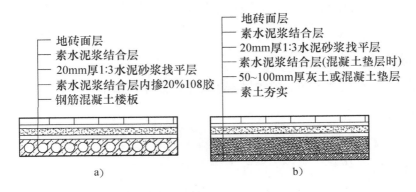

图1-23 陶瓷地砖地面做法

a）陶瓷地砖楼面做法 b）陶瓷地砖地面做法

陶瓷地砖地面施工构造如图1-24所示。

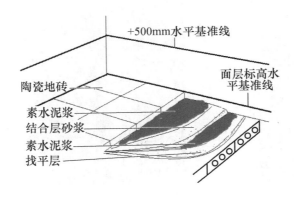

图1-24 陶瓷地砖地面施工构造

📱 **任务实施**

查看施工任务现场情况，按照陶瓷地砖地面的施工过程完成实训任务。

一、施工准备

（一）主要材料

1. 水泥

采用硅酸盐水泥、普通硅酸盐水泥或矿渣硅酸盐水泥。水泥砂浆的体积比

（强度等级）应符合设计要求。

2. 砂

粗砂或中砂，含泥量不大于3%，过8mm孔径的筛子。砂应符合国家现行行业标准《普通混凝土用砂、石质量及检验方法标准》（JGJ 52—2006）的有关规定。

3. 胶结材料

结合层和板块面层填缝的胶结材料（图1-25），应符合国家现行有关标准的规定和设计要求。

4. 地砖

地砖进场验收合格后，在施工前应进行挑选，将有质量缺陷的先剔除，然后将面砖按大、中、小三类挑选后分别码放在垫木上（图1-26）。色号不同的严禁混用，选砖用木条钉方框模子，拆包后每块地砖都进行套选，长、宽、厚尺寸允许偏差不得超过±1mm，平整度用直尺检查。

图1-25　胶结材料

图1-26　每箱都开箱检查，分类堆放

（二）主要工具

手推车、平锹、靠尺、浆壶、水桶、喷壶、铁抹子、木抹子、墨斗、钢卷尺、橡皮锤、尼龙线、水平尺、弯角方尺、钢錾子、台钻、合金钢钻、扫帚、切割机、钢丝刷等。陶瓷地砖地面施工主要机具如图1-27所示。

（三）作业条件

1）墙上四周弹好+500mm水平基准线。

2）地面防水层已经做完，室内墙面湿作业已经做完。

3）穿楼地面的管洞已经堵严塞实。

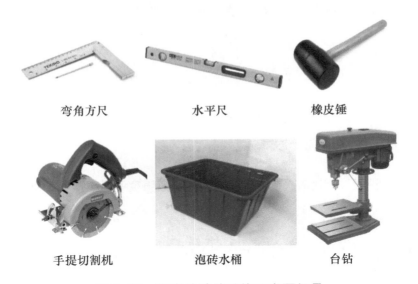

| 弯角方尺 | 水平尺 | 橡皮锤 |
| 手提切割机 | 泡砖水桶 | 台钻 |

图 1-27　陶瓷地砖地面施工主要机具

4）楼地面垫层已经做完。

5）地砖应预先用水浸湿，并码放好，铺时达到表面无明水。

6）复杂的地面施工前，应绘制施工大样图，并做出样板间，经检查合格后，方可大面积施工。

（四）陶瓷地砖铺贴平面图设计

陶瓷地砖铺贴前测量工作空间实际尺寸，进行地面铺贴图设计，如图 1-28 所示。

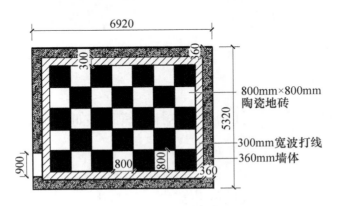

图 1-28　地面铺贴图

二、施工工艺流程

陶瓷地砖铺贴地面施工工艺流程：①基层处理→②找标高、弹线→③铺找平层→④弹铺砖控制线→⑤铺砖→⑥勾缝、擦缝→⑦养护→⑧镶贴踢脚板。

三、施工步骤

（一）基层处理

将基层表面的砂浆铲掉，清理干净（图 1-29）。有油污时，应用 10% 氢氧化钠溶液刷净，并用清水冲洗干净。

小提示：铺设板块面层时，其水泥类基层的抗压强度不得小于 1.2MPa。

（二）定标高、弹线

根据 +500mm 水平基准线和设计图纸确定板面标高。

小提示：一般厨房、卫生间地砖是在墙面砖铺贴完毕后施工，可以参照墙面砖标高或用激光水平仪定位，如图 1-30 所示。

图 1-29　用工具把地面清理干净　　　图 1-30　用激光水平仪、尺子确定板面标高

（三）铺找平层

用 1:3 水泥砂浆打底，木杠刮平，木抹子搓毛。如找坡度，要在冲筋时做出。做灰饼和冲筋以把握标高。

（四）弹铺砖控制线

1）先根据排砖图确定铺砌的缝隙宽度，一般为：缸砖 10mm，卫生间、厨房通体砖 3mm，房间、走廊通体砖 2mm。

2）根据排砖图及缝宽在地面上弹纵、横控制线，如图 1-31、图 1-32 所示。该十字线与墙面抹灰时控制房间方正的十字线要对应平行；开间方向的控制线要与走廊的纵向控制线平行，不平行时应调整至平行，以避免在门口位置的分色砖出现大小头。

小提示：拼花地面的排砖一定要提前弹控制线。

图 1-31　弹地面铺砖控制线

图 1-32　弹拼花地面铺砖控制线

（五）铺砖

1）铺砌前将地砖放入桶中浸水湿润，晾干后表面无明水时，方可使用，如图 1-33 所示。

为了找好位置和标高，应从门口开始，纵向先铺 2~3 行砖，以此为标筋拉纵横水平标高线。铺时应从里面向外退着操作，人不得踏在刚铺好的砖面上，每块砖应跟线，如图 1-34、图 1-35 所示。

图 1-33　浸砖

图 1-34　两端做标志块，拉水平控制线

2）找平层上洒水湿润，均匀涂刷素水泥浆（水胶比为 0.4~0.5），涂刷面积不要过大，铺多少刷多少，如图 1-36 所示。

3）铺结合层砂浆。结合层采用水泥砂浆，配合比为 1:3（体积比），应随拌随用，初凝前用完，防止影响粘结质量。干硬性程度以手捏成团，落地即散为宜。

图 1-35 拉纵向控制线

图 1-36 洒水湿润后抹素水泥浆

结合层的厚度为 10~25mm；铺设厚度以放上砖时高出面层标高线 3~4mm 为宜，铺好后用杠尺刮平，再用抹子拍实找平（铺设面积不得过大），如图 1-37 所示。

4）铺贴时，砖的背面朝上抹粘结砂浆（图 1-38），铺砌到水泥浆找平层上，砖上棱略高出水平标高线，找正、找直、找方后，砖上面垫木板，用橡皮锤拍实（如图 1-39）。顺序从内退着往外铺贴，做到面砖砂浆饱满、相接紧密、结实，与地漏相接处，用切割机将砖加工成与地漏形状相吻合。铺地砖时最好一次铺一间，大面积施工时，应采取分段、分部位铺贴。

图 1-37 铺设结合层砂浆

图 1-38 砖背面抹粘结砂浆

小提示：铺设时随时用水平尺和直尺检查，如图 1-40 所示。缝必须拉通长线，不能有偏差。分段分块尺寸事先排好，以免产生游缝、缝不匀和最后一块铺不上的现象。

5）拨缝、修整：铺完 2~3 行，应及时拉线检查缝格的平直度，如超出规定应立即修整，将缝拨直，并用橡皮锤拍实，如图 1-41 所示。此项工作应在结合层凝结之前完成。

图 1-39　橡皮锤拍实

图 1-40　水平尺和直尺检查

（六）勾缝、擦缝

面层铺贴完工后应在 24h 后进行勾缝、擦缝的工作。勾缝应采用同品种、同标号、同颜色的水泥，或用专门的嵌缝材料。

1）勾缝：用 1∶1 水泥细砂浆勾缝，缝内深度宜为砖厚的 1/3，要求缝内砂浆密实、平整、光滑。随勾随将剩余水泥砂浆清走、擦净，如图 1-42 所示。

图 1-41　检查缝格平直度，
超出规定立即修整

2）擦缝：如设计要求缝隙很小时，则要求接缝平直，在铺实修好的面层上用浆壶往缝内浇水泥浆，然后用干水泥撒在缝上，再用棉纱团擦揉，将缝隙填满。最后将面层上的水泥浆擦干净。

图 1-42　用嵌缝材料勾缝，随勾随擦

（七）养护

铺完砖 24h 后，洒水养护，时间不应少于 7d。

小提示：铺设地砖面层的结合层和填缝材料采用水泥砂浆时，在面层铺设后，表面应覆盖、湿润，养护时间不应少于 7d。当地砖面层的水泥砂浆结合层的抗压强度达到设计要求后，方可正常使用。

（八）镶贴踢脚板

踢脚板用砖，一般采用与地砖同品种、同规格、不同颜色的材料。踢脚板的缝与地面缝形成骑马缝。铺设时，应在房间的两端头阴角处各镶贴一块砖，出墙厚度和高度应符合设计要求，以此砖上棱为标准挂线，开始铺贴，砖背面朝上抹粘结砂浆（配合比 1∶2 水泥砂浆），使砂浆粘满整块砖为宜，及时粘贴在墙上，砖上棱要跟线并立即拍实，随之将挤出的砂浆刮掉，将面层清擦干净（在粘贴前，砖块要浸水晒干，墙面刷水润湿），如图 1-43 所示。

小提示：板块类踢脚线施工时，不得采用混合砂浆打底。

图 1-43　踢脚挂线贴砖

四、质量检验

（一）陶瓷地砖面层施工主要检验项目

陶瓷地砖面层施工主要检验项目见表 1-3。

表 1-3　陶瓷地砖面层施工主要检验项目

主控项目	① 陶瓷地砖面层所用板块产品应符合设计要求和国家现行有关标准的规定 ② 陶瓷地砖面层所用板块产品进入施工现场时，应有放射性限量合格的检验报告 ③ 陶瓷地砖面层与下一层的结合（粘结）应牢固，无空鼓

（续）

一般项目	① 陶瓷地砖面层表面应洁净、图案清晰，色泽应一致，接缝应平整，深浅应一致，周边应顺直。板块应无裂缝、掉角和缺楞等缺陷 ② 陶瓷地砖面层邻接处的镶边用料及尺寸应符合要求，边角应整齐、光滑 ③ 踢脚线表面应洁净，与柱、墙面的结合层应牢固。踢脚线的高度及出柱、墙厚度应符合设计要求，且均匀一致 ④ 楼梯、台阶踏步的宽度、高度应符合设计要求。踏步板块的缝隙宽度应一致；楼层梯段相邻踏步高度差不应大于10mm；每踏步两端高度差不应大于10mm，旋转楼梯梯段的每踏步两端宽度的允许偏差不应大于5mm。踏步面层应做防滑处理，棱角应整齐，防滑条应顺直、牢固 ⑤ 陶瓷地砖面层表面的坡度应符合设计要求，不倒泛水、无积水；与地漏、管道结合处应严密紧固，无渗漏

注：检测项目适用于陶瓷锦砖、陶瓷地砖、缸砖、水泥花砖面层施工。

（二）允许偏差和检验方法

板、块面层允许偏差和检验方法见表1-4。

表1-4　板、块面层的允许偏差和检验方法

项次	项目	允许偏差/mm											检验方法
		陶瓷锦砖面层高级水磨石板陶瓷地砖面层	无釉陶瓷地砖面层	水泥花砖面层	水磨石板块面层	大理石地面面层和花岗石地面面层	塑料地板面层	水泥混凝土板块面层	碎拼大理石、碎拼花岗岩面层	活动地板面层	条石面层	块石面层	
1	表面平整度	2.0	4.0	3.0	3.0	1.0	2.0	4.0	3.0	2.0	10.0	10.0	用2m靠尺和楔形塞尺检查
2	缝格平直	3.0	3.0	3.0	3.0	2.0	3.0	3.0	—	2.5	8.0	8.0	拉5m线和用钢尺检查
3	接缝高低差	0.5	1.5	0.5	1.0	0.5	0.5	1.5	—	0.4	2.0	—	用钢尺和楔形塞尺检查
4	踢脚缝上口平直	3.0	4.0		4.0	1.0	2.0	4.0	1.0				拉5m线和钢尺检查
5	板块间隙宽度	2.0	2.0	2.0	2.0	1.0	—	6.0	—	0.3	5.0	—	用钢尺检查

五、填写任务手册

完成地砖铺贴，进行质量检测，填写"任务手册"中项目1的任务2。

任务评价

完成陶瓷地砖的铺贴实训任务，根据施工现场情况进行现场考核，评价学生的现场操作能力和协调能力；查看学生的任务书，评价学生的工作组织能力和方案设计能力，给出对学生的综合评价。

任务拓展

陶瓷地砖施工新工艺——瓷砖粘接剂粘贴施工，陶瓷锦砖的施工与陶瓷地砖施工很相似，这两种工艺可以参见本书配套资源"1.2 瓷砖黏结剂粘贴施工"。

任务1.3 大理石地面施工

大理石（或花岗石）地面属于目前应用较多的块材类地面，应用水泥砂浆粘贴施工，与陶瓷地砖施工有所区别。

大理石地面
施工准备

任务描述

进行大理石地面施工工地参观实训，主要工作包括：参观施工工地工程现场；进行施工现场的安全教育；要求学生记录施工现场的机具与材料；观察大理石地面施工的步骤；学习施工过程中如何进行质量检测；注意特殊构造节点的施工技术；完成大理石地面的装饰施工参观后，写实习日记。

大理石地面
铺贴过程

任务目标

一、知识目标

大理石地面试
拼与试铺

1. 了解大理石地面施工的材料要求、机具准备情况。
2. 掌握大理石铺贴的施工工艺流程。
3. 了解大理石地面施工技术的特殊要求。
4. 熟悉大理石地面面层的工程质量验收。

二、技能目标

1. 能根据需要选用符合质量要求的材料。
2. 能掌握大理石地面铺贴的要求及方法。
3. 能现场进行大理石地面的质量检验。

知识准备

大理石地面是指在基层上铺设经人工加工的天然石材板材，这种面层具有表面美观、耐磨，施工工艺简单、快速的特点。

大理石楼面、地面构造如图1-44、图1-45所示。

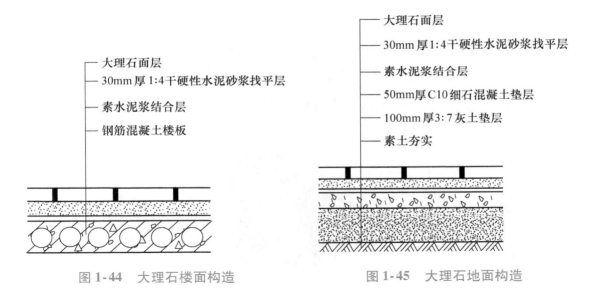

图1-44　大理石楼面构造　　　　　图1-45　大理石地面构造

任务实施

一、施工准备

（一）主要材料

1）天然大理石、花岗石的品种、规格应符合设计要求，技术等级、光泽度、外观质量要求应符合国家标准《天然大理石建筑板材》（GB/T 19766—2016）、《天然花岗石建筑板材》（GB/T 18601—2009）的规定。

2）水泥：硅酸盐水泥、普通硅酸盐水泥或矿渣硅酸水泥，其强度等级不宜小于42.5级。白水泥：白色硅酸盐水泥，其强度等级不小于42.5级。

3）砂：中砂或粗砂，其含泥量不应大于3%。

4）矿物颜料（擦缝用）、云石蜡、草酸，如图1-46所示。

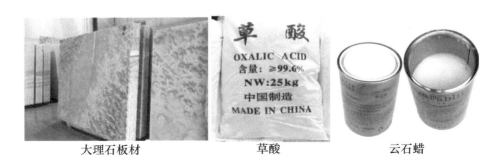

大理石板材　　　　　草酸　　　　　云石蜡

图1-46　大理石地面铺贴用材料

（二）主要工具

手推车、铁锹、靠尺、浆壶、水桶、喷壶、铁抹子、木抹子、墨斗、钢卷尺、尼龙线、橡皮锤（或木锤）、铁水平尺、弯角方尺、钢錾子、合金钢扁錾子、台钻、合金钢钻头、扫帚、砂轮锯、磨石机、钢丝刷等，如图1-47所示。

钢錾子　　　　　砂轮锯　　　　　磨石机

图1-47　石材地面铺贴工具

（三）作业条件

1）大理石（或花岗石）板块进场后，应侧立堆放在室内，光面相对、背面垫松木条，并在板下加垫木方。详细核对品种、规格、数量等是否符合设计要求，有裂纹、缺棱、掉角、翘曲和表面有缺陷时，应予以剔除。

2）室内抹灰（包括立门口）、地面垫层、预埋在垫层内的电管及穿通地面的管线均已完成。

3）房间内四周墙上弹好+50cm水平线。

4）施工操作前应画出铺设大理石地面的施工大样图。

5）冬期施工时操作温度不得低于5℃。

二、施工工艺

大理石地面施工工艺流程：①准备工作→②试拼→③弹线→④试排→⑤刷素水泥浆及铺砂浆结合层→⑥铺砌大理石（或花岗石）板块→⑦灌缝、擦缝→⑧打蜡。

三、施工步骤

（一）准备工作

1）以施工大样图和加工单为依据，熟悉各部位尺寸和做法，弄清洞口、边角等部位之间的关系。

2）基层处理：将地面垫层上的杂物清净，用钢丝刷刷掉粘结在垫层上的砂浆，并清扫干净。

（二）试拼

在正式铺设前，对每一个房间的大理石（或花岗石）板块，应按图案、颜色、纹理试拼（图1-48）。将非整块板对称排放在房间的靠墙部位，试拼后两个方向编号排列，然后按编号码放整齐。

（三）弹线

为了检查和控制大理石（或花岗石）板块的位置，在房间内拉十字控制线，弹在混凝土垫层上，并引至墙面底部，再依据墙面 +50cm 标高线找出面层标高，在墙上弹出水平标高线。弹水平线时，要注意室内与楼道面层标高一致。

图 1-48　试拼石材

（四）试排

在房间内的两个相互垂直的方向铺两条干砂，其宽度大于板块宽度，厚度应不小于3cm。结合施工大样图及房间实际尺寸，把大理石（或花岗石）板块排好（图1-49），以便检查板块之间的缝隙，核对板块与墙面、柱、洞口等部位的相对位置。

（五）刷素水泥浆及铺砂浆结合层

试铺后将干砂和板块移开，清扫干净，用喷壶洒水湿润，刷一层素水泥浆（水胶比为 0.4～0.5，面积不要刷得过大，应随铺砂浆随刷，如图 1-50 所示）。根据板面水平线确定结合层砂浆厚度，拉十字控制线，开始铺结合层干硬性水泥砂浆（一般采用 1:2～1:3 的干硬性水泥砂浆，如图 1-51 所示，干硬程度以"手抓成团，落地即散"为宜）。干硬性水泥砂浆的摊铺长度应在 1m 以上，其宽度要超出平板宽度 20～30mm，摊铺厚度为 10～15mm，控制厚度以放上大理石（或花岗石）板块时以高出面层水平线 3～4mm 为宜。铺好后用大杠刮平，再用抹子拍实、找平（摊铺面积不得过大），如图 1-52 所示。

> **小提示**：采用干硬性水泥砂浆做结合层是保证板块地面平整度、密实度的一个重要措施。

图 1-49 试排石材

图 1-50 刷一层素水泥浆

a)

b)

图 1-51 干硬性水泥砂浆

a）手抓成团 b）落地即散

图1-52　摊铺砂浆

（六）铺砌大理石（或花岗石）板块

1）板块应先用水浸湿，待擦干或表面晾干后方可铺设。

小提示：这是保证面层与结合层粘结牢固，防止空鼓、起壳等质量通病的重要措施。

2）根据房间拉的十字控制线，纵横各铺一行，做大面积铺砌标筋用。根据试拼时的编号、图案及试排时的缝隙（板块之间的缝隙宽度，当设计无规定时不应大于1mm），在十字控制线交点开始铺砌，如图1-53所示。

a)　　　　　　　　　　　　　　　　b)

图1-53　拉十字控制线

a）斜铺时拉线　b）平铺时拉线

先试铺，即搬起板块对好纵横控制线，将其铺在已铺好的干硬性水泥砂浆结合层上，用橡皮锤敲击木垫板（图1-54），振实砂浆至铺设高度后，将板块掀起移至一旁，检查砂浆表面与板块之间是否吻合，是否平整密实，如发现空虚之处，应用砂浆填补（图1-55）；然后正式镶铺。

图1-54　试铺　　　　　　　　图1-55　试铺后补填砂浆

小提示：在铺砌前，还可以在干硬性水泥砂浆上再浇一薄层水胶比为0.4~0.5的素水泥浆，以保证整个上、下层之间粘结牢固，如图1-56所示。

应注意正式铺贴时，要将板块四角同时平稳下落，对准纵、横缝后，用橡皮锤轻敲振实，并用水平尺找平。敲击板块时注意不敲砸边角，也不要敲打在已铺贴完毕的平板上，以免造成空鼓，如图1-57所示。

图1-56　浇一层素水泥浆　　　　图1-57　正式铺贴

（七）灌缝、擦缝

板块铺砌后1~2d进行灌缝、擦缝。根据大理石（或花岗石）颜色，选择相同颜色的矿物颜料和水泥（或白水泥）拌和均匀，调成1:1稀水泥浆（图1-58），用浆壶徐徐灌入板块之间的缝隙中（可分几次进行），并用长把刮板把流出的水泥浆刮向缝隙内，至基本灌满为止（图1-59）。灌浆1~2h后，用棉纱团蘸原稀水泥浆擦缝，使之与板面擦平，同时将板面上水泥浆擦净，使大理石（或花岗石）面层表面洁净、平整、坚实，如图1-60、图1-61所示。

图 1-58 调配灌缝的水泥浆

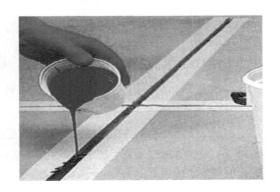

图 1-59 灌缝

图 1-60 灌缝前清扫

图 1-61 灌缝后擦洗

以上工序完成后，覆盖面层，养护时间不应小于7d。

（八）打蜡

当水泥砂浆结合层达到强度要求后（抗压强度达到1.2MPa时），方可进行打蜡抛光，如图1-62所示。

图 1-62 打蜡抛光

四、质量检验

（一）大理石地面面层施工主要检验项目

大理石地面面层施工主要检验项目见表1-5。

表1-5 大理石地面面层施工主要检验项目

主控项目	① 大理石（或花岗石）地面面层所用板块应符合设计要求和国家现行有关标准的规定 ② 大理石（或花岗石）地面面层所用板块进入施工现场时，应有放射性限量合格的检验报告 ③ 面层与下一层应结合牢固、无空鼓。单块板块边角允许有局部空鼓，每自然间或标准间的空鼓板块不应超过总数5%
一般项目	① 大理石（或花岗石）地面面层铺设前，板块的背面和侧面应进行防碱处理 ② 大理石（或花岗石）地面面层的表面应洁净、平整、无磨痕，且应图案清晰、色泽一致，接缝均匀、周边顺直、镶嵌正确，板块应无裂纹、掉角、缺棱等缺陷 ③ 踢脚线表面应洁净，与柱、墙面的结合应牢固。踢脚线高度及出柱、墙厚度应符合设计要求，且均匀一致 ④ 楼梯、台阶踏步的宽度、高度应符合设计要求。踏步板块的缝隙宽度应一致；楼层梯段相邻踏步高度差不应大于10mm；每踏步两端宽度差不应大于10mm，旋转楼梯梯段的踏步两端宽度的允许偏差不应大于5mm。踏步面层应做防滑处理，齿角应整齐，防滑条应顺直、牢固 ⑤ 面层表面的坡度应符合设计要求，不倒泛水、无积水；与地漏、管道结合处应严密牢固，无渗漏

（二）大理石（或花岗石）地面面层的允许偏差和检验方法（表1-4）

五、填写任务手册

完成大理石地面施工，进行质量检测，填写"任务手册"中项目1的任务3。

🖥 任务评价

根据施工现场的参观表现和参观记录，考核评价学生的沟通能力与观察能力；查看学生的任务书，了解学生对本次任务所做的准备，给出综合评价。

💡 任务拓展

碎拼大理石施工目前应用广泛，其施工可以参见本书配套资源"1.3 碎拼大理石施工"。

任务 1.4　塑料地板地面施工

塑料地板属于块材地面的一种类型，塑料地板的材质、施工方法与其他块材地面不同。

任务描述

学生分组查阅塑料地板地面的类型，了解不同类型塑料地板地面施工的方法，讨论其施工方式的差别，最后汇总出不同类型塑料地板地面施工技术对比表。

塑料地板地面
施工准备

任务目标

一、知识目标

1. 了解塑料地板地面主要材料类型。
2. 掌握塑料地板地面施工主要方法。
3. 了解塑料地板地面工程质量要求。

塑料地板地面
施工过程

二、技能目标

1. 掌握塑料地板地面施工常用的材料与主要常用机具。
2. 掌握塑料地板地面的施工工序及施工要点。
3. 熟练掌握塑料地板地面施工质量的检验。

知识准备

塑料地板主要有聚氯乙烯塑料地板块、地板、卷材和氯化聚乙烯卷材等品种，塑料地板面层以胶黏剂在水泥类基层上采用满粘或点粘法铺设。

塑料地板楼面、地面构造如图 1-63、图 1-64 所示。

任务实施

搜集塑料地板相关资料，了解目前塑料地板的类型，每种地板的铺贴施工方法。其中塑料地板需了解的施工内容如下。

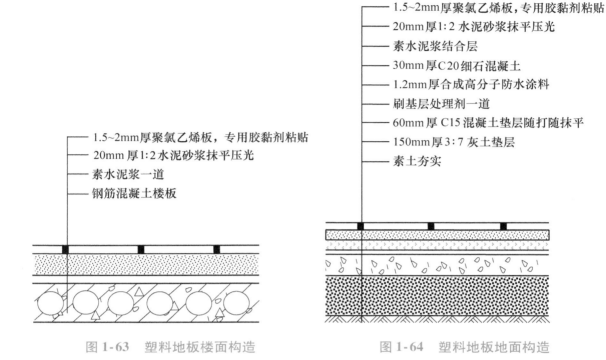

图 1-63　塑料地板楼面构造

图 1-64　塑料地板地面构造

左图标注（从上到下）：
- 1.5~2mm厚聚氯乙烯板，专用胶黏剂粘贴
- 20mm厚1:2水泥砂浆抹平压光
- 素水泥浆一道
- 钢筋混凝土楼板

右图标注（从上到下）：
- 1.5~2mm厚聚氯乙烯板，专用胶黏剂粘贴
- 20mm厚1:2水泥砂浆抹平压光
- 素水泥浆结合层
- 30mm厚C20细石混凝土
- 1.2mm厚合成高分子防水涂料
- 刷基层处理剂一道
- 60mm厚C15混凝土垫层随打随抹平
- 150mm厚3:7灰土垫层
- 素土夯实

一、施工准备

(一) 主要材料（图 1-65）

1）塑料地板：主要品种有聚氯乙烯塑料地板块材、卷材和氯化聚乙烯卷材等，厚度 1.5~6mm。

2）胶黏剂：包括水乳型和溶剂型两类，可采用聚醋酸乙烯乳液、氯丁橡胶型、聚氨酯、环氧树脂等。胶黏剂一般与地板配套供应。

3）焊条：宜选用等边三角形和圆形截面（焊接塑料地板时使用）。

4）水泥乳胶：108 胶水泥乳液主要用于涂刷基层表面，增强整体性和胶结层

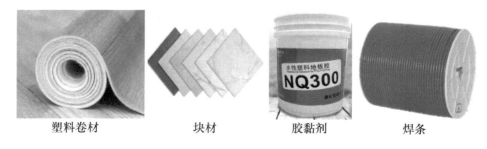

塑料卷材　　　　块材　　　　胶黏剂　　　　焊条

图 1-65　塑料地板施工主要材料

的粘结力。

5）腻子：石膏乳液腻子和滑石粉乳液腻子，石膏乳液腻子用于基层第一道嵌补找平，滑石粉乳液腻子用于基层第二道修补找平。乳液、腻子配合比见表1-6。

表 1-6 乳液、腻子配合比

名　　称	配合比（重量比）							
	聚醋酸乙烯乳液	108 胶	水泥	水	石膏	滑石粉	土粉	羧甲基纤维素
108 胶水泥乳液	—	0.5 ~ 0.8	1.0	6 ~ 8	—	—	—	—
石膏乳液腻子	1.0	—	—	适量	2.0	—	2.0	—
滑石粉乳液腻子	0.2 ~ 0.25	—	—	适量	—	1.0	—	0.1

6）底子胶：采用非水溶性胶黏剂时，底子胶按原胶黏剂重量加 10% 的 65 号汽油和 10% 的醋酸乙烯；采用水乳型胶黏剂时，适当加水稀释。

7）脱脂剂：一般采用丙酮与汽油（1:8）混合液。

（二）主要机具

齿（梳）形刮板、橡胶滚筒、化纤滚筒、裁切刀、油灰刀、橡胶锤、粉线包、砂袋（8 ~ 10kg，不允许漏砂）、小胶桶、塑料勺、油漆刷、木工刨刀、擦布、软布、划线器。塑料地板施工主要工具如图1-66所示。

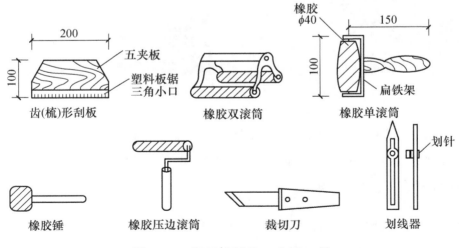

图 1-66 塑料地板施工主要工具

（三）作业条件

1）墙面和吊顶装饰工程已完，水、电、暖通等安装工程已安装调试完毕，并验收合格；尽量减少与其他工序的穿插，以防止损坏污染板面。

2）基层干燥洁净，含水量不大于 9%。

3）墙体踢脚处预留木砖位置已标出。

二、施工工艺流程

塑料地板地面施工工艺流程：①基层处理→②弹线→③试铺→④刷底子胶→⑤铺贴塑料板地面板块→⑥铺贴踢脚板→⑦擦光上蜡→⑧成品保护。

三、施工步骤

（一）基层处理

1）清扫干净：将基层表面的灰尘、砂粒、垃圾等清扫干净，如图 1-67 所示。

2）基层修补：基层表面平整度用 2m 靠尺检查，且偏差不得大于 2mm。表面有蜂窝麻面、孔隙时，应用石膏乳液腻子修补平整，并刷一道石膏乳液腻子找平；然后刷一道滑石粉乳液腻子，第二次找平。

3）涂刷一道乳液（图 1-68），增强基层整体性和胶结层的黏结力。

图 1-67　清理基层　　　　　　　　图 1-68　基层表面涂刷乳液

4）如基层为地砖、水磨石、水泥旧地面时，应用 10% 火碱清洗基层，晾干擦净，对表面平整度不符合要求时，用磨平机磨平（图 1-69），当水泥地面有质量缺陷时应按照 1）、3）处理。

小提示： 水泥类基层表面应平整、坚硬、干燥、密实、洁净、无油脂及其他杂质，不应有麻面、起砂、裂缝等缺陷。目前工程中多做自流平作为基层。

（二）弹线

按施工前绘制的大样图和铺贴形式，在基层上弹出十字中心线（正铺）或对角十字线（斜铺），纵横分格（图 1-70），间隔 2 ~ 4 板块弹第一道线，用以控制板的位置和接缝顺直；排列后周边出现非整块时，要设置边条，并弹出边线的位置。当四周有镶边要求时，要弹出镶边位置线，镶边宽度宜为 200 ~ 300mm。由地面往上量踢脚板高度，弹出踢脚板上口控制线。弹线的线痕必须清楚、准确。

图 1-69　基层打磨

图 1-70　基层上弹线

小提示：相邻房间之间出现交叉和改变面层颜色的，应设在门的裁口线处。不同标高分界线应设在门框踩口处，而不能设在门框内边缘处。十字形、T 形弹线多用于长宽尺寸不等的房间；对角线弹线一般用于正方形房间，如图 1-71 所示。

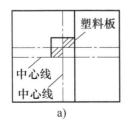

a)

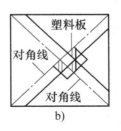

b)

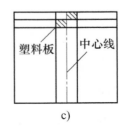

c)

图 1-71　弹线分格

a）十字形　b）对角线　c）T 形

（三）试铺

塑料板试铺前预热处理，将板放在 75℃ 左右热水中浸泡 10 ~ 20min，然后取出平放在待铺贴的房间内 24h，晾干待用。

在粘贴前，将粘贴面用细砂纸打磨或用棉纱蘸丙酮与汽油的混合液（1∶8 的配合比）擦拭，进行脱脂除蜡处理，保证与基层粘结牢固。

在铺贴塑料板前，按定位图和弹线位置进行试铺，试铺合格后按顺序编号，然后将塑料板掀起按编号放好。

对于靠墙处不是整块的塑料板，可按图1-72所示方法进行裁切。其方法是：在已铺好的塑料地板上放一块塑料地板块，再用一块塑料地板块的一边与墙紧贴；沿另一边在塑料地板上画线，按线裁下的部分即为所需尺寸的边框。

如墙面为曲线或有凸出物，可用两脚规或划线器划线（凸出物不大时，可用两角规，凸出物较大时，用划线器）。如图1-73所示，用两脚规画线的方法，在有凸出物处放一块塑料地板，两脚规的一端紧贴墙面，另一端压在塑料地板上，然后沿墙面的轮廓线移动两脚规。移动时，注意两脚规的平面始终要与墙面垂直，此时即可在塑料地板块上划出与墙面轮廓完全相同的弧形，再沿线裁切就得到能与墙面密合的边框。使用划线器时，将其一端紧贴墙上面凹得最深的地方，调节划针的位置，使划针对准地板的边缘，然后沿墙面轮廓移动划线器，要始终保持划线器与墙面垂直，划针即可在塑料板上面划出与墙面轮廓完全相同的图形。

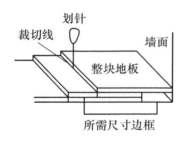

图1-72　直线裁切示意图

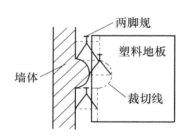

图1-73　曲线裁切示意图

（四）刷底子胶

底子胶按原胶黏剂（溶剂型）的质量加10%的汽油（65号）和10%的醋酸乙烯配制，当采用水乳型胶黏剂时，加适量的水稀释，底子胶应充分搅拌均匀后使用。

底子胶用油漆刷涂刷，涂刷要均匀一致，越薄越好，且不得漏刷。

当塑料板有背胶时，刷底胶工序可省略，只需将塑料板背胶纸揭下，直接铺贴于找平层上，如图1-74所示。

（五）铺贴塑料板地面板块

1）涂胶黏剂：在基层表面涂胶黏剂时，用齿形刮板涂均匀，厚度控制在1mm左右；塑料板粘贴面用齿形刮板或纤维滚筒涂刷胶黏剂，其涂刷方向与基层涂胶方向纵横相交。在基层涂刷胶黏剂时，不得面积过大，要随贴随刷，一般超出分格线10mm。

连接边

图 1-74　自带背胶地板直接铺贴

小提示： 胶黏剂应按基层材料和面层材料使用的相容性要求，通过试验确定，其质量应符合国家现行有关标准的规定。

2）粘贴顺序：先从十字中心线或对角线处开始，逐排进行。粘贴第一块板时，纵横两个方向应对准十字线；粘贴第二块板时，一边紧靠第一块板边（图 1-75）。有镶边的地面，应先贴大面，后贴镶边。

图 1-75　从十字中心线开始粘贴，第二块板紧靠第一块板边

3）粘贴：在胶层干燥至不粘手（10～20min）即可铺贴塑料板。将板块摆正，使用滚筒从板中间向四周赶压，以便排除空气，并用橡皮锤敲实（图 1-76），发现翘边翘角时可加压（图 1-77）。

粘贴时挤出的余胶要及时擦净，粘贴后在表面残留的胶液可使用棉纱蘸上溶剂擦净，水溶型胶黏剂用棉布擦去（图 1-78）。

图 1-76 用橡皮锤敲实

图 1-77 用滚筒滚平

小提示：用橡皮锤敲打，应从一边移到另一边，或从中心移到四边，这是塑料地板施工的关键工序。为确保施工质量应注意：塑料板要贴牢固，不得有脱胶、空鼓现象；缝格顺直，避免错缝发生；表面平整、干净。

（六）铺贴踢脚板

地面铺贴完后再粘贴踢脚板。踢脚塑料板与墙面基层涂胶同地面。首先，弹出踢脚上口线（图 1-79），挂线粘贴，应先铺贴阴阳角，后铺贴大面，用滚子反复压实。注意：侧面应平整、接槎应严密，阴阳角应做成直角或圆角。

图 1-78 擦净余胶

图 1-79 弹踢脚上口线

（七）擦光上蜡

铺贴好塑料地面及踢脚板后，用墩布擦干净、晾干。用软布擦光上软蜡，满涂 1～2 遍。光蜡重量配合比为软蜡∶汽油 = 100∶（20～30），另掺 1%～3% 与地板相同颜色的颜料。待稍干后，用干净的软布擦拭，直至表面光滑光亮为止（图 1-80）。

图 1-80　上蜡

（八）成品保护

塑料板铺贴完毕，需养护 1~3d。

> **小提示：** 铺贴塑料板面层时，室内相对湿度不宜大于 70%，温度宜为 10~32℃。塑料板面层施工完成后的静置时间应符合产品的技术要求。

四、质量检验

（一）塑料地板地面施工主要检验项目

塑料地板地面施工主要检验项目见表 1-7。

表 1-7　塑料地板地面施工主要检验项目

主控项目	① 塑料地板面层所用的塑料板块、塑料卷材、胶黏剂等应符合设计要求和国家现行有关标准的规定 ② 塑料地板面层采用的胶黏剂进入施工现场时，应有以下有害物质限量合格的检测报告：溶剂型胶黏剂中的挥发性有机化合物（VOC）、苯、甲苯+二甲苯；水性胶黏剂中的挥发性有机化合物（VOC）和游离甲醛 ③ 塑料地板面层与下一层的粘结应牢固，不翘边、不脱胶、无溢胶。单块板块边角允许有局部脱胶，但每自然间或标准间的脱胶板块不应超过总数的 5%；卷材局部脱胶处面积不应大于 20cm²，且相隔间距应大于或等于 50cm
一般项目	① 塑料地板面层应表面洁净、图案清晰、色泽一致，接缝应严密、美观。拼缝处的图案、花纹应吻合，无胶痕；与柱、墙边交接应严密，阴阳角收边应方正 ② 板块的焊缝应平整、光洁，无焦化变色、斑点、焊瘤和起鳞等缺陷，其凹凸允许偏差不应大于 0.6mm。焊缝的抗拉强度应不小于塑料板强度的 75% ③ 镶边用料应尺寸准确、边角整齐、拼缝严密、接缝顺直 ④ 踢脚线宜与地面面层对缝一致，踢脚线与基层的粘合应密实

（二）塑料地板面层的允许偏差和检验方法（表 1-4）

五、填写任务手册

查询不同类型的塑料地板地面施工过程与技术的资料，进行比较，填写"任务手册"中项目 1 的任务 4。

任务评价

完成不同类型塑料地板地面铺贴技术的调查任务后，总结归纳，并展示结果，评价学生的现场展示能力；教师结合查看学生的任务书，评价学生的归纳能力、总结能力，给出综合评价。

任务拓展

塑料地板类型较多，新型的塑料地板不断出现，其铺贴技术也在发展。其中塑料卷材地板的铺贴技术可以参见本书配套资源"1.4 塑料卷材地面铺贴"。

任务 1.5 木地板地面施工

任务描述

木地板地面施工主要工作包括：查看实训现场情况；设计施工方案；配备施工机具与材料；合理安排木地板地面的施工步骤；在施工过程中进行质量检测；注意特殊构造节点的施工技术要求；注意施工安全。

木地板地面施工准备

木地板地面施工过程

任务目标

一、知识目标

1. 了解不同木地板地面施工的材料要求、机具准备情况。
2. 了解木地板地面施工的作业条件。
3. 掌握不同木地板地面的施工步骤。
4. 熟悉木地板地面工程质量验收。

二、技能目标

1. 能根据需要选用符合质量要求的材料。
2. 能掌握施工中的操作要点。
3. 能在施工现场进行木地板地面质量检查。

知识准备

木地板面层种类很多，有实木地板面层、实木集成地板面层、竹地板面层、实木复合地板面层、浸渍纸层压木质地板面层、软木类地板面层、地面辐射供暖的木板面层等（包括免刨、免漆类）。

不同类型木地板面层的施工方法不同，实木复合地板面层一般采用浮铺式（图1-81），实木地板、实木集成地板、竹地板面层以实铺或空铺式铺设。实铺式木地板是木搁栅铺在钢筋混凝土板或垫层上，它是由木搁栅及企口板等组成（图1-82）；空铺式木地板是由木搁栅、企口板、剪刀撑等组成，一般均设在首层房间。当搁

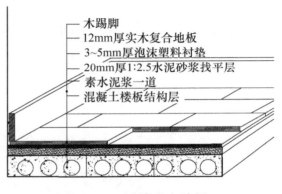

图1-81　浮铺式木地板

栅跨度较大时，应在房中间加设地垄墙，地垄墙顶上要铺油毡或抹防水砂浆及放置沿缘木（图1-83）。无论哪种铺设形式均有单层和双层两种类型，其中双层木地板是在木地板面层下再铺设一层毛地板。

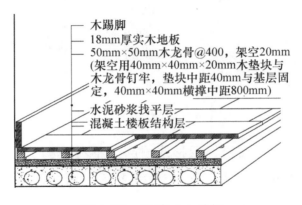

图1-82　实铺式木地板

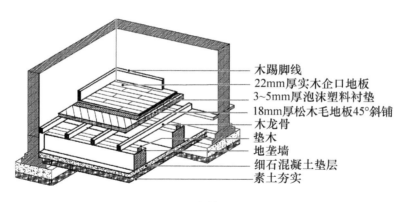

木踢脚线
22mm厚实木企口地板
3~5mm厚泡沫塑料衬垫
18mm厚松木毛地板45°斜铺
木龙骨
垫木
地垄墙
细石混凝土垫层
素土夯实

图1-83 空铺式木地板

任务实施

查看施工任务现场情况，检查所用的木地板类型，根据木地板类型设计施工方案，学生可以分组完成实训任务。

一、施工准备

（一）主要材料（图1-84）

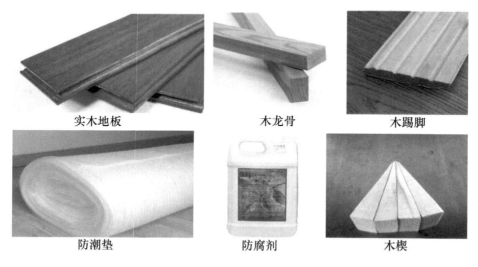

实木地板　　　　　木龙骨　　　　　木踢脚

防潮垫　　　　　防腐剂　　　　　木楔

图1-84 木地板主要材料

1）长条木地板：宜用红松、云杉或耐磨、不易腐朽、不易开裂的木材做成。每块板宽度不超过120mm，厚度应符合设计要求，侧面带企口，顶面应刨平。长条木板应有商品检验合格证。

2）双层板下的毛地板、木板面下的木搁栅和垫木均要做防腐处理，其规格、尺寸应符合设计要求。进场时应对其断面尺寸、含水率等主要技术指标进行抽检，抽检数量应符合国家现行有关标准的规定。

3）硬木踢脚板：宽度、厚度应按设计要求的尺寸加工，其含水率不得超过12%，背面应满涂防腐剂，花纹和颜色应力求与面层地板相同。

4）砖和石料：砖强度等级不能低于 MU7.5。采用石料时，风化石不得使用；凡后期强度不稳定或受潮后会降低强度的人造块材均不得使用。

5）其他材料：木楔、防潮纸、氟化钠或其他防腐材料，8～10号镀锌铁丝、5～10cm钉子、扒钉、镀锌木螺钉、1mm厚钢垫、隔声材料等。

（二）主要机具

斧子、锤子、冲子、凿子、方尺、钢尺、割角尺、墨斗、小电锯、小电刨、手枪钻、刨地板机、磨地板机、手锯、手刨、单线刨、磨刀石等，如图1-85所示。

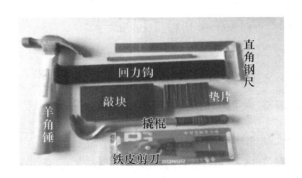

图 1-85 木地板铺贴常用机具

（三）作业条件

1）墙、顶抹灰完毕，门框安装完毕已弹好 +50cm 水平标高线。

2）屋面防水、穿楼面管线均已做完，管洞已堵塞密实；预埋在地面内电管已做完。

3）暖、卫管道试水、打压完成，并已经验收合格。

4）房间四周弹好踢脚板上口水平线，并已预埋好固定木踢脚的木砖（必须经防腐处理）。

5）凡是与混凝土或砖墙基体接触的木料，如木搁栅、踢脚板背面、地板底面、剪刀撑、木楔子、木砖等，均预先满涂木材防腐材料。

6）木地板采用空铺法时，按设计要求的尺寸砌好地垄墙，每道墙留120mm×

120mm 通风洞 2 个，并预埋好铁丝，墙上抹一层防水砂浆。

7）木地板采用实铺法时，预先在垫层内预埋好铁丝。

二、施工工艺流程

木地板地面施工工艺流程：①基层清理、测量弹线→②安装木龙骨→③铺钉毛地板→④铺实木地板→⑤安装踢脚板→⑥刨平、磨光→⑦涂刷油漆、打蜡→⑧清理地面。

三、施工步骤

（一）基层清理、测量弹线

地面基层验收后，清理干净，确保地面平整、干燥、无杂物，水泥表面含水率不应大于 8%。

确认木龙骨需要调平的水平高度，弹出龙骨高度水平线；计算木龙骨铺设的位置、间隔，拉线划出龙骨位置线和钉子位置。

（二）安装木龙骨

铺钉防腐、防水松木地板搁栅。搁栅（断面呈梯形，宽面在下）放平、放稳，并找好标高，应用防水防腐木垫块垫实架空，垫块与搁栅钉牢，同时将地板搁栅用两根 10 号镀锌钢丝与钢筋鼻子绑牢。搁栅间可加钉防腐、防火松木横撑。地板搁栅及横撑的含水率不得大于 18%，搁栅顶面必须刨平、刨光，并每隔 1000mm 中距凿通风槽一道。安装木龙骨施工细节如图 1-86 ~ 图 1-91 所示。

图 1-86 在弹线交叉点位置打眼

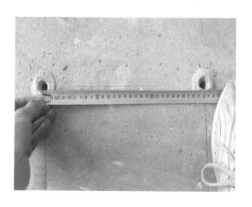

图 1-87 确定龙骨上固定点的钉距

图 1-88　将木塞打入钻孔

图 1-89　木地板下加垫块

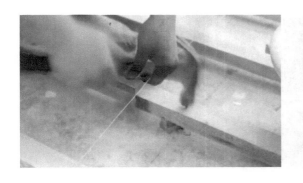

图 1-90　用钉子固定垫块与搁栅

图 1-91　木搁栅 45°连接，连接处
端头各加一枚钉固定

　　地板木搁栅安装完毕，须对木搁栅进行找平检查（图 1-92），各条搁栅的顶面标高，均须符合设计要求。如有不合要求之处，须彻底修正找平。铺设面层地板之前要先将地扫干净，可以在木搁栅间放入活性炭和樟木片，（图 1-93）以起到防虫、防潮的作用。

图 1-92　用水平尺进行找平

图 1-93　木搁栅间放入活性炭和樟木片

小提示： 木搁栅固定时，不得损坏基层和预埋管线。木搁栅应垫实钉牢，与柱、墙之间留出20mm的缝隙，表面应平直，其间距不宜大于300mm。

（三）铺钉毛地板

木搁栅安装符合要求后，按30°或45°斜铺毛地板一层（图1-94），毛地板需防腐、防火处理，含水率应严格控制并不得大于12%，木材髓心应向上。铺设毛地板时，接缝应落在木搁栅中心线上，钉位相互错开。毛地板铺完应刨修平整。用多层胶合板做毛地板使用时，应将胶合板的铺向与木地板的走向垂直，其板间缝隙不应大于3mm，与墙之间应留8～12mm的空隙，表面应刨平。

图1-94　毛地板与木搁栅成45°角相交铺设

（四）铺实木地板

1）弹线：根据具体设计，在毛地板上用墨线弹出木地板组合造型施工控制线，即每块地板条或每行地板条的定位线。凡不属于地板条错缝组合造型的拼花木地板、席纹木地板，则应以房间中心为中心，先弹出相互垂直并分别与房间纵横墙面平行的标准十字线两条，或与墙面成45°角交叉的标准十字线两条；然后根据设计的木地板组合造型具体图案，以地板条宽度及标准十字线为准，弹出每条或每行地板的施工定位线；弹线完毕后，将木地板进行试铺，试铺后编号分别存放备用。

2）将毛地板上所有垃圾、杂物清理干净，加铺防潮纸一层，然后开始铺装实木地板。可从房间一边墙根（也可从房间中部）开始，根据具体设计，将地板周围镶边留出空位（离墙面10～20mm缝隙），并用木块在墙根镶边空隙处将地板条（块）顶住（图1-95），然后顺序向前铺装，直铺到对面墙根时，同样用木块在该墙根镶边空隙处将地板（条）顶住，然后将开始一边墙根处的木块楔紧，待安装镶边条时再将两边木块取掉。每行尾端木地板的裁切方法如图 1-96 所示。

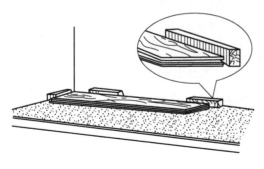

图 1-95　第一行铺设

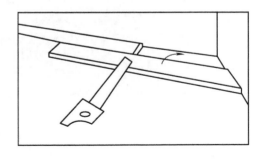

图 1-96　每行尾端木地板的裁切方法

3）铺钉实木地板条：按地板条定位线及两顶端中心线，将地板条铺正、铺平、铺齐，用地板条厚 2~2.5 倍长的圆钉从地板条企口榫凹角处斜向将地板条钉于地板搁栅上（图 1-97）。钉头须预先打扁，冲入企口表面内，以免影响企口接缝，必要时在木地板条上可先钻眼后钉钉。钉到最后一块企口板时，因无法斜着钉，可用明钉钉牢，钉帽要砸扁，冲入板内。企口板的接头要在搁栅中间，接头要互相错开，板与板之间应排紧。搁栅上临时固定的木拉条，应随企口板的安装随时拆去，铺钉完后及时清理干净。需自己刨光打蜡的木地板，应先在垂直木纹方向粗刨一遍，再顺木纹方向细刨一遍。

小提示：板的排紧方法一般可在木搁栅上钉扒钉一只，在扒钉与板之间夹一对硬木楔，打紧硬木楔就可以使板排紧，如图 1-98 所示。

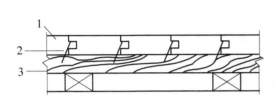

图 1-97　木地板的钉结方式

1—企口地板　2—地板钉　3—木龙骨

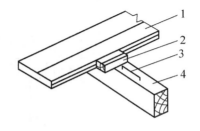

图 1-98　企口地板排紧方法

1—企口地板　2—木楔　3—扒钉（扒锔）　4—木搁栅

4）实木地板装修质量经检查合格后，应根据具体设计要求，在周边镶边空隙内进行镶边，如图 1-99 所示。具体设计图中无镶边要求者，本工序取消。

图 1-99 地板周边镶边

a）地板与壁柜间的缝隙用 PVC 材料的扣条密封 b）门下用地板扣条

小提示：实木地板、实木集成地板、竹地板面层铺设时，相邻板材接头位置应错开不小于 300mm 的距离；与柱、墙之间应留 8 ~12mm 的空隙。与厕浴间、厨房等潮湿场所相邻的木地板面层的连接处应做防水（防潮）处理。

（五）安装踢脚板

当房间设计为实木踢脚板时，踢脚应预先刨光，在靠墙的一面开成凹槽并做防腐处理，每隔 1m 钻直径 6mm 的通风孔，在墙内应每隔 750mm 砌入防腐木砖，在防腐木砖外面钉防腐木块，再将踢脚板用明钉钉牢在防腐木块上，钉帽砸扁冲入木板内。木踢脚板与板面垂直，上口呈水平线，在踢脚板与地板交角处，钉上 1/4 圆木条，以盖住缝隙，如图 1-100 所示。木踢脚板阴阳角交角处应切割成 45°角再进行拼装，踢脚板接头应固定在防腐木块上。

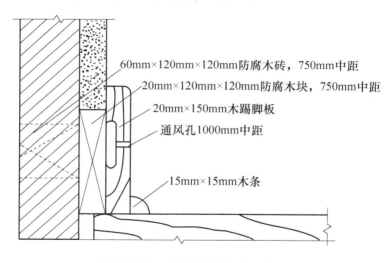

图 1-100 木踢脚板安装示意图

（六）刨平、磨光

地面刨光用刨光机，转速应在 5000r/min 以上，长条地板应顺木纹刨，拼花地板应与木纹成 45°斜刨。刨时不要走得太快，刨口不宜过大。刨光机不用时应先提起再关闭，防止啃咬地面。机器刨不到的地板要用角磨机刨或手工去刨，并用细刨净面。地板刨光后用磨光机磨光，所用砂布应先粗后细，砂布应绷紧、绷平，磨光方向与角度与刨光方向相同。

（七）涂刷油漆、打蜡

涂刷油漆、打蜡应在房间内所有装饰工程完工后进行。如为硬木拼花地板且花纹明显，多采用透明的清漆涂刷，这样可透出木纹，增强装饰效果。打蜡可用地板蜡，以增加地板的光洁度，使木材固有的花纹和色泽最大限度地显示出来。

（八）清理地面

清理地面后，交付验收使用，或进行下道工序的施工。

四、质量检验

（一）实木地板地面施工主要检验项目

实木地板地面施工主要检验项目见表 1-8。

表 1-8 实木地板地面施工主要检验项目

主控项目	① 实木地板、实木集成地板、竹地板面层采用的地板、铺设时的木（竹）材含水率、胶黏剂等应符合设计要求和国家现行有关标准的规定 ② 实木地板、实木集成地板、竹地板面层采用的材料进入施工现场时，应有以下有害物质限量合格的检测报告：a. 地板中的游离甲醛（释放量或含量）；b. 溶剂型胶黏剂中的挥发性有机化合物（VOC）、苯、甲苯＋二甲苯；c. 水性胶黏剂中的挥发性有机化合物（VOC）和游离甲醛 ③ 木搁栅、垫木和垫层地板等应做防腐、防蛀处理 ④ 木搁栅安装应牢固、平直 ⑤ 面层铺设应牢固；粘结应无空鼓、松动
一般项目	① 实木地板、实木集成地板面层应刨平、磨光，无明显刨痕和毛刺等现象；图案应清晰，颜色应均匀一致 ② 竹地板面层的品种与规格应符合设计要求，板面应无翘曲 ③ 面层缝隙应严密；接头位置应错开，表面应平整、洁净 ④ 面层采用粘、钉工艺时，接缝应对齐，粘、钉应严密；缝隙宽度应均匀一致；表面应洁净，无溢胶现象 ⑤ 踢脚线应表面光滑，接缝严密，高度一致

（二）木、竹地板面层的允许偏差和检验方法

木、竹地板面层的允许偏差和检验方法见表1-9。

表1-9　木、竹地板面层的允许偏差和检验方法

项次	项　目	允许偏差/mm				检　验　方　法
		实木地板、实木集成地板、竹地板面层			浸渍纸层压木质地板、实木复合地板、软木地板面层	
		松木地板	硬木地板、竹地板	拼花地板		
1	板面缝隙宽度	1.0	0.5	0.2	0.5	用钢尺检查
2	表面平整度	3.0	2.0	2.0	2.0	用2m靠尺和楔形塞尺检查
3	踢脚线上口平齐	3.0	3.0	3.0	3.0	拉5m线和用钢尺检查
4	板面拼缝平直	3.0	3.0	3.0	3.0	
5	相邻板材高差	0.5	0.5	0.5	0.5	用钢尺和楔形塞尺检查
6	踢脚线与面层的接缝	1.0				楔形塞尺检查

五、填写任务手册

完成木地板地面施工，进行质量检测，填写"任务手册"中项目1的任务5。

任务评价

实木地板地面的铺贴实训任务，根据施工现场情况进行现场考核，评价学生的实际操作能力及解决问题的能力；教师结合查看学生的任务书评价学生的施工方案的设计能力与施工组织能力，给出对学生的综合评价。

任务拓展

目前市场上复合地板应用很多，其一般采用浮铺方法施工，可以参见本书配套资源"1.5 复合木地板铺贴"。

任务1.6　活动地板地面施工

活动地板采用特制的平压刨花板为基材，表面饰以装饰板，底层用镀锌板经

黏结胶形成活动地板块。活动地板表面平整、坚实，并具有耐磨、耐污染、耐老化、防潮、阻燃和导静电等特点。活动地板面层适宜于有防尘和防静电要求的专业用房的建筑地面。

任务描述

学生分组制作一个活动地板地面的样板间。要求对活动地板铺设现场进行作业条件检查，讨论现场情况，制定施工方案；铺设活动地板，准备施工机具与材料；合理安排施工步骤；在施工过程中进行质量检测；注意特殊构造节点的施工技术要求；注意施工安全，完成样板间的制作。

活动地板地面
施工准备

任务目标

一、知识目标

1. 了解活动地板地面施工主要材料性能。
2. 掌握活动地板地面施工主要方法。
3. 了解基本的活动地板地面工程质量检验知识。

活动地板地面
施工过程

二、技能目标

1. 掌握主要材料常用的检验方法。
2. 掌握活动地板地面施工工序及施工要点。
3. 熟练活动地板地面的质量检验。

知识准备

活动地板配以横梁、橡胶垫条和可供调节高度的金属支架组装成架空板，一般是在水泥类面层（或基层）上铺设。活动地板地面构造如图1-101所示。

任务实施

查看任务现场情况，准备材料及工具，设计施工方案，完成活动地板样板间的制作。

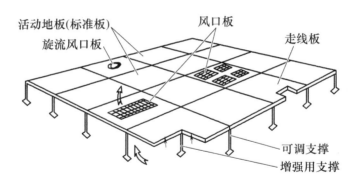

图 1-101　活动地板地面构造

一、施工准备

（一）主要材料

1）活动地板面层应包括标准地板、异形地板和地板附件（即支架和横梁组件）（图 1-102）。其规格、型号应由设计人确定，采购配套系列合格产品。其技术性能与技术指标应符合现行的有关产品标准的规定。

2）环氧树脂胶、滑石粉、泡沫塑料条、木条、橡胶条、铝型材和角铁、铝型角铁等材质，要符合要求。

图 1-102　活动地板及配件（横梁、支架）

（二）主要机具

水平仪、铁制水平尺、铁制方尺、2～3m 靠尺板、墨斗（或粉线包）、小线、线坠、扫帚、盒尺、钢尺、钉子、钢丝、红铅笔、油刷、开刀、吸盘、手推车、铁簸箕、小铁锤、合金钢扁錾子、裁改板面用的圆盘锯、无齿锯、木工用截料锯、刀锯、手刨、斧子、磅秤、钢丝钳子、小水桶、棉丝、小方锹、螺钉扳手，如图 1-103 所示。

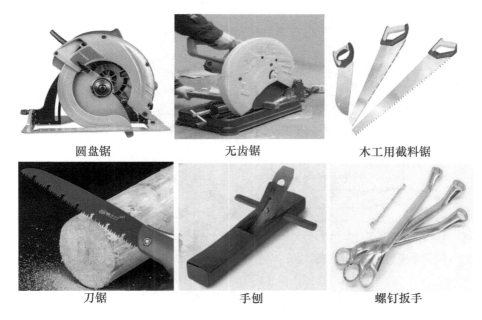

圆盘锯	无齿锯	木工用截料锯
刀锯	手刨	螺钉扳手

图 1-103　活动地板常用机具

（三）作业条件

1）在铺设活动地板面层时，应待室内各项工程完工和超过地板承载力的设备进入房间预定位置以及相邻房间内部也全部完工后，方可进行，不得交叉施工。

2）铺设活动地板面层的基层已做完，一般是水泥地面或现制水磨石地面等。

3）墙面 +50cm 水平标高线已弹好，门框已安装完，并在四周墙面上弹出面层标高水平控制线。

4）大面积施工前，应先放出施工大样，并做样板间，经各有关部门鉴定合格后，再继续以此为样板进行操作。

二、施工工艺流程

活动地板地面施工工艺流程：①基层处理→②找中、套方、分格、弹线→③安装支座和横梁组件→④铺设活动地板面层→⑤清擦和打蜡。活动地板的施工过程如图 1-104 所示。

三、施工步骤

（一）基层处理

活动地板面层的金属支架应支承在现浇混凝土基层上或水磨石地面上，基层

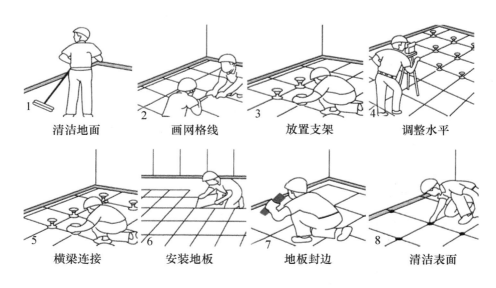

1 清洁地面	2 画网格线	3 放置支架	4 调整水平
5 横梁连接	6 安装地板	7 地板封边	8 清洁表面

图 1-104　活动地板的施工过程

表面应平整、光洁、不起灰，含水率不大于 8%。安装前应认真清擦干净，必要时根据设计要求，在基层表面上涂刷清漆。

（二）找中、套方、分格、弹线

首先，测量房间的长、宽尺寸，找出纵横线中心交点。当房间是矩形时，用方尺测量相邻的墙体是否垂直，如互相不垂直，应预先对墙面进行处理，避免在安装活动板块时，在靠墙处出现畸形板块。

根据已测量好的平面长、宽尺寸进行计算，如果不符合活动地板板块模数时，依据已找好的纵横中线交点进行对称分格，考虑将非整块板放在室内靠墙处，在基层表面上按板块尺寸弹线并形成方格网（图 1-105），标出地板板块安装位置和高度（标在四周墙上），并标明设备预留部位。此项工作必须认真细致，做到方格控制线尺寸准确（此时应插入铺设活动地板下的管线，操作时要注意避开已弹好支座底座的位置）。

（三）安装支座和横梁组件

检查复核已弹在四周墙上的标高控制线，确定安装基准点，然后按基层面上已弹好的方格网交点处安放支座和横梁（图 1-106、图 1-107），并应转动支座螺杆（图 1-108）。用小线和水平尺调整支座面高度至全室等高，待所有支座柱和横梁构成一体后，用水平尺抄平（图 1-109）。支座与基层面之间的空隙应灌注环氧树脂，保证连接牢固，也可根据设计要求用膨胀螺栓或射钉连接。

图 1-105　活动地板地面方格网

图 1-106　方格网交点处安放支座

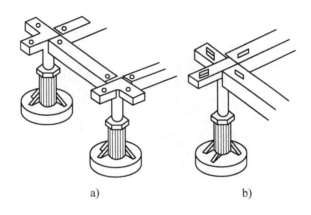

a)　　　　　　　　　　　b)

图 1-107　横梁与支座的连接

a）螺钉固定　b）定位销卡接

图 1-108　转动支座螺杆调整支座

图 1-109　水平尺检查横梁

小提示： 当房间的防静电要求较高而需要接地时，应将活动地板面层的金属支架、金属横梁连通跨接，并与接地体相连，接地方法应符合设计要求。

（四）铺设活动地板面层

根据房间平面尺寸和设备等情况，应按活动地板模数选择板块的铺设方向。当平面尺寸符合活动地板板块模数而室内无控制柜设备时，宜由里向外铺设；当平面尺寸不符合活动地板板块模数时，宜由外向里铺设；当室内有控制柜设备且需要预留洞口时，铺设方向和先后顺序应综合考虑选定。

铺设前，活动地板面层下铺设的电缆、管线已经过检查验收，并办完隐检手续，如图 1-110、图 1-111 所示。

图 1-110　铺设面板

图 1-111　面层下铺设的电缆、管线

先在横梁上铺设缓冲胶条，并用乳胶液与横梁粘合。铺设活动地板板块时，应调整水平度，保证四角接触处平整、严密，不得采用加垫的方法。

铺设活动地板板块不符合模数时，不足部分可根据实际尺寸将板面切割后镶补，并配装相应的可调支撑和横梁。在与墙边的接缝处，应根据接缝宽窄分别采用活动地板或木条刷高强胶镶嵌，窄缝宜用泡沫塑料镶嵌。随后立即检查并调整板块水平度及缝隙。

小提示： 切割边不经处理不得镶补安装，应采用清漆或环氧树脂胶加滑石粉按比例调成腻子封边或用防潮腻子封边，也可采用铝型材镶嵌。活动地板在门口处或预留洞口处应符合设置构造要求，四周侧边应用耐磨硬质板材封闭或用镀锌钢板包裹，胶条封边应符合耐磨要求，如图 1-112、图 1-113 所示。

活动地板面层铺完后，面层承载力不应小于 7.5MPa，其体积电阻率值为 105～109Ω。

图 1-112 切割板块镶补边部

图 1-113 切割边用铝型材镶嵌

（五）清擦和打蜡

当活动地板面层全部完成，经检查平整度及缝隙均符合质量要求后，即可进行清擦。当局部沾污时，可用布蘸清洁剂或皂水擦净，晾干后，用棉丝抹蜡，满擦一遍，然后将门封闭。如果还有其他专业工序操作时，在打蜡前先用塑料布满铺，再用 3mm 以上的橡胶板盖上，等其全部工序完成后，再清擦、打蜡，交活。

四、质量检验

（一）活动地板施工主要检验项目

活动地板施工主要检验项目见表 1-10。

表 1-10 活动地板施工主要检验项目

主控项目	① 活动地板应符合设计要求和国家现行有关标准的规定，且应具有耐磨、防潮、阻燃、耐污染、耐老化和导静电等性能 ② 活动地板面层应安装牢固，无裂纹、掉角和缺棱等缺陷
一般项目	活动地板面层应排列整齐、表面洁净、色泽一致、接缝均匀、周边顺直

（二）活动地板面层的允许偏差和检验方法（表 1-4）

五、填写任务手册

活动地板样板制作过程中，填写"任务手册"中项目 1 的任务 6。

任务评价

完成活动地板样板间制作任务，根据施工准备情况、现场操作进行现场考核，给出现场评价，教师查看学生的任务书情况评价学生方案的分析、设计能力，结合在一起给出综合评价。

任务拓展

防静电地板应用很广泛，其类型与铺设要求见本书配套资源"1.6 防静电地板施工"。

任务 1.7　地 毯 施 工

地毯地面施工准备

地毯是以棉、麻、毛、丝、草等天然纤维或化学合成纤维类原料，经手工或机械工艺进行编结、栽绒或纺织而成的地面铺敷物。它是世界范围内具有悠久历史的传统工艺美术品类之一。地毯覆盖于住宅、宾馆、体育馆、展览厅、车辆、船舶、飞机等的地面，有减少噪声、隔热和装饰效果。

任务描述

地毯地面施工过程

在学校实训室分批次进行地毯铺贴实训，主要工作包括：检查现场作业条件；设计施工方案；准备施工机具与材料；合理安排施工步骤；在施工过程中进行质量检测；注意特殊构造节点的施工技术要求；注意施工安全并完成地毯的铺设。

任务目标

一、知识目标

1. 了解地毯铺设需要的主要材料类型。
2. 掌握地毯铺设的主要方法。
3. 了解地毯铺设的工程质量要求。

二、技能目标

1. 掌握地毯主要机具的使用。

2. 掌握地毯满铺施工工序及施工要点。

3. 能熟练地毯地面施工质量的检验。

🔲 知识准备

地毯铺设分为活动式和固定式两种。活动式铺设是指不用胶黏剂粘贴在基层的一种方法，即不与基层固定的铺设，四周沿墙角修齐即可，一般仅适用于装饰性工艺地毯的铺设。固定式铺设多用于满铺地毯，四周固定在地面上。地毯有单层构造与双层构造，如图1-114所示，

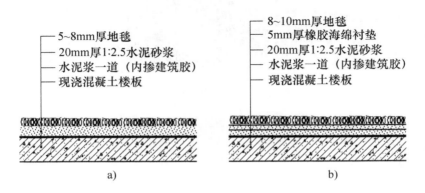

a）　　　　　　　　　　　　　　b）

图1-114　地毯构造

a）楼面单层地毯面层　b）楼面双层地毯面层

📱 任务实施

查看地毯铺贴场地情况，制定施工方案，完成以下任务内容。

一、施工准备

（一）主要材料

地毯、衬垫、胶黏剂、倒刺钉板条、铝合金倒刺条、铝压条等，如图1-115所示。

（二）主要机具

裁边机、地毯撑子（大撑子撑头、大撑子撑脚、小撑子）、扁铲、墩拐、手枪钻、割刀、剪刀、尖嘴钳子、漆刷、橡胶压边滚筒、烫斗、角尺、直尺、手锤、钢钉、小钉、吸尘器、垃圾桶、盛胶容器、钢尺、合尺、弹线粉袋、小线、扫帚、胶轮轻便运料车、铁簸箕、棉丝和工具袋、拖鞋等（图1-116）。

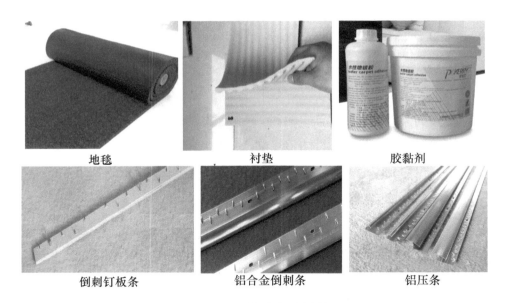

图 1-115 地毯主要材料

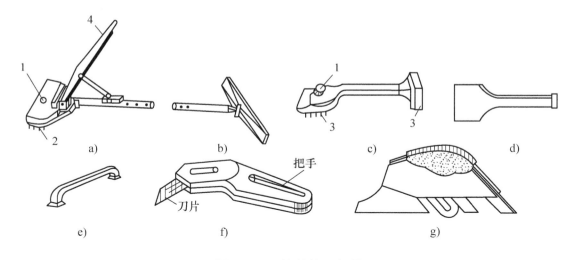

图 1-116 地毯施工机具

a) 大撑子撑头 b) 大撑子撑脚 c) 小撑子 d) 扁铲 e) 墩拐 f) 手握裁刀 g) 手推裁刀
1—扒齿调节钮 2—扒齿 3—空心橡胶垫 4—杠杆压柄

（三）作业条件

1) 在地毯铺设前，室内装饰的其他分项必须施工完毕。

2) 铺设地面地毯基层必须加做防潮层（如一毡二油、水乳型橡胶沥青、一布二油防潮层等），并在防潮层上面做50mm厚1:2:3细石混凝土，1:1水泥砂浆压实赶光，要求表面平整、光滑、洁净，应具有一定的强度，含水率不大于8%。

3）地毯、衬垫和胶黏剂等进场后应检查核对数量、品种、规格、颜色、图案等是否符合设计要求，应将其按品种、规格分别放在干燥的仓库或房间内。使用前要预铺、配花、编号，待铺设时按号取用。

4）对需要铺设地毯的房间、走道等，四周的踢脚板先做好。踢脚板下口均匀且应离开地面8mm左右，以便于将地毯毛边掩入踢脚板下。大面积施工前应在施工区域内放出施工大样，并做完样板，经质量部门鉴定合格后按照样板要求进行施工。

二、施工工艺流程

地毯施工工艺流程：①基层处理→②弹线、套方、分格、定位→③地毯剪裁→④钉倒刺板挂毯条→⑤铺设衬垫→⑥铺设地毯→⑦细部处理及清理。

三、施工步骤

（一）基层处理

铺设地毯的基层，一般是水泥地面，也可以是木地板或其他材质的地面。要求表面平整、光滑、洁净，如有油污，须用丙酮或松节油擦净。如为水泥地面，应具有一定的强度，含水率不大于8%，表面平整偏差不大于4mm，如图1-117所示。

图 1-117　地毯基层处理

（二）弹线、套方、分格、定位

要严格按照设计图对各个不同部位和房间的具体要求进行弹线、套方、分格，如图样有规定和要求时，则严格按图施工。如图样没有具体要求时，应对称找中并弹线，便可定位铺设。

（三）地毯剪裁

地毯剪裁应在比较宽阔的地方集中统一进行。一定要精确测量房间尺寸，并按房间和所用地毯型号在地毯背面逐一登记编号。地毯经线方向应与房间长向一致。地毯每一边的长度要比实际尺寸长出2cm左右，宽度方向要以裁去地毯边缘线后的尺寸计算。按照背面的弹线裁去边缘部分，以手推裁刀从毯背裁切，裁好后卷成卷编上号，放入对号房间里，大面积房间应在施工地点剪裁拼缝，如图1-118、图1-119所示。

图 1-118　地毯剪裁　　　　　　　　图 1-119　每边比实际尺寸长2cm

（四）钉倒刺板挂毯条

沿房间墙边或走道四周踢脚板边缘，用高强水泥钉将倒刺板钉在基层上（钉朝向墙的方向），水泥钢钉长度一般为4~5cm，其间距为30~40cm，倒刺板应离开踢脚板面8~10mm，以便于钉牢倒刺板，如图1-120所示。钉倒刺板时应注意不得损伤踢脚边。

图 1-120　钉倒刺板

（五）铺设衬垫

垫层应按照倒刺板的净距离下料，避免铺设后垫层褶皱，使物料覆盖倒刺板或远离倒刺板。设置垫层拼缝时应考虑到与地毯拼缝至少错开150mm。将衬垫采用点粘法刷108胶或聚醋酸乙烯乳胶，粘在地面基层上，衬垫一般要离开倒刺板10mm左右，地毯衬垫要满铺平整，如图1-121、图1-122所示。

图1-121　地毯衬垫满铺平整

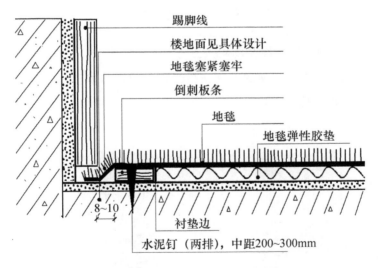

图1-122　衬垫铺到倒刺板边缘

（六）铺设地毯

1）缝合地毯：将裁好的地毯虚铺在垫层上，然后将地毯卷起，在拼接处缝合（图1-123）。缝合完毕，用塑料胶纸贴于缝合处（图1-124），保护接缝处不被划破或勾起，然后将地毯平铺，用弯钉在接缝处做绒毛密实的缝合，地毯拼缝处不得露底衬。

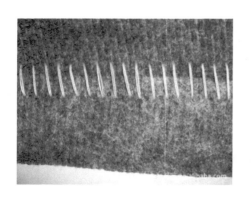

图 1-123　缝合

图 1-124　缝合处贴塑料胶纸

2）拉伸与固定地毯：先将地毯的一条长边固定在倒刺板上，毛边掩到踢脚板下，用地毯撑子拉伸地毯。拉伸时，用手压住地毯撑，用膝撞击地毯撑，从一边一步一步推向另一边（图 1-125、图 1-126）。如一遍未能拉平，应重复拉伸，直至拉平为止；然后将地毯固定在另一条倒刺板上，掩好毛边。长出的地毯，用裁割刀割掉。一个方向的拉伸完毕，再进行另一个方向的拉伸，直至四个边都固定在倒刺板上。平绒地毯张平步骤如图 1-127 所示。

小提示：固定收边，地毯挂在倒刺板上时要轻轻敲击一下，使倒刺板全部勾住地毯，以免挂不实而引起地毯松弛。地毯全部展平拉直后，应把多余的地毯边裁去，再用扁铲将地毯边缘塞进踢脚板和倒刺板之间。

图 1-125　一步步拉伸

图 1-126　拉伸时用手压住地毯撑，用膝撞击

3）用麻布带和胶黏剂粘结固定地毯：此法一般不放衬垫（多用于化纤地毯）。先将地毯拼缝处衬一条 10cm 宽的麻布带，用胶黏剂粘贴，然后将胶黏剂涂刷在基层上，适时粘结、固定地毯（图 1-128、图 1-129）。此法分为满粘和局部

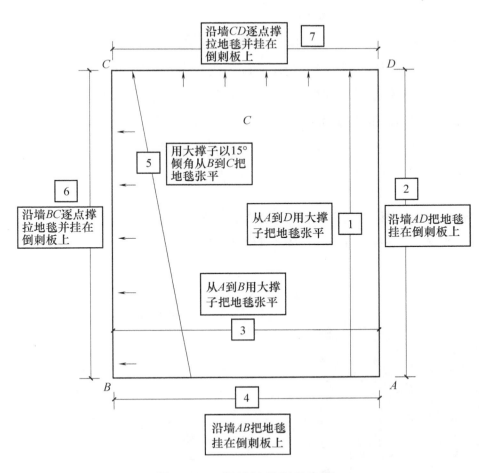

图 1-127　平绒地毯张平步骤

粘结两种方法。宾馆的客房和住宅的居室可采用局部粘结，公共场所宜采用满粘。铺粘地毯时，先在房间一边涂刷胶黏剂后，铺放已预先裁割的地毯，然后用地毯撑子向两边撑拉，再沿墙边刷两条胶黏剂，将地毯压平掩边。

图 1-128　用双面布基胶固定

图 1-129　用胶黏剂固定

（七）细部处理及清理

要注意门口压条的处理和门框、走道与门厅，地面与管根、暖气罩、槽盒、走道与卫生间门槛，楼梯踏步与过道平台、内门与外门，不同颜色地毯交接处和踢脚板等部位地毯的套割、固定和掩边，必须粘结牢固，不应有显露、后找补条等（拼接地毯的色调和花纹的对形不得有错位等现象）。地毯铺设完毕，固定收口条后，应用吸尘器清扫干净，并将毯面上脱落的绒毛等彻底清理干净。细部处理如图1-130~图1-133所示。

小提示：铺设地毯的地面面层（或基层）应坚实、平整、洁净、干燥，无凹坑、麻面、起砂、裂缝，并不得有油污、钉头及其他凸出物。

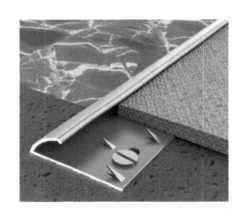

图1-130 铝合金收口条做法

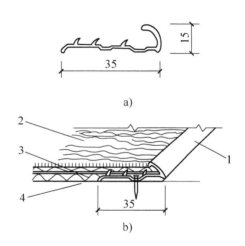

图1-131 铝合金收口条

1—收口条 2—地毯 3—地毯垫层 4—混凝土楼板

图1-132 门口地毯裁剪修理

图1-133 清理毯面灰尘

四、质量检验

地毯面层施工主要检验项目。

地毯面层施工主要检验项目见表1-11。

表1-11 地毯面层施工主要检验项目

主控项目	① 地毯面层采用的材料应符合设计要求和国家现行有关标准的规定 ② 地毯面层采用的材料进入施工现场时，应有地毯、衬垫、胶黏剂中的挥发性有机化合物（VOC）和甲醛限量合格的检测报告 ③ 地毯表面应平服，拼缝处应粘贴牢固、严密平整、图案吻合
一般项目	① 地毯表面不应起鼓、起皱、翘边、卷边、显拼缝、露线和毛边，绒面毛应顺光一致，毯面应洁净、无污染和损伤 ② 地毯同其他面层连接处、收口处和墙边、柱子周围应顺直压紧

五、填写任务手册

地毯铺贴任务执行过程中，填写"任务手册"中项目1的任务7。

任务评价

地毯铺贴实训任务，根据施工现场情况进行现场考核，查看学生现场处理问题的能力，考核学生的现场操作能力；根据学生任务手册的填写情况，考核学生专业知识的灵活应用与组织能力，两者结合起来对学生做出综合评价。

任务拓展

在地面地毯铺设中，楼梯地毯铺设工艺参见本书配套资源"1.7 楼梯地毯铺贴"。

项目 2

墙柱面抹灰装饰施工

抹灰工程是将灰浆涂抹在建筑物表面，起到找平、装饰和保护墙面的作用，主要用于建筑的内外墙面、吊顶上的装饰。

抹灰工程以施工部位分为内抹灰和外抹灰。内抹灰是指室内各部位的抹灰，如吊顶、墙面、墙裙、踢脚线、内楼梯等；室外各部位的抹灰则叫外抹灰，如雨篷、外墙、阳台、屋面等。

本项目主要讲解和学习墙柱面的抹灰施工工艺。

任务 2.1 一般抹灰墙面施工

一般抹灰墙面
施工

任务描述

学校实训室抹灰操作间内，两人一组，按照要求完成一般抹灰的施工操作。

任务目标

一、知识目标

1. 掌握抹灰相关概念及分类。
2. 了解墙面抹灰主要材料类型。
3. 掌握墙面抹灰施工主要方法。

4. 了解墙面抹灰工程质量要求。

二、技能目标

1. 认识并能熟练使用抹灰主要常用机具。
2. 掌握墙面抹灰施工工序及操作要点。
3. 熟悉墙面抹灰施工质量的检验方法。

知识准备

抹灰层的结构一般由底层灰、中层灰和面层灰三层组成（图2-1），以保证抹灰表面平整，并避免裂缝。底层灰为粘结层，是涂抹在基层、基体表面上的第一层，主要起粘结基层并初步找平的作用。中层灰为找平层，抹在底层灰上，主要起找平作用。面层灰为装饰层，抹在中层灰上，起装饰作用。

任务实施

抹灰工程根据装饰效果和使用要求可分为一般抹灰、装饰抹灰和特种砂浆抹灰。其中一般抹灰按质量标准又分为普通抹灰、中级抹灰和高级抹灰三个等级。本项任务按普通抹灰标准进行操作施工。

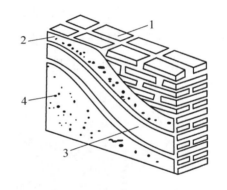

图 2-1   墙面抹灰层分层示意图
1—基体   2—底层灰   3—中层灰   4—面层灰

一、施工准备

做材料、机具及作业条件方面的准备工作。配备、检查抹灰施工所需水泥、砂子等材料；准备并校正抹灰施工所需抹子、靠尺、水桶等工具；检查抹灰施工条件是否具备，需要调整完善的地方做好调整。

（一）主要材料

1）水泥：42.5 级的矿渣硅酸盐或普通硅酸盐水泥。应有出厂证明或复试单，当出厂超过三个月或已经受潮的水泥，应按试验结果使用。

2）砂：中砂，平均粒径为 0.35 ~ 0.5mm，使用前过 5mm 孔径的筛子。不得含有草根等杂物，含黏土、泥灰、粉末等不得超过 3%。

3）石灰膏：应用块状生石灰淋制，淋制时必须用孔径不大于 3mm × 3mm 的筛过滤，并贮存在沉淀池中。熟化时间，常温下一般不少于 15d；用于罩面时，不应少于 30d。使用时，石灰膏内不得含有未熟化的颗粒和其他杂质。已冻结风化的石灰膏不得使用。

4）磨细生石灰：其细度应通过 4900 孔/cm² 的筛。用前应用水浸泡使其充分熟化，其熟化时间宜为 3d 以上。

5）聚醋酸乙烯乳液或 108 胶等。

（二）主要机具

砂浆搅拌机（图 2-2）、纸筋灰搅拌机、磅秤（图 2-3）、孔径 5mm 筛子、窄手推车、铁板、铁锹、平锹、大桶、灰槽、胶皮管、水勺、灰勺、小水桶、喷壶、托灰板、木抹子、铁抹子、阴（阳）角抹子、塑料抹子、大杠、中杠、2m 靠尺板、托线板、八字尺、5~7mm 厚方口靠尺、软刮尺、方尺、铁制水平尺、盒尺、钢丝刷、长毛刷、鸡腿刷、扫帚、粉线包、小白线、錾子、锤子、钳子、钉子、钢筋卡子、线坠、胶鞋、工具袋等。

图 2-2　砂浆搅拌机

图 2-3　磅秤

（三）作业条件

1）必须经过有关部门进行结构工程质量验收合格后方可进行抹灰工程，并弹好 +50cm 水平线。

2）抹灰前，应检查门窗框位置是否正确，与墙连接是否牢固。连接处缝隙应用 1:3 水泥砂浆分层嵌塞密实，若缝隙较大，应在砂浆中掺入少量麻刀嵌塞密实。门口钉设板条或铁皮保护。铝合金门窗框边缝所用嵌缝材料应符合设计要求，且堵塞密实，并事先粘贴好保护膜。

3）墙、顶抹灰前应做完上一层地面及本层地面的施工。

4）管道穿越的墙洞和楼板洞应及时安放套管，并用1:3水泥砂浆或豆石混凝土填塞密实；电线管、消火栓箱、配电箱安装完毕，并将背后露明部分钉好钢丝网；接线盒用纸堵严。

5）壁柜、门框及其他预埋铁件位置和标高应准确无误，并做好防腐、防锈处理。

6）根据室内高度和抹灰现场的具体情况，提前搭好抹灰操作用的高凳和架子，架子要离开墙面及墙角200～250mm，以利操作。

7）冬期施工应事先对基层采取解冻措施，待其完全解冻后，而且室内温度保持在5℃以上，方可进行室内墙、顶抹灰。不得在负温度和冻结的墙、顶上抹灰。

8）应将混凝土墙、顶板等表面凸出部分剔平；对蜂窝、麻面、露筋等应剔到实处，后用1:3水泥砂浆分层补平；把外露钢筋头和铅丝头等事先清除掉。

9）抹灰前用扫帚将顶、墙清扫干净，如有油渍或粉状隔离剂，应用10%火碱水刷洗，清水冲净，或用钢丝刷子彻底刷干净。

10）抹灰前一天，墙、顶应浇水湿润，抹灰时再用扫帚淋水或喷水湿润。

二、施工工艺流程

一般抹灰墙面施工工艺流程：①基层处理→②吊直、套方、找规矩、贴灰饼→③墙面冲筋（设置标筋）→④做护角、抹水泥窗台板→⑤抹底层灰→⑥抹中层灰→⑦抹水泥砂浆罩面灰（包括水泥踢脚板、墙裙等）→⑧抹墙面罩面灰→⑨养护。

三、施工步骤

（一）基层处理

基层处理是为了避免抹灰层可能出现的空鼓、脱落现象，确保抹灰砂浆与基体粘结牢固。基层的平整度、洁净度及整体强度应符合要求。

混凝土墙面，首先将凸出的混凝土剔平，对钢模施工的混凝土应凿毛，并用钢丝刷满刷一遍，去除污渍油渍，严重者可用10%火碱水将顶面的油污刷掉，随后用清水将碱液冲净、晾干。然后用1:1水泥细砂浆内掺用水量20%的108胶，再浇水湿润。

小提示：对于较干燥的墙面，不但要对抹灰墙面进行表面处理，还应对基体进行浇水湿润。其方法是用软质水管在砖墙顶部，从墙一端向另一端缓慢挪动，让水从墙上部往下自然流动到墙根。单砖薄墙浇透一遍即可，24cm 以上墙体应浇水两遍。

（二）吊直、套方、找规矩、贴灰饼

根据基层表面平整、垂直情况，经检查后确定抹灰层厚度（按图样要求分为普通、中级、高级），但最少不应小于 7mm。墙面凹度较大时要分层操作。用线坠、方尺、拉通线等方法贴灰饼（灰饼也叫标志块）。在高 2000mm、距墙阴角100mm 处，依照弹线位置用底层抹灰砂浆（1:3 的水泥砂浆）先做上灰饼，灰饼大小 50mm×50mm，水平距离为 1.2～1.5m（图 2-4），厚度为中层抹灰的厚度。灰饼抹平压实后，用抹子将其四周搓成八字灰埝。依据做好的标准标志块，挂垂线确定下部标志块的位置，一般在踢脚上方 200～300mm 处做下灰饼。用托线板找好垂直，使上下两个标志块在一条垂直线上，如图 2-5、图 2-6 所示。

图 2-4　做上灰饼

图 2-5　托线板、线坠找垂直

小提示：做灰饼先上后下，用线坠、托线板找垂直；横向每隔 1.2～1.5m 做标志块时可拴上小线拉水平通线，注意小线要离开标志块 1mm。

（三）墙面冲筋（设置标筋）

冲筋又叫标筋、出柱头。在上下两块标志块之间先抹出一条长梯形灰埝，其宽度约 10cm，厚度与标志块相平，作为墙面抹底子灰填平的标准，如图 2-7、图 2-8 所示。

根据灰饼用与抹灰层相同的 1:3 水泥砂浆冲筋（标筋），冲筋的根数应根据

房间的高度或宽度来决定。

图 2-6 托线板、线坠找好垂直

图 2-7 做标筋

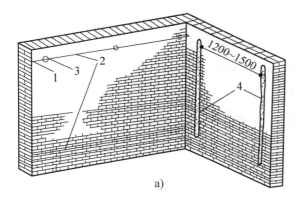

a)

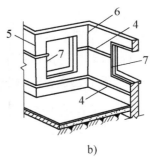

b)

图 2-8 做灰饼和冲筋

a) 竖向标筋 b) 横向标筋

1—钉子 2—挂线 3—灰饼 4—标筋 5—墙体阳角 6—墙体阴角 7—窗框

小提示：冲筋具体做法：在两个标志块中间先抹一层，再抹第二遍凸出成八字形，要比灰饼高出 1cm 左右；用抹子将标筋抹平压实后，用标杆紧贴灰饼上下来回搓，把标筋搓得与标志块一样平为止。为使其能与抹灰层接槎顺平，应将标筋的两侧用刮尺修成斜面。

除简易性与临时性建筑外，一般建筑的阳角要求找方。较高级的民用建筑和公共建筑抹灰，阴阳角均要求找方。找方的做法：先在阳角一侧墙做基线，用方尺将阳角先归方，然后在墙角弹出抹灰准线，在准线上下两端挂通线做标志块。如要求阴阳角都找方，阴阳角两边都要弹基线，并在阴阳角两边都做标志块和标筋，以便于作角和保证阴阳角方正垂直。

（四）做护角、抹水泥窗台板

根据灰饼和冲筋，首先应把门窗洞口的阳角和墙面、柱面阳角抹出水泥护角，如图 2-9 所示。因为这些部位在使用和施工中容易被碰撞和损坏，做护角一方面可保护墙体，另一方面还起到标筋的作用。护角的做法：用 1:3 水泥砂浆打底，待砂浆稍干后，再用素水泥膏抹成小圆角；也可用 1:2 水泥砂浆或 1:0.3:2.5 水泥混合砂浆做明护角，其高度不应低于 2m，包过阳角每侧宽度不小于 50mm。在抹水泥护角的同时，用 1:3 水泥砂浆或 1:1:6 水泥混合砂浆分两遍抹好门窗口边及暗脸底子灰。如门窗口边宽度小于 100mm 时，也可在做水泥护角时一次完成。

小提示：施工时，以墙面抹灰厚度为依据，先将阳角用方尺规方，最好在地面上划好准线，按准线粘好靠尺板，并用拖线板吊直，方尺找方。在靠尺板的另一边墙角面分层抹水泥砂浆，护角线的外角与靠尺板外口平齐，如图 2-10 所示。一边抹好后，再把靠尺板移到已抹好护角的一边，把护角的另一面分层抹好。待护角的棱角稍干时，用阳角抹子和水泥浆捋出小圆角。最后，在墙面用靠尺板按要求尺寸沿角留出 5cm，将多余砂浆以 40°斜面切掉，以便于墙面抹灰时与护角接槎。阳角护角的做法如图 2-11 所示。

抹水泥窗台板时先将窗台基层清理干净，把碰坏的和松动的砖重新用水泥砂浆修复好，用水浇透，然后用 1:2:3 豆石混凝土铺实，厚度不少于 2.5cm。次日再刷掺用水量 10% 的 108 胶素水泥浆一道，紧跟着抹 1:2.5 水泥砂浆面层，压实、压光，浇水养护 2~3d。下口要求平直，不得有毛刺。

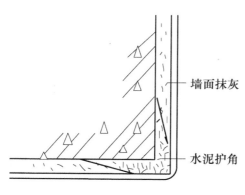

图 2-9 阳角护角示意图

图 2-10 做护角

（五）抹底层灰

一般应在抹灰前一天用水把墙面浇透，然后在墙面湿润的情况下，先刷 108 胶素水泥浆一道（内掺用水量 10% 的 108 胶），随刷随打底。底层灰采用 1:3 水

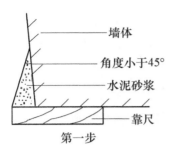

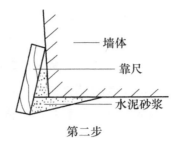

图 2-11 　阳角护角的做法

泥砂浆（或 1:0.3:3 混合砂浆，水胶比为 0.4～0.5）打底，厚度为 13mm。若底层灰采用 1:3:9 水泥白灰膏砂浆打底，普通抹灰厚度为 7mm（高级抹灰为 11mm）。底层灰每遍厚度宜为 5～7mm，应分层分遍与冲筋抹平，用大杠刮平找直，木抹子搓平搓毛，如图 2-12～图 2-15 所示。

图 2-12 　浇透墙面

图 2-13 　抹底层灰

图 2-14 　刮糙

图 2-15 　木抹子搓平搓毛

　　小提示：此道工序也叫"刮糙"或"装档"，可以先由一面墙开始，将灰浆抹在两条标筋之间，其厚度要低于标筋，用抹子大概抹平压实。抹底层灰应掌握好时间，一般情况下，在标志块、标筋、踢脚及门窗洞口做好护角，差不多 2h 左右（即砂浆达到七八成干时）即可进行底层抹灰，标筋不能太软，也不能等其完全硬结。如果标筋软，则容易将标筋刮坏，产生凹凸现象；如标筋有强度时再抹底层灰，待墙面砂浆收缩后，会出现标筋高于墙面的现象。

（六）抹中层灰

　　抹完底灰，待收水后，再抹中层灰，其厚度以垫平标筋为准，并使其略高于标筋，抹后用大杠刮平找直，用木抹子搓平，抹完灰后进行养护。然后用托线板全面检查中层灰是否垂直、平整，阴阳角是否方正、顺直，管后与阴角交接处、墙面与顶板交接处是否平整、光滑。踢脚板、水泥墙裙上口和散热器及管道背后等应及时清理干净。

　　小提示：用大杠刮平时，人站成骑马式，双手握紧木杠，用木杠两端（宽度小的一侧）紧贴左右两条标筋，均匀用力，由下往上移动，并使木杠前进方向的一边略微翘起，"刮高补低"，反复找补、刮压几次，直至中层抹灰与标筋齐平为止，如图 2-16 所示。

（七）抹水泥砂浆罩面灰（包括水泥踢脚板、墙裙等）

　　先刷掺用水量 10% 的 108 胶水泥素浆一道，紧跟抹 1:3 水泥砂浆底层，表面用木抹子搓毛，面层用 1:2.5 水泥砂浆压光，凸出抹灰墙面 5～7mm（要注意出墙厚度一致，上口平直、光滑）。

图 2-16　抹灰刮平

（八）抹墙面罩面灰

　　待中层灰约六七成干（即手压不下陷，但有浅显印痕）时，即可开始抹罩面灰（中层灰过干时，应充分浇水湿润）。罩面灰应两遍成活，最好两人同时操作，一人先薄薄刮一遍使其与底层灰抓牢，另一人随即抹平。按照先上后下的顺序进行，再赶光压实，然后用钢抹子压一遍，最后用塑料抹子顺抹纹压光，随即用毛刷蘸水将罩面灰污染的门窗框等清刷干净。

（九）养护

抹完灰后注意喷水养护，防止空鼓裂缝。

> **小提示：** 冬期施工应采取保温措施。涂抹时，砂浆的温度不宜低于 +5℃；环境温度一般为 +5℃，最低应保持 0℃以上。砂浆抹灰层硬化初期不得受冻。做油漆墙面的抹灰砂浆，不得掺入食盐和氯化钙。用冻结法砌筑的墙，室内抹灰应待墙面解冻后，方可进行。冬期施工时，抹灰层可采用热空气或装烟囱的火炉加速干燥。采用热空气时，应设通风设备排除湿气，同时应设专人负责定时开关门窗，以便加强通风，排除湿气。

四、质量检验

一般抹灰工程分为普通抹灰和高级抹灰两级，抹灰等级应由设计单位按照国家有关规定，根据技术、经济条件和装饰美观的需要来确定，并在施工图中注明。其检验标准分为主控项目和一般项目。

（一）墙面抹灰施工主要检验项目

墙面抹灰施工主要检验项目见表 2-1。

表 2-1　墙面抹灰施工主要检验项目

主控项目	① 一般抹灰所用材料的品种和性能应符合设计要求及国家现行标准的有关规定 ② 抹灰前基层表面的尘土、污垢和油渍等应清除干净，并应洒水润湿或进行界面处理 ③ 抹灰工程应分层进行。当抹灰总厚度大于或等于 35mm 时，应采取加强措施。不同材料基体交接处表面的抹灰，应采取防止开裂的加强措施，当采用加强网时，加强网与各基体的搭接宽度不应小于 100mm ④ 抹灰层与基层之间及各抹灰层之间应粘结牢固，抹灰层应无脱层和空鼓，面层应无爆灰和裂缝
一般项目	① 一般抹灰工程的表面质量应符合下列规定： 　a. 普通抹灰表面应光滑、洁净、接槎平整，分格缝应清晰 　b. 高级抹灰表面应光滑、洁净、颜色均匀，无抹纹，分格缝和灰线应清晰美观 　检验方法：观察；手摸检查 ② 护角、孔洞、槽、盒周围的抹灰表面应整齐、光滑；管道后面的抹灰表面应平整 ③ 抹灰层的总厚度应符合设计要求；水泥砂浆不得抹在石灰砂浆层上；罩面石膏灰不得抹在水泥砂浆层上 ④ 抹灰分格缝的设置应符合设计要求，宽度和深度应均匀，表面应光滑，棱角应整齐 ⑤ 有排水要求的部位应做滴水线（槽）。滴水线（槽）应整齐顺直，滴水线应内高外低，滴水槽的宽度和深度应满足设计要求，且均不应小于 10mm

（二）一般抹灰工程的允许偏差和检验方法

一般抹灰工程的允许偏差和检验方法见表 2-2。

表 2-2 一般抹灰工程的允许偏差和检验方法

项次	项　目	允许偏差/mm		检 验 方 法
		普通抹灰	高级抹灰	
1	立面垂直度	4	3	用 2m 垂直检测尺检查
2	表面平整度	4	3	用 2m 靠尺和塞尺检查
3	阴阳角方正	4	3	用 200mm 直角检测尺检查
4	分格条（缝）直线度	4	3	拉 5m 线，不足 5m 拉通线，用钢直尺检查
5	墙裙、勒脚上口直线度	4	3	拉 5m 线，不足 5m 拉通线，用钢直尺检查

注：1. 普通抹灰，本表第 3 项阴阳角方正可不检查。
　　2. 吊顶抹灰，本表第 2 项表面平整度可不检查，但应平顺。

五、填写任务手册

完成一般抹灰墙面施工，进行质量检测，填写"任务手册"中项目 2 的任务 1。

🖥 任务评价

根据学生施工现场表现，给出学生现场操作能力及现场处理问题能力的评价；结合施工方案与任务手册，评价学生组织能力、方案设计能力，教师最后给出对学生的综合评价。

💡 任务拓展

外墙抹灰施工与内墙施工过程类似，保温层薄抹灰施工应用面均很广，其施工过程可扫描本书配套资源"2.1 机喷石膏砂浆抹灰"。

任务 2.2　干粘石墙面施工

干粘石、水刷石装饰抹灰墙面施工

装饰抹灰主要包括拉毛灰、搓毛灰、扫毛灰、装饰线条抹灰、假面砖、人造大理石等工艺。其不但具有一般抹灰工程的功能，而且在材料、工艺、外观上更具有特殊的装饰效果。几种常见装饰抹灰如图 2-17 ～

图 2-20 所示。

图 2-17　水刷石

图 2-18　斩假石

图 2-19　干粘石

图 2-20　假面砖

📋 任务描述

　　学生分组，查阅资料。归纳石粒类装饰抹灰的主要类型，制作石粒类装饰抹灰汇总表。汇总内容包括所用的石粒以及胶凝材料的特点及性能，施工机具、施工工艺，并进行工艺要点的讨论。

◎ 任务目标

一、知识目标

1. 了解以干粘石为例的水泥石渣类装饰抹灰的主要材料类型。

2. 掌握干粘石等水泥石渣类装饰抹灰的施工主要方法。

3. 了解干粘石等水泥石渣类装饰抹灰的工程质量要求。

二、技能目标

1. 掌握干粘石主要机具的使用。
2. 掌握干粘石施工工序及施工要点。
3. 熟悉干粘石施工质量的检验。

知识准备

石粒装饰抹灰是以水泥为胶凝材料，配以刷石、磨石、粘石、假石等石渣为骨料，调制成水泥石渣浆，再喷抹于基层表面，用水洗、斧剁、水磨等方法除去表面水泥，并露出石渣的颜色、质感的饰面工艺。传统的石渣墙体饰面有水刷石、斩假石等，也有以合成树脂乳液做胶黏剂，适当添加助剂，再喷撒天然石渣或人工石渣的做法，诸如干粘石、胶粘石、喷彩釉砂、喷石粒等。

干粘石施工工艺是石粒装饰抹灰施工工艺的一种，它将石渣、彩色石子等骨料直接粘在砂浆层上，再拍平拍实即为干粘石。其装饰性比水刷石更显著、效率更高、更环保。干粘石的作业有手甩和机械甩喷两种，适用于建筑物的外墙面装饰，不易受到碰损，而且具有操作简单、造价低廉、饰面效果良好的特点，应用颇为广泛。干粘石的构造示意图如图 2-21 所示。

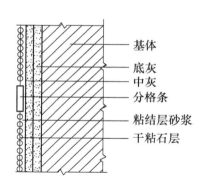

图 2-21 干粘石的构造示意图

任务实施

了解水泥石渣类墙面的施工准备与施工过程，以干粘石为例，要了解的具体内容如下。

一、施工准备

（一）主要材料

1）水泥：宜采用 42.5 级以上的矿渣水泥或普通硅酸盐水泥，要求使用同一批号、同一产品、同一生产厂家、同一颜色的产品。水泥进场需对产品名称、代号、净含量、生产许可证编号、生产地址、出厂编号、执行标准、日期等进行外观检查，同时验收合格证。

2）砂：宜采用中砂，要求颗粒坚硬、洁净，含泥量小于 3%，使用前过筛，筛好备用。

3）石渣：所选用的石渣品种、规格、颜色应符合设计规定。要求颗粒坚硬，不含黏土、软片、碱质及其他有害有机物等。使用前应用清水洗净晾干，按颜色分类堆放，上面用帆布盖好。

4）石灰膏：石灰膏不得含有未熟化的颗粒和杂质。要求在使用前进行熟化，时间不少于 30d，质地应洁白细腻。

5）磨细生石灰粉：使用前用水熟化焖透，时间应在 7d 以上，不得含有未熟化的颗粒和杂质。

6）颜料：颜料应采用耐碱性和耐光性较好的矿物质颜料，进场后要经过检验，其品种、货源、数量要一次进够。

7）胶黏剂：所使用的胶黏剂必须符合国家环保质量要求。

小提示：干粘石通常选用小石渣，因粒径较小，用拍子甩到粘结砂浆上易于排列紧密，露出的粘结砂浆少。机喷以中八厘（粒径 6mm）石渣为宜，施工前石渣应过筛、洗净、晾干、拌匀，去掉尘土及粉屑。骨粒粒径一定要均匀，以 4~6mm 为佳。

（二）主要机具

1）砂浆搅拌机：可根据现场使用情况选择强制式砂浆搅拌机或利用小型鼓筒式混凝土搅拌机等。

2）手推车：根据现场情况可采用窄式卧斗、翻斗车或普通式手推车。手推车车轮宜采用胶胎轮或充气胶胎轮，不宜采用硬质胎轮手推车。

3）主要工具：磅秤、筛子、水桶（大小）、铁板、喷壶、铁锹、灰槽、灰勺、托灰板、水勺、木抹子、铁抹子、钢丝刷、钢卷尺、水平尺、方口尺、靠尺、扫帚、米厘条、木杠、施工小线、粉线包、线坠、钢筋卡子、钉子、小塑料碴子、小压子、接石渣筛、木拍板（图 2-22）。

机械甩喷时还需要：

① 喷斗（图 2-23）。

② 空气压缩机（图 2-24）（排气量 6m³/min，工作压力 0.6~0.8MPa）。一台空气压缩机可带两个喷石粒斗。

③ 喷气输送管，即采用内径为 8mm 的乙炔胶管（长度按需要选择）。

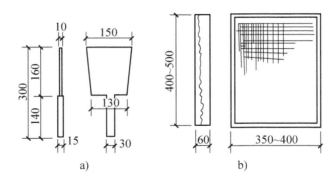

图 2-22　木拍板、石粒托盘示意图

a）木拍板　b）石粒托盘

（三）作业条件

1）主体结构必须经过相关单位（建设单位、施工单位、监理单位、设计单位）检验合格，并已验收。

2）抹灰工程的施工图、设计说明及其他设计文件已完成。施工作业指导书（技术交底）已完成。

3）施工所使用的架子已搭好，并已经过安全部门验收合格。架子距墙面应保持 20 ~ 25cm，操作面脚手板宜满铺，距墙空档处应放接落石子的小筛子。

图 2-23　喷斗

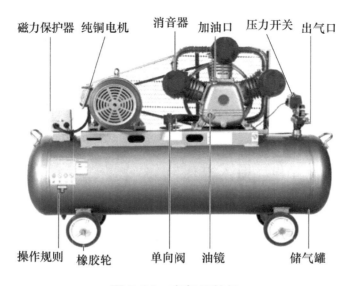

图 2-24　空气压缩机

4）门窗口位置正确，安装牢固并已采取保护。预留孔洞、预埋件等位置尺寸符合设计要求。

5）墙面基层以及混凝土过梁、梁垫、圈梁、混凝土柱、梁等表面凸出部分剔平，表面已处理完成，坑凹部分已按要求补平。

6）施工前根据要求应做好施工样板，并经过相关部门检验合格。

二、施工工艺流程

干粘石墙面施工工艺流程：①基层处理→②吊垂直、套方、找规矩→③抹灰饼、冲筋→④抹底层、中层砂浆→⑤弹线分格、粘分格条→⑥抹粘结层砂浆→⑦撒石子（甩石子）→⑧拍平、修整、处理黑边→⑨起条、勾缝→⑩喷水养护。

三、施工步骤

（一）基层处理

1）砖墙基层处理：抹灰前需将基层上的尘土、污垢、灰尘等清除干净，并浇水湿润。

2）混凝土墙基层处理。

① 凿毛处理：用钢钻子将混凝土墙面均匀凿出麻面，并将板面酥松部分剔除干净，用钢丝刷将粉尘刷掉，用清水冲洗干净，然后浇水均匀湿润。

② 清洗处理：用10%的火碱水将混凝土表面油污及污垢清刷除净，然后用清水冲洗晾干，刷一道胶黏剂素水泥浆，或涂刷混凝土界面剂。可采用混凝土界面剂，施工时应按产品要求使用。

（二）吊垂直、套方、找规矩

当建筑物为高层时，可用经纬仪，利用墙大角、门窗两边打直线找垂直。

建筑为多层时，应从顶层开始用特制大线坠吊垂直，绷钢丝找规矩，横向水平线可按楼层标高或施工+50m线为水平基准交圈控制。

（三）做灰饼、冲筋

根据垂直线在墙面的阴阳角、窗台两侧、柱、垛等部位做灰饼，并在窗口上下弹水平线，灰饼要横竖垂直交圈，然后根据灰饼冲筋。

（四）抹底层、中层砂浆

用1:3水泥砂浆抹底层灰，分层抹与冲筋平，用木杠刮平，木抹子压实、搓毛。待终凝后浇水养护。

（五）弹线分格、粘分格条

根据设计图要求弹出分格线，然后粘分格条，分格条使用前要用水浸透，粘时在分格条两侧用素水泥浆抹成45°八字坡形，粘分格条应注意粘在所弹立线的同一侧，防止左右乱粘，出现分格不均匀。弹线、分格应设专人负责，以保证分格符合设计要求，如图2-25、图2-26所示。

（六）抹粘结层砂浆

为保证粘结层粘石质量，抹灰前应用水湿润墙面，粘结层厚度以所使用石子粒径确定，抹灰时如果有干得过快的部位应补水湿润，然后抹粘结层。抹粘结层宜采用两遍抹成，第一道用同强度等级水泥素浆薄刮一遍，保证结合层粘牢，

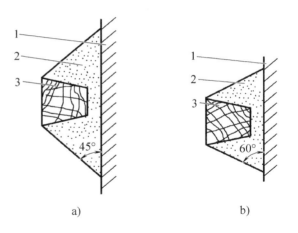

图 2-25　分格条两侧斜角示意

a）当天抹灰做45°斜角　b）隔夜条做60°斜角

1—墙体基层　2—素水泥浆　3—分隔条

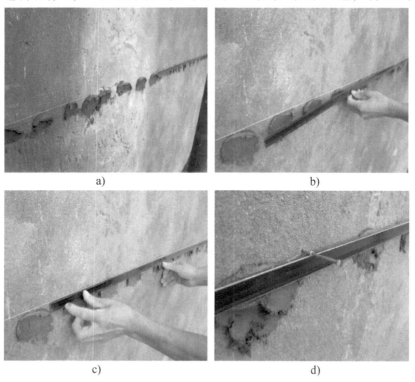

图 2-26　PVC 分格条粘贴过程

a）抹分隔条粘贴砂浆　b）粘分隔条　c）分隔条上边缘与线对齐　d）固定分隔条

第二遍抹聚合物水泥砂浆，然后用靠尺测试。严格按照高刮低填的原则操作，否则易使面层出现大小波浪，造成表面不平整而影响美观。在抹粘结层砂浆时，宜使上下灰层厚度不同，并不宜高于分格条，最好是在下部约 1/3 高度范围内，比上面薄些。整个分格块面层比分格条低 1mm 左右，石子撒上压实后，不但可保证平整度，且边条整齐，可避免下部出现鼓包皱皮的现象。

（七）撒石子（甩石子）

抹完粘结层后，一手拿装石子的托盘，一手用木拍板向粘结层甩粘石子。要求甩严、甩均匀，并用托盘接住掉下来的石粒，甩完后随即用钢抹子将石子均匀地拍入粘结层。石子嵌入砂浆的深度应不小于粒径的 1/2 为宜，并应拍严、拍实。

小提示： 操作时要先甩两边，后甩中间，从上至下快速均匀地进行。甩出的动作应快，用力均匀，不使石子下溜，并应保证左右搭接紧密，石粒均匀。甩石粒时要使拍板与墙面垂直平行，让石子垂直嵌入粘结层内，如果甩时偏上偏下、偏左偏右则效果不佳，石粒浪费也大。甩出用力过大会使石粒陷入太紧形成凹陷，用力过小则石粒粘结不牢，出现空白不宜添补。动作慢则会造成部分不合格，修整后宜出接槎痕迹和"花脸"。阳角甩石粒，可将薄靠尺粘在阳角一边，先做邻面干粘石，然后取下薄靠尺抹上水泥腻子，一手持短靠尺放在已做好的邻面上，一手甩石子，并用钢抹子轻轻拍平、拍直，使棱角挺直。门窗暗脸、阳台、雨罩等部位应留置滴水槽，其宽度深度应满足设计要求。粘石渣时应先做好小面，后做大面。

对大面积的干粘石墙面，可采用机械喷石法施工，喷石后应及时用橡胶滚子滚压，将石渣压入灰层 2/3，使其粘结牢固。

（八）拍平、修整、处理黑边

拍平、修整要在水泥初凝前进行，先拍压边缘，而后拍压中间，拍压要轻重结合、均匀一致。拍压完成后，应对已粘石面层进行检查，发现阴阳角不顺挺直、表面不整齐、黑边等问题，及时处理。

（九）起条、勾缝

前工序全部完成，检查无误后，随即将分格条、滴水线条取出。取分格条时要认真小心，防止将边棱碰损，分格条取出后用抹子轻轻地按一下粘石面层，以防拉起面层造成空鼓现象。然后待水泥达到初凝强度后，用素水泥膏勾缝。格缝要保持平顺挺直、颜色一致。

（十）喷水养护

粘石面层完成后，常温 24h 后喷水养护，养护期不少于 2～3d。夏日阳光强烈、气温较高时，应适当遮阳，避免阳光直射，并适当增加喷水次数，以保证工程质量。

四、质量检验

（一）装饰抹灰主要检验项目

装饰抹灰主要检验项目见表 2-3。

表 2-3　装饰抹灰主要检验项目

主控项目	① 装饰抹灰工程所用材料的品种和性能应符合设计要求及国家现行标准的有关规定 ② 抹灰前基层表面的尘土、污垢和油渍等应清除干净，并应洒水润湿或进行界面处理 ③ 抹灰工程应分层进行。当抹灰总厚度大于或等于 35mm 时，应采取加强措施。不同材料基体交接处表面的抹灰，应采取防止开裂的加强措施，当采用加强网时，加强网与各基体的搭接宽度不应小于 100mm ④ 各抹灰层之间及抹灰层与基体之间应粘结牢固，抹灰层应无脱层、空鼓和裂缝的现象
一般项目	① 水刷石表面应石粒清晰、分布均匀、紧密平整、色泽一致，应无掉粒和接槎痕迹 ② 斩假石表面剁纹应均匀顺直、深浅一致，应无漏剁处；阳角处应横剁并留出宽窄一致的不剁边条，棱角应无损坏 ③ 干粘石表面应色泽一致、不露浆、不漏粘，石粒应粘结牢固、分布均匀，阳角处应无明显黑边 ④ 假面砖表面应平整、沟纹清晰、留缝整齐、色泽一致，应无掉角、脱皮和起砂等缺陷 ⑤ 装饰抹灰分格条（缝）的设置应符合设计要求，宽度和深度应均匀。表面应平整光滑，棱角应整齐 ⑥ 有排水要求的部位应做滴水线（槽）。滴水线（槽）应整齐顺直，滴水线应内高外低，滴水槽的宽度和深度均不应小于 10mm

（二）装饰抹灰工程的允许偏差和检验方法

装饰抹灰工程的允许偏差和检验方法见表 2-4。

表 2-4　装饰抹灰工程的允许偏差和检验方法

项次	项　目	允许偏差/mm				检验方法
		水刷石	斩假石	干粘石	假面砖	
1	立面垂直度	5	4	5	5	用 2m 垂直检测尺检查
2	表面平整度	3	3	5	4	用 2m 靠尺和塞尺检查
3	阴阳角方正	3	3	4	4	用 200mm 直角检测尺检查
4	分格条（缝）直线度	3	3	3	3	拉 5m 线，不足 5m 拉通线，用钢直尺检查
5	墙裙、勒脚上口直线度	3	3	—	—	拉 5m 线，不足 5m 拉通线，用钢直尺检查

五、填写任务手册

完成干粘石墙面施工，进行质量检测，填写"任务手册"中项目 2 的任务 2。

任务评价

完成各种石粒类装饰抹灰的资料收集，整理展示汇总表并进行比较，班级展示汇总归纳的结果。根据课堂展示情况进行考核，评价学生的总结归纳能力、展示能力和小组协作能力；教师查看学生的任务书情况评价学生的任务目标掌握情况和学习态度；最后对学生做出综合评价。

任务拓展

传统装饰抹灰由于新材料、新工艺的出现而展示出了新的魅力，在现代装饰中运用极为广泛。干粘石就是由水刷石改进而来，传统水刷石的施工参见本书配套资源"2.2 水刷石施工"。

任务 2.3　拉毛灰墙面施工

拉毛灰是在面层涂抹砂浆后，用铁抹子和木蟹将罩面轻压，再顺势轻轻拉起，便产生砂浆毛头的一种装饰抹灰。拉毛工艺通常用水泥纸筋灰浆和水泥石灰砂浆，是广泛采用的一种传统饰面工艺。

任务描述

学生分组，查阅资料。了解拉毛装饰抹灰的主要类型，了解其所使用的骨料以及胶凝材料的特点及性能，对其施工层次、施工工具及施工方式进行讨论，总结拉毛装饰抹灰，开拓思路，写一篇有关拉毛灰特色及发展的论文。

任务目标

拉毛灰、拉条灰装饰抹灰墙面施工

知识目标

1. 了解拉毛装饰抹灰的主要材料类型。

2. 掌握拉毛装饰抹灰工程的施工技巧。

3. 了解抹毛装饰抹灰工程的工程质量要求。

技能目标

1. 掌握拉毛灰主要机具的使用。

2. 掌握拉毛灰施工工序及施工要点。

3. 熟悉墙面拉毛灰施工质量的检验。

4. 能根据墙面外观需要自己设计拉毛灰的施工工艺。

知识准备

装饰拉毛灰饰面层多用于室内，是指抹灰面层上，采用装饰水泥掺入适量石灰膏的素浆或掺入适量砂子的砂浆，用棕刷在面层上拉出无数的毛头，一般分为小拉毛和大拉毛。

除水泥拉毛外，还有油漆拉毛。油漆拉毛分为石膏拉毛和油拉毛，可根据设计要求在表面喷以色漆，增加视觉效果。

此工艺要求表面斑点、花纹分布均匀，颜色一致，以达到装饰、吸声效果，如图 2-27 所示。

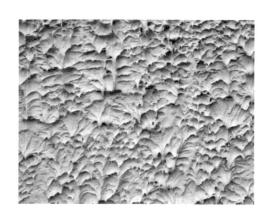

图 2-27 拉毛灰效果示意图

任务实施

查阅资料，了解拉毛灰的施工准备的材料与机具，分析施工操作要点，包括内容：

一、施工准备

（一）主要材料

1）水泥：宜采用 42.5 级的普通硅酸盐水泥或矿渣硅酸盐水泥，应用同一批号的水泥。

2）砂：中砂，过 5mm 孔径的筛子，其内不得含有草根、杂质等有机物质。

3）掺合料：石灰膏、粉煤灰、磨细生石灰粉。如采用生石灰淋制石灰膏，其熟化时间不少于 30d。如采用生石灰粉拌制砂浆，则熟化时间不少于 3d。

4）水：应用自来水或不含有害物质的洁净水。

5）胶黏剂：108 胶、聚醋酸乙烯乳液等。

（二）主要机具

搅拌机、铁板（拌灰用）、5mm 筛子、铁锹、大平锹、小平锹、灰镐、灰勺、灰桶、铁抹子、木抹子、大杠、小杠、担子板、粉线包、拉毛辊子、小水桶、扫帚、钢筋卡子、手推车、胶皮水管、八字靠尺、分格条等。

拉毛辊子及饰面效果图如图 2-28 所示。

（三）作业条件

1）结构工程全部完成，且经过结构验收达到合格。

2）装修外架子必须根据拉毛施工的需要调整好步数及高度，严禁在墙面上预留脚手眼及施工孔洞。

3）常温施工时墙面必须提前浇水，并清理好墙面的尘土及污垢。

4）抹灰前门窗框应提前装好，并检查安装位置及安装牢固程度，符合要求

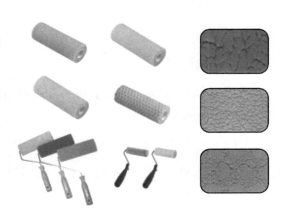

图 2-28　拉毛辊子及饰面效果图

后，用 1:3 水泥砂浆将门窗与墙体连接的缝隙塞实、堵严。若缝隙较大时，应在砂浆内掺少量麻刀嵌塞密实。铝合金门窗与墙体连接缝隙的处理应按设计要求嵌填。

5）阳台栏杆、挂衣铁件、墙上预埋设的管道、设备等，应提前安装好，将柱、梁等凸出墙面的混凝土剔平，凹处提前刷净，用水洇透后，用 1:3 水泥砂浆或 1:1:6 混合砂浆分层补平。

6）预制混凝土外墙板接缝处，应提前处理好，并检查空腔是否畅通；缝勾好后进行淋水试验，无渗漏方可进行下道工序。

7）加气混凝土表面缺棱掉角需分层修补。做法是：先润湿基层表面，刷掺用水量10%的108胶素水泥浆一道，紧跟着抹1:1:6混合砂浆，每层厚度控制在5～7mm。

8）拉毛灰大面积施工前，应先做样板，经鉴定并确定施工方法后，再组织施工。

9）高层建筑应用经纬仪在大角两侧、门窗洞口两侧、阳台两侧等部位打出垂直线，做好灰饼；多层建筑可用特制的大线坠从顶层开始，在大角两侧、门窗洞口两侧、阳台两侧吊出垂直线，做好灰饼。这些灰饼即为以后抹灰层的依据。

二、施工工艺流程

拉毛灰墙面施工工艺流程：①基层处理→②根据灰饼冲筋→③装档、抹底层砂浆→④弹线、分格、粘分格条→⑤抹拉毛灰→⑥拉毛→⑦起分格条、勾缝→⑧养护、质量检查。

三、施工步骤

（一）基层处理

清理好墙面的尘土及污垢，常温施工时墙面必须提前浇水。

（二）根据灰饼冲筋

先检查整个墙面的平整度与垂直度，再根据检查结果确定抹灰层厚度，在墙上做灰饼标志块，待灰饼稍干后，根据已抹好的灰饼冲筋，以保证墙面的平整。

（三）装档、抹底层砂浆

分层分步涂抹底层：根据不同的基体，底层砂浆采用不同的配合比。基层为砖墙时，底灰配合比常温施工为1:0.5:4或1:0.2:0.3:4（混合砂浆或水泥粉煤灰混合砂浆）。基层为混凝土墙或加气混凝土墙时，打底灰为1:3水泥砂浆。在两筋之间将底层砂浆由下而上满抹墙面，用刮杠将两筋之间刮平压实后，用木抹子刮平、搓平，确保厚度均匀一致。一般分两遍抹好底层砂浆。

（四）弹线、分格、粘分格条

弹线、分格，并按图样要求粘分格条，特殊节点如窗台、阳台、碹脸等下面，应粘贴滴水线，如图2-29所示。

窗台滴水线

阳台板滴水线

墙体分格条

图 2-29　滴水线与分格条

（五）抹拉毛灰

根据做法及效果要求的不同，拉毛罩面灰的配合比有多种类型。

水泥石灰砂浆拉毛时，罩面灰配合比应为水泥∶石灰膏∶砂 = 1∶0.5∶0.5 或 1∶0.5∶1；水泥石灰加纸筋砂浆拉毛：罩面拉毛灰为水泥中掺入适量石灰膏，拉粗毛时掺 5% 石灰膏和石灰膏质量 3% 的纸筋；拉中等毛时掺 10%～20% 的石灰膏和石灰质量 3% 的纸筋；拉细毛时掺 25%～30% 石灰膏和适量的砂子。

抹拉毛灰之前应对底灰进行浇水，且水量应适宜，墙面太湿，拉毛灰易发生往下坠流的现象；若底灰太干，不容易操作，拉毛也不均匀。

小提示：拉毛前要选好作业方式，试做拉毛灰样板，修正方法直到满意为止。经设计、甲方、监理等方验收后，方可按样板的最终方法进行大面积施工，注意在一饰面上要连续进行，由上而下作业，以防产生隔裂感。

（六）拉毛

拉毛灰施工时，最好两人配合进行，一人在前面抹拉毛灰（其厚度根据拉毛的长短而定），另一人紧跟着用木抹子（根据灰浆类型与外观要求也有用铁抹子、硬猪鬃或麻刷子的）平稳地压在拉毛灰上，接着就顺势轻轻地拉起来。拉毛时用力要均匀，速度要一致，使毛显露大、小均匀。

小提示：在一个平面上，应避免中断，以便做到色泽一致，毛头均匀。个别地方拉的毛不符合要求，可以修补完善，补拉 1～2 次，一直到符合要求为止。

（七）起分格条、勾缝

前工序全部完成，符合要求后，随即将分格条、滴水线条取出。取分格条时要认真小心，防止将边棱碰损。待水泥达到初凝强度后，用素水泥膏勾缝。格缝要保持平顺挺直、颜色一致。

（八）养护、质量检查

面层完成后，常温 24h 后喷水养护，养护期不少于 2 ~ 3d。做好成品保护、质量检查。

外墙面拉毛抹灰在严冬期应停止施工，初冬施工时应掺入能降低冰点的抗冻剂，如面层涂刷涂料时，应使其所掺入的外加剂与涂料材质相匹配。冬期室内进行拉毛施工时，其操作地点温度应在 +10℃ 以上，以利施工。雨期施工应搞好防雨设施，下雨时严禁在外墙进行拉毛施工。

四、质量检验

（一）拉毛抹灰主要检验项目（表 2-3）

（二）拉毛抹灰的允许偏差和检验方法

拉毛抹灰的允许偏差和检验方法见表 2-5。

表 2-5　拉毛抹灰的允许偏差和检验方法

项次	项　目	允许偏差/mm	检 验 方 法
1	表面平整度	4	用 2m 靠尺和楔形塞尺检查
2	阴阳角垂直	4	用 2m 拖线板检查
3	立面垂直度	5	用 2m 拖线板检查
4	阳角方正	4	用 20cm 方尺和楔形尺检查

五、填写任务手册

拉毛灰的样式丰富，材料与工具变化多样，总结归纳写成论文形式，在班级展示，填写"任务手册"中项目 2 的任务 3。

任务评价

根据墙面拉毛灰装饰施工的总结归纳，评价学生的资料整理能力与归纳能力；结合学生的班级展示，评价学生的展示能力，教师给出对学生的综合评价。

任务拓展

装饰抹灰的类型很多种，传统的工艺还包括拉条抹灰、扫毛灰、甩毛灰等，其施工工艺可参见本书配套资源"2.3 拉条灰施工"。

任务 2.4　斩假石墙面施工

斩假石又称为剁斧石，是以水泥石碴浆（或水泥石屑浆）涂抹在墙体的底层上，待凝固硬化后，用斧子及凿子等工具在表面剁斩出类似石材纹理效果的一种装饰方法。斩假石工艺可使普通的石碴饰面显示出真石的效果，很适合用在建筑外墙、勒脚、台阶等部位。

任务描述

学生分组，小组成员共同协作完成任务。根据对斩假石等装饰抹灰类型及施工的了解，设计一种新型装饰抹灰。要求提出明确的设计目标，讨论并选定合理的材料配置，制订出详细的施工方案，并制作出施工小样展示。

任务目标

斩假石墙面
施工

一、知识目标

1. 了解斩假石等装饰抹灰主要材料类型。
2. 掌握斩假石等装饰抹灰施工主要技巧。
3. 了解斩假石等装饰抹灰工程质量要求。

二、技能目标

1. 掌握斩假石主要机具的使用。
2. 掌握斩假石施工工序及施工要点。
3. 熟练墙面斩假石施工质量的检验。
4. 能根据墙面外观需要自己设计一种装饰抹灰。

知识准备

斩假石面层可以根据设计的意图斩琢成不同的纹样，常见的有棱点剁斧、花锤剁斧、立纹剁斧等几种效果。通常斩假石饰面的棱角及分格缝周边宜留 15～30mm 宽不剁，以使斩假石看上去极似天然石材的粗糙效果。

斩假石的构造做法为：10mm 厚 1:3 水泥砂浆打底；刮 1mm 厚素水泥浆一道，表面划毛；10mm 厚水泥石碴浆罩面 [米粒石内掺 30% （质量分数）白云石屑]。

📲 任务实施

了解斩假石装饰抹灰的施工工艺，根据所了解到的所有装饰抹灰施工的类型，自己设计一种装饰抹灰。

一、施工准备

（一）主要材料

1）水泥：42.5 级普通硅酸盐水泥（或 42.5 级白水泥）。应有出厂证明或复试单，当出厂超过三个月按试验结果使用。水泥应进行强度、安定性复试。

2）砂子：粗砂或中砂，使用前要过筛。砂的含泥量不超过 3%。不得含有草根等杂物。对含泥量应定期试验。

3）石渣：小八厘（粒径在 4mm 以下），应坚硬、耐光。

4）108 胶和矿物颜料：颜料应耐碱、耐光等。

（二）主要机具

磅秤、铁板、孔径 5mm 筛子、手推车、大桶、小水桶、喷壶、灰槽、水勺、灰勺、平锹、托灰板、木抹子、铁抹子、阴阳角抹子、单刃斧或多刃斧、细砂轮片（修理和磨斧用）、钢丝刷、铁制水平尺、钢卷尺、方尺、靠尺、米厘条、扫帚、大杠、中杠、小杠、小白线、粉线包、线坠、钢筋卡子、锤子、錾子、钉子、胶鞋、工具袋等，如图 2-30 所示。

a) b)

图 2-30 斩假石所用机具

a）单刃斧、錾子 b）线坠、花锤、抹子、托灰板

（三）作业条件

1）做斩假石前首先要办好结构验收手续，少数工种（水电、通风、设备安装等）应做在前面，水电源齐备。

2）做台阶、门窗套时，要把门窗框立好并固定牢固，把框的边缝塞实。特别是铝合金门窗框，宜粘贴保护膜，并按设计要求的材料嵌塞好边缝，预防污染和锈蚀。

3）按照设计图的要求，弹好水平标高线和柱面中心线，并提前搭好脚手架（应搭双排架，其横竖杆及支杆等应离开墙面和门窗口角 150～200mm。架子的步高要符合施工要求）。

4）墙面基层清理干净，堵好脚手眼，窗台、窗套等事先砌好。

5）石渣用前要过筛，除去粉末、杂质，清洗干净备用。

二、施工工艺流程

斩假石墙面施工工艺流程：①基层处理→②吊垂直、套方、找规矩、贴灰饼→③抹底层砂浆→④抹面层石渣→⑤浇水养护→⑥剁石。

三、施工步骤

（一）基层处理

首先将凸出墙面的混凝土或砖剔平，对大规模施工的混凝土墙面应凿毛，并用钢丝刷满刷一遍，再浇水湿润。如果基层混凝土表面很光滑，也可采取如下的"毛化处理"办法：先将表面尘土、污垢清扫干净，用 10%的火碱水将板面的油污刷掉，随即用净水将碱液冲净、晾干；然后用 1:1 水泥细砂浆内掺用水量 20%的 108 胶，喷或用扫帚把砂浆甩到墙上，其甩点要均匀，终凝后浇水养护，直至水泥砂浆疙瘩全部粘到混凝土光面上，并有较高的强度（用手掰不动）为止。

（二）吊垂直、套方、找规矩、贴灰饼

根据设计图的要求，把设计需要做斩假石的墙面、柱面中心线和四周大角及门窗口角，用线坠吊垂直线，贴灰饼找直。横线则以楼层为水平基线或 +50cm 标高线交圈控制。每层打底时则以此灰饼作为基准点进行冲筋、套方、找规矩、贴灰饼，以便控制底层灰，做到横平竖直。同时要注意找好突出檐口、腰线、窗台、雨篷及台阶等饰面的流水坡度。

（三）抹底层砂浆

结构面提前浇水湿润，先刷一道掺用水量 10% 的 108 胶的水泥素浆，紧跟着按事先冲好的标筋分层分遍抹 1:3 水泥砂浆，第一遍厚度宜为 5mm，抹后用扫帚扫毛。待第一遍六七成干时，即可抹第二遍，厚度约 6~8mm，并与筋抹平，用抹子压实，刮杠找平、搓毛，墙面阴阳角要垂直方正。终凝后浇水养护。台阶底层要根据踏步的宽和高垫好靠尺抹水泥砂浆，抹平压实，每步的宽和高要符合图样的要求。台阶面向外坡 1%。

（四）抹面层石渣

根据设计图的要求在底子灰上弹好分格线，当设计无要求时，也要适当分格。首先将墙、柱、台阶等底子灰浇水湿润，然后用素水泥膏把分格米厘条贴好（注意：粘贴经水泡透的木分格条），如图 2-31 所示。待分格条有一定强度后，便可抹面层石渣，先抹一层素水泥浆随即抹面层。面层用 1:1.25（体积比）水泥石渣浆，厚度约为 10mm。然后用铁抹子横竖反复压几遍直至赶平压实、边角无空隙，随即用软毛刷蘸水把表面水泥浆刷掉，使露出的石渣均匀一致，如图 2-32 所示。

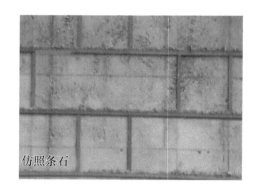

图 2-31　贴分格条

图 2-32　抹水泥石渣浆

（五）浇水养护

面层石渣浆抹完后需采取防晒措施，约隔 24h 浇水养护 2~3d。

（六）剁石

抹好后，常温（15~30℃）隔 2~3d 可开始试剁，气温较低时（5~15℃）抹好后约隔 4~5d 可开始试剁，如经试剁石子不脱落便可正式剁。

为了保证楞角完整无缺，使斩假石有真石感，可在墙面、柱子等边楞处，宜横剁出边条或留出 15~20mm 的边条不剁。为保证剁纹垂直和平行，可在分格内划垂直控制线，或在台阶上划平行垂直线，控制剁纹，保持与边线平行。剁石时用力要一致，垂直于大面，顺着一个方向剁，以保持剁纹均匀。一般剁石的深度以石屑剁掉三分之一比较适宜，使剁成的假石成品美观大方，如图 2-33 ~ 图 2-36 所示。

以石屑剁掉三分之一比较适宜

图 2-33　斩假石剁石，先剁边部

图 2-34　后剁中间

最后取出分格条

图 2-35　取出分格条

图 2-36　分隔缝处理

小提示：斩剁小面积时，应用单刀剁齐；而剁大面积时，则应用多刀剁齐。斧刃的厚度应根据剁纹的宽窄而定。斩剁时，先轻剁一遍，再按前一遍斧纹剁深痕。斩剁时，移动速度要一致，用力须均匀，不能有漏剁。斩剁顺序：由上到下，由左到右；先剁转角和四周边缘，后剁中间墙。中间剁垂直纹，转角和四周剁水平纹。

关键要求有：

1）斩假石墙面在基体处理后，立即涂抹底层、中层砂浆。底层与中层表面应划毛。涂抹面层砂浆前，要认真浇水湿润中层抹灰，并满刮水胶比为 0.37 ~ 0.40 的纯水泥浆一道，按设计要求弹线分格，粘分格条。

2）斩假石面层砂浆一般用白石粒和石屑，应统一配料干拌均匀备用。

3）罩面时一般分两次进行。先薄薄地抹一层砂浆，稍收水后再抹一遍砂浆与分格条平。用刮尺赶平，待收水后再用木抹子打磨压实。

4）面层抹灰完成后，不能受烈日暴晒或遭受冰冻。养护时间常温下一般 2～3 d，其强度应控制在 5 MPa。

5）面层斩剁时，应先进行试剁，以石子不脱落为准。

6）斩剁前，应先弹顺线，相距约 10 cm，按线操作，以免剁纹跑斜。斩剁时必须保持墙面湿润，如墙面过于干燥，应予蘸水，但斩剁完部分，不得蘸水。

7）季节性施工要求：

① 严冬阶段不能进行斩假石施工。

② 冬期施工，砂浆的使用温度不得低于 +5℃；砂浆硬化前，应采取防冻措施。

③ 用冻结法砌筑的墙，应待其解冻后再抹灰。

④ 砂浆抹灰层硬化初期不得受冻。气温低于 +5℃ 时，室外抹灰所用的砂浆可掺入能降低结温度的外加剂，其掺量应由试验确定。

四、质量检验

（一）斩假石主要检验项目（同表 2-3）

（二）斩假石的允许偏差和检验方法（同表 2-4）

五、填写任务手册

完成斩假石墙面施工，进行质量检测，填写"任务手册"中项目 2 的任务 4。

任务评价

根据小组成员共同协作制作出的施工小样，对学生的动手能力与展示能力做出评价；根据学生装饰抹灰的设计理念、设计目标、材料的选择与配置以及施工方案的合理性，评价学生的设计能力与创新能力，教师给出对学生的综合评价。

任务拓展

清水砖墙因其独有的特点一直被广泛应用，其施工过程参见本书配套资源 "2.4 清水砖墙"。

项目 3

墙柱面装饰施工

当人们站在某个建筑外部时注意到的一般都是立面，当人们进入到某个室内空间时最先注意到的往往也是立面，因此，墙柱面设计和施工会对整个建筑的室内外环境产生非常大的影响。下面通过学习墙柱面施工中几种常用的施工工艺，达到本项目的学习目标：

1. 了解墙柱面装饰基本类型。

2. 掌握常见的墙柱面装饰施工技术。

3. 能够根据环境选择适合的施工项目。

任务 3.1　外墙涂料施工

涂饰工程是指将涂料覆盖到建筑物内外墙面、顶面、地面以及建筑构配件上的施工过程。涂料在建筑物表面形成涂膜，能起到美化居住环境，改善工作环境，保护建筑实体，防水、防火、防霉、吸声等特殊作用。

外墙涂料施工

📋 任务描述

带领学生参观外墙涂料施工工程现场。要求：做好参观前的准备工作，填写参观记录表，最后写出实地参观日记。

任务目标

一、知识目标

1. 了解外墙涂料施工的作业条件。
2. 掌握外墙涂料施工步骤。
3. 熟悉外墙涂料工程质量验收要求。

二、技能目标

1. 掌握施工中的操作要点。
2. 能在施工现场进行外墙涂料工程质量检查。

知识准备

外墙涂料的主要功能是装饰和保护建筑物外立面。因其涂层暴露于大气中，直接经受风吹、日晒、雨淋，在自然环境的长期侵蚀破坏下，涂层易发生开裂、粉化、剥落、变色等现象，因此要求外墙涂料应具有良好的耐候性、耐沾污性、耐水性，易清洁，能抵抗雨水冲刷，附着性、弹性要好。施工时

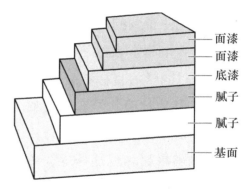

图 3-1　外墙涂料结构层

不能以内墙涂料代替外墙涂料。外墙涂料结构层如图 3-1 所示。

任务实施

一、施工准备

（一）主要材料

外墙腻子、封底涂料、外墙涂料，如图 3-2 所示。

涂料工程的等级和产品的品种，应符合设计要求和现行有关国家标准的规定。施工前应根据设计要求选择材料和确定涂饰标准。涂料应有出厂合格证、出厂日期及使用说明书。所用材料应一次备齐。

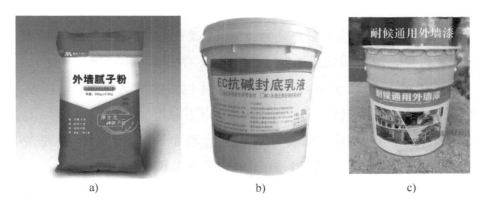

图 3-2　外墙涂饰工程主要材料

a）外墙腻子　b）封底涂料　c）外墙涂料

（二）主要工具

喷枪、升降机、刮板、砂纸、砂纸架、打磨机、扫帚、辊子、分色胶带等，如图 3-3 所示。

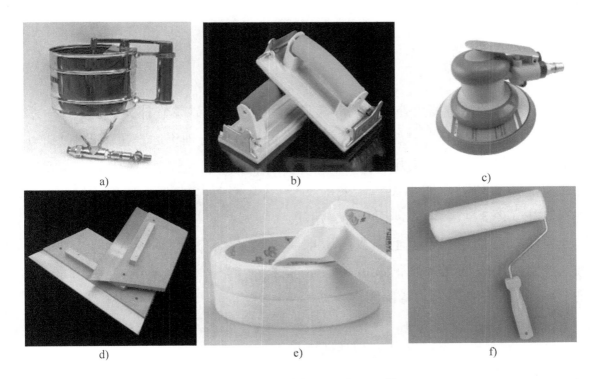

图 3-3　外墙涂饰工程主要工具

a）喷枪　b）砂纸架　c）打磨机

d）刮板　e）分色胶带　f）辊子

（三）作业条件

1）基层已干燥，表面平整、干净、无附着物，阴阳角方正，墙面无渗水、裂缝、空鼓等问题。没有粉化松脱物，没有油、脂和其他粘附物。

2）基层含水率不得大于10%，施工现场环境温度应高于5℃，环境湿度低于85%，避免下雨、大风天气施工，施工前后1天内不能淋雨。

3）门窗框四周与墙之间的缝隙填充密实。墙面的设备管洞已处理完毕。

4）机械设备接通电源并试机，外用吊篮已安装调试完毕。

5）正式施工前先做样板墙，经确认质量符合设计要求和施工规范规定后，方可进行大面积的施工。

二、施工工艺流程

外墙涂料施工工艺流程：①基层处理→②刮腻子打底找平→③打磨→④贴玻纤布→⑤刮腻子再磨平⑥涂刷封底漆→⑦第一遍面涂施工→⑧第二遍面涂施工→⑨涂料清理。

三、施工步骤

（一）基层处理

对于基体的缺棱掉角处、孔洞等缺陷采用1:3抗裂砂浆修补，如图3-4所示。大面积（大于$10cm^2$）空鼓应将空鼓部位全部铲除，清理干净，重新做基层；局部空鼓（小于$10cm^2$）则用注射低黏度的环氧树脂进行修补。细小裂缝，采用腻子进行修补（图3-4）。清除墙面灰尘、污渍。尘土、粉末可使用扫帚、毛刷或高压水冲洗，油脂使用中性洗涤剂清洗后用清水冲刷干净，灰浆用铲、刮刀等除去。

图 3-4　填补基层

（二）刮腻子打底找平

1）应选用强度高耐久性好的外墙专用柔性腻子。

2）在进行填补、局部刮腻子施工时宜薄批而不宜厚刷，避免因腻子收缩过大出现开裂和脱落。根据不同腻子的特点，厚度以0.5mm为宜。不要过多地往返刮涂，以免出现卷皮脱落或将腻子中的胶料挤出封住表面而易干燥。

3）腻子施工应自上而下，先阴阳角部位后大面墙部位；墙面阴阳角、装饰线条、造型梁等部位应找垂直。

4）用刮板刮涂要用力均匀，掌握好刮板倾斜度，以保证腻子饱满，减少接茬痕迹，如图 3-5 所示。

图 3-5 外墙刮腻子找平

（三）打磨

1）打磨可采用手工打磨和机械打磨，重复检查、打磨至找平层表面平整、粗糙程度一致、纹理质感均匀、表面观感一致为止，如图 3-6、图 3-7 所示。

图 3-6 手工打磨外墙面   图 3-7 打磨机打磨外墙面

2）砂纸的粗细应根据被磨表面的硬度和质量要求来定。砂纸太粗易产生砂痕，太细影响施工速度，一般先用粗砂纸或打磨机打磨至表面平整，再用细砂纸打磨表面纹路。

3）打磨必须在基层或腻子干燥后进行，不能湿磨。

4）要求打磨后基层的平整度达到在侧面光照下无明显批刮痕迹、无粗糙感，表面光滑。打磨后，立即清除表面灰尘，以利于下一道工序的施工。

（四）贴玻纤布

采用网眼密度均匀的玻纤布进行铺贴，如图3-8所示。

（五）刮腻子再磨平

采用聚合物腻子刮平整，主要目的是为了修平贴玻纤布引起的不平整现象，防止表面产生毛细裂缝。

（六）涂刷封底漆

在干净的基层上，滚涂一遍封底漆，可增加涂料与基层的结合力，防止浮碱。施工注意事项如下：

1）基层表面经检查符合施工要求后再进行封闭底漆施工，对门窗、空调支架金属部位进行保护避免涂料渗入，如图3-9所示。

图3-8　贴玻纤布

图3-9　成品保护

2）按照规定的稀释比例对封闭底漆进行稀释并搅拌均匀。先小面后大面，自上而下均匀涂刷，确保涂层无漏涂、流挂，涂刷要均匀，如图3-10、图3-11所示。

图3-10　稀释后的封闭底漆

图3-11　外墙喷涂底漆

3）底漆施工完毕后，应及时对施工工具进行清洗，避免溶剂挥发后施工工具干硬，清洗后于阴凉处保存。

（七）第一遍面涂施工

1）在底漆施工完毕 24h 后可以进行第一遍面涂施工。面涂应严格按照规定稀释，采用厂家指定的稀释剂和稀释比，并应充分搅拌均匀。

2）外墙需要分色、分格的，可以使用分色胶条。涂料施工时应先小面后大面，自上而下进行。面涂施工时，不同颜色应使用不同施工工具，避免混色，如图3-12 所示。

图 3-12　第一遍面涂施工

a）贴分色胶条　b）涂刷面漆

第一遍面漆施工时，应按分隔线或窗套等处分段，避免结合处出现色差。如果漆面需要修补，应在第二遍面涂施工前尽量采用与以前批号相同的产品，避免色差。

（八）第二遍面涂施工

第一遍面涂施工结束 24h 后方可进行第二遍面涂施工。第二遍面涂要求涂刷均匀，施工后应达到色泽一致，无流挂、漏底，阴阳角处无积料。涂料稀释比例大体与第一遍相同。如果使用了分色纸，涂料干后把分色纸揭下，可做出分格、分色、假面砖效果，如图 3-13 所示。

（九）涂料清理

施工完清理场地，及时对散落的、污染到门窗、玻璃的涂料加以清理。涂层干燥前避免扬尘污染墙面。

四、质量检验

室外涂饰工程每一栋楼的同类涂料涂饰的墙面每 1000m² 应划分为一个检验

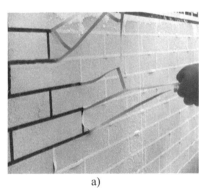 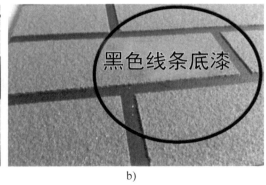

a)　　　　　　　　　　　　　　　b)

图 3-13　分色纸的应用

a）揭分色纸　b）应用分色纸做出假面砖效果

批，不足 1000m² 也应划分为一个检验批；每 100m² 应至少检查一处，每处不得小于 10m²。涂饰工程的检测项目及方法因涂料种类的不同而有区别，其中溶剂型涂料的检测如下：

（一）溶剂型涂料涂饰施工主要检验项目

溶剂型涂料涂饰施工主要检验项目见表 3-1。

表 3-1　溶剂型涂料涂饰施工主要检验项目

主控项目	① 溶剂型涂料涂饰工程所选用涂料的品种、型号和性能应符合设计要求及国家现行标准的有关规定 ② 溶剂型涂料涂饰工程的颜色、光泽、图案应符合设计要求 ③ 溶剂型涂料涂饰工程应涂饰均匀、粘结牢固，不得漏涂、透底、开裂、起皮和反锈 ④ 溶剂型涂料涂饰工程的基层处理应符合标准规定
一般项目	① 色漆的涂饰质量和检验方法应符合表 3-2 的规定 ② 清漆的涂饰质量和检验方法应符合表 3-3 的规定 ③ 涂层与其他装修材料和设备衔接处应吻合，界面应清晰

色漆的涂饰质量和检验方法见表 3-2。

表 3-2　色漆的涂饰质量和检验方法

项次	项目	普通涂饰	高级涂饰	检验方法
1	颜色	均匀一致	均匀一致	观察
2	光泽、光滑	光泽基本均匀，光滑无挡手感	光泽均匀一致，光滑	观察、手摸检查
3	刷纹	刷纹通顺	无刷纹	观察
4	裹棱、流坠、皱皮	明显处不允许	不允许	观察

清漆的涂饰质量和检验方法见表3-3。

表 3-3　清漆的涂饰质量和检验方法

项次	项目	普通涂饰	高级涂饰	检验方法
1	颜色	基本一致	均匀一致	观察
2	木纹	棕眼刮平，木纹清楚	棕眼刮平，木纹清楚	观察
3	光泽、光滑	光泽基本均匀，光滑无挡手感	光泽均匀一致，光滑	观察、手摸检查
4	刷纹	无刷纹	无刷纹	观察
5	裹棱、流坠、皱皮	明显处不允许	不允许	观察

（二）墙面溶剂型涂料涂饰工程的允许偏差和检验方法

墙面溶剂型涂料涂饰工程的允许偏差和检验方法见表3-4。

表 3-4　墙面溶剂型涂料涂饰工程的允许偏差和检验方法

项次	项目	允许偏差/mm				检验方法
		色漆		清漆		
		普通涂饰	高级涂饰	普通涂饰	高级涂饰	
1	立面垂直度	4	3	3	2	用2m垂直检测尺检查
2	表面平整度	4	3	3	2	用2m靠尺和塞尺检查
3	阴阳角方正	4	3	3	2	用200mm直角检测尺检查
4	装饰线、分色线直线度	2	1	2	1	拉5m线，不足5m拉通线，用钢直尺检查
5	墙裙、勒脚上口直线度	2	1	2	1	拉5m线，不足5m拉通线，用钢直尺检查

五、填写任务手册

完成外墙涂料施工，进行质量检测，填写"任务手册"中项目3的任务1。

任务评价

完成外墙涂料施工现场参观任务后，通过学生在施工现场的表现以及在班级内的PPT展示情况，给出对学生的现场沟通能力、观察能力和展示能力的评价；通过实习日记以及任务手册，评价学生的学习总结能力；教师最后给出对学生的综合评价。

💡 **任务拓展**

真石漆在外墙施工中应用很广，其施工工艺参见本书配套资源"3.1 真石漆施工工艺"。

任务 3.2　内墙涂料施工

内墙涂料比传统的刷浆做法更优越，它施工简便、功效高、用料省，外观光洁细腻，颜色丰富多彩。内墙涂料一般都可用于吊顶，但不能用于外墙。

📋 **任务描述**

内墙涂料施工

学生分组，在学校实训室分批次进行内墙涂料涂刷实训。

1. 小组长对组员进行分工，小组成员共同协作完成任务。

2. 实训场地为每小组一块 3m×3m 墙面，基层为旧的涂料墙面。

3. 学生对实训场地进行作业条件检查，讨论现场情况。

4. 参阅建筑工程施工技术标准、建筑装饰工程施工手册等资料，小组成员共同制定施工方案，一起完成任务。

🎯 **任务目标**

一、知识目标

1. 了解内墙涂料施工的作业条件。

2. 掌握内墙涂料施工步骤。

3. 熟悉内墙涂料工程质量验收。

二、技能目标

1. 掌握施工中的操作要点。

2. 能在施工现场进行内墙涂料工程质量检查。

🗂 **知识准备**

内墙涂料第一类是低档水溶性涂料，不耐水、不耐碱，涂层受潮后容易剥落，适用于一般内墙装修。其价格便宜、无毒、无味，施工方便，用于中低档居室或临时居室内墙装饰。

第二类是乳胶漆，涂膜的耐水性和耐候性比第一类大大提高，具有优良的性能和装饰效果。

新型的内墙涂料有粉末涂料，如硅藻泥，是目前比较环保的涂料。粉末直接兑水，使用专用模具施工。此外，还有水性仿瓷涂料，多彩涂料，液体墙纸等。

任务实施

一、施工准备

（一）主要材料

界面剂、内墙涂料、腻子、防开裂绷带。

（二）主要工具

1）涂刷工具：滚筒、刷子、排笔、喷枪。

2）踩踏工具：高凳、脚手板。

3）容器：腻子托板、桶、腻子槽。

4）找平工具：砂纸、刮板、打磨机、砂纸架。

内墙涂料施工工具如图 3-14 所示。

（三）作业条件

1）隐蔽工程已完成并验收。

2）抹灰作业已全部完成，过墙管道、洞口、阴阳角等提前处理完毕。

3）门窗玻璃应提前安装完毕。

4）墙面应基本干燥，基层含水率不得大于10%。

5）大面积施工前应做好样板，经验收合格后方可进行大面积施工。

（四）墙面涂料施工图案设计

可根据施工现场情况进行图案设计，如图 3-15 所示。

二、施工工艺流程

内墙涂料施工工艺流程：①基层处理→②贴防开裂绷带→③局部批刮腻子→④满刮腻子→⑤涂刷底漆→⑥涂刷面漆→⑦成品保护。

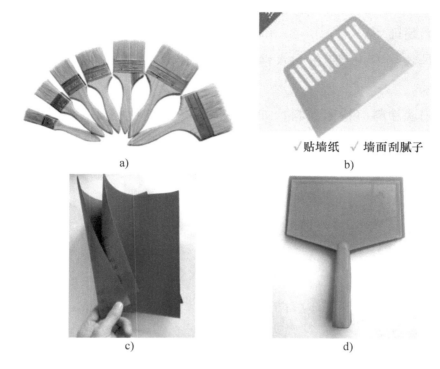

图 3-14 内墙涂料施工工具

a）刷子　b）刮板　c）砂纸　d）托灰板

图 3-15 墙面涂料施工图案设计

三、施工步骤

（一）基层处理

合格的基层是涂料美观、耐久的保障，因基层因素（如水泥砂浆或墙体开裂）造成腻子层、涂料层开裂是涂料工程常见病。墙面出现粉化的应铲除，将墙面清扫干净后涂刷界面剂，如图 3-16 所示。基层裂缝用防开裂绷带处理。清理基层表面的灰尘、油污、杂质，使基层洁净、坚实牢固、平整、干燥。基层如为木质板材或纸面石膏板，需对固定板材的射钉或自攻螺钉进行防锈处理。

a)　　　　　　　　　　　　　　　　　b)

图 3-16　基层处理

a）铲除旧涂层　b）涂刷界面剂

（二）贴防开裂绷带

确保补缝四周界面的平整度和坚实度是补缝施工的关键点。可粘贴两层绷带减少补缝处涂料层产生裂纹，如图 3-17 所示。

图 3-17　贴防开裂绷带

（三）局部批刮腻子

先对局部不平整部位批刮腻子、找平、打磨腻子，确保基层大致平整。但基层平整度偏差超过 8mm 时不能用腻子超厚调平，应用水泥砂浆处理找平。

（四）满刮腻子

基层界面剂干燥后，用腻子找平。可以根据基层情况满刮两遍或三遍腻子，刮完以后要用砂纸打磨平整，还可以用太阳灯照明，便于检查平整度。施工力求不露底、不漏刮、不留接缝痕迹，如图 3-18 所示。

> **小提示**：墙面浮灰必须清理干净，否则涂料与基层结合不牢，日后容易起皮。基层表面颜色要一致，有防潮要求的基体和基层应事先进行防潮处理。

a)   b)

图 3-18　批刮腻子找平

a）满刮腻子　b）打磨腻子

（五）涂刷底漆

底层涂料的功能是抗碱封闭，加固腻子，覆盖细微砂痕，因此应尽量让腻子层吃透。使用滚筒滚涂墙面，漆膜干燥后用旧砂纸轻轻打磨一遍，把砂点磨掉并磨平，这样不仅可以使面层粘结牢固，也能确保面层涂料的光面效果。如打磨过程中腻子层出现破皮、砂洞时，待上完底漆后复补腻子，并打磨平整。

> **小提示**：用辊子将乳胶漆底漆均匀涂刷至墙面，涂刷走 N 字形，如图 3-19 所示，不得漏刷，为避免涂刷痕迹，搭接宽度为辊子长度的 1/4。

（六）涂刷面漆

底漆干燥并打磨后涂刷第一遍面漆，方法同底漆。第一遍面漆涂刷应均匀，不可贪图省工一次性刷太厚，影响粘结力。

然后是涂刷第二遍面漆。第二遍面漆涂刷后应注意保养，不宜强力通风，以免在通风中涂料层产生收缩力，导致涂层出现开裂现象。

图 3-19　涂刷走 N 字形

小提示：一般涂刷一遍底漆、两遍面漆，底漆和面漆需要配套，不能将不同品牌漆料混用。滚涂时边角地带可以用毛刷涂刷，如图 3-20、图 3-21 所示。

图 3-20　毛刷涂刷边角地带

图 3-21　滚涂面漆

（七）成品保护

刚完成涂刷的墙面要注意保持洁净。尽量避免与其他工种同时施工，以免扬尘影响涂刷质量。涂刷完成后漆膜干燥前严禁异物碰触。避免现场施工工具等物磕碰。如有较明显的墙面损伤可局部刮腻子，干燥后补刷面漆。

四、质量检验

室内涂饰工程同类涂料涂饰墙面每 50 间应划分为一个检验批，不足 50 间也应划分为一个检验批，大面积房间和走廊可按涂饰面积每 $30m^2$ 计为 1 间。室内涂饰工程每个检验批应至少抽查 10% ，并不得少于 3 间；不足 3 间时应全数检查。

涂饰工程的检验项目与检测方法根据涂料类型的不同有区别，其中水性涂料涂饰施工的检查项目与方法如下：

（一）水性涂料涂饰施工主要检验项目

水性涂料涂饰施工主要检验项目见表 3-5。

表 3-5　水性涂料涂饰施工主要检验项目

主控项目	① 水性涂料涂饰工程所用涂料的品种、型号和性能应符合设计要求及国家现行标准的有关规定 ② 水性涂料涂饰工程的颜色、光泽、图案应符合设计要求 ③ 水性涂料涂饰工程应涂饰均匀、粘结牢固，不得漏涂、透底、开裂、起皮和掉粉 ④ 水性涂料涂饰工程的基层处理应符合标准规定

（续）

一般项目	① 薄涂料的涂饰质量和检验方法应符合表3-6的规定 ② 厚涂料的涂饰质量和检验方法应符合表3-7的规定 ③ 复层涂料的涂饰质量和检验方法应符合表3-8规定 ④ 涂层与其他装修材料和设备衔接处应吻合，界面应清晰

薄涂料的涂饰质量和检验方法见表3-6。

表3-6 薄涂料的涂饰质量和检验方法

项次	项 目	普通涂饰	高级涂饰	检验方法
1	颜色	均匀一致	均匀一致	观察
2	光泽、光滑	光泽基本均匀，光滑无挡手感	光泽均匀一致，光滑	
3	泛碱、咬色	允许少量轻微	不允许	
4	流坠、疙瘩	允许少量轻微	不允许	
5	砂眼、刷纹	允许少量轻微砂眼，刷纹通顺	无砂眼，无刷纹	

厚涂料的涂饰质量和检验方法见表3-7。

表3-7 厚涂料的涂饰质量和检验方法

项次	项 目	普通涂饰	高级涂饰	检验方法
1	颜色	均匀一致	均匀一致	观察
2	光泽	光泽基本均匀	光泽均匀一致	
3	泛碱、咬色	允许少量轻微	不允许	
4	点状分布	—	疏密均匀	

复层涂料的涂饰质量和检验方法见表3-8。

表3-8 复层涂料的涂饰质量和检验方法

项次	项 目	质 量 要 求	检验方法
1	颜色	均匀一致	观察
2	光泽	光泽基本均匀	
3	泛碱、咬色	不允许	
4	喷点疏密程度	均匀，不允许连片	

（二）墙面水性涂料涂饰工程的允许偏差和检验方法

墙面水性涂料涂饰工程的允许偏差和检验方法见表3-9。

表 3-9　墙面水性涂料涂饰工程的允许偏差和检验方法

项次	项　目	允许偏差/mm					检验方法
		薄涂料		厚涂料		复层涂料	
		普通涂饰	高级涂饰	普通涂饰	高级涂饰		
1	立面垂直度	3	2	4	3	5	用 2m 垂直检测尺检查
2	表面平整度	3	2	4	3	5	2m 靠尺和塞尺检查
3	阴阳角方正	3	2	4	3	4	用 200mm 直角检测尺检查
4	装饰线、分色线直线度	2	1	2	1	3	拉 5m 线，不足 5m 拉通线，用钢直尺检查
5	墙裙、勒脚	2	1	2	1	3	拉 5m 线，不足 5m 拉通线，用钢直尺检查

内墙涂料为溶剂型涂料时检查项目与方法可以参考表 3-1～表 3-4。

五、填写任务手册

完成内墙涂料施工，进行质量检测，填写"任务手册"中项目 3 的任务 2。

任务评价

在施工过程中考察学生的协作能力、理论应用能力、动手能力和吃苦耐劳的品质。教师给出现场评价，结合学生的施工方案与任务手册，了解学生的知识掌握情况，给出综合评价。

任务拓展

内墙涂料不同施工方式优劣对比参见本书配套资源"3.2 内墙涂料不同施工方式对比"。

任务 3.3　壁纸裱糊施工

壁纸是常见的一种装饰材料，因其色彩、图案、肌理多种多样，能充分表达人们的意愿，满足设计要求，所以应用面越来越广。

任务描述

分小组对壁纸裱糊工程现场进行作业条件检查，讨论现场情况。参

壁纸裱糊施工

阅建筑工程施工技术标准、建筑装饰工程施工手册，小组成员共同制定施工方案。

任务目标

一、知识目标

1. 掌握裱糊工程施工对基层表面处理的要求。
2. 掌握壁纸裱糊的施工步骤。
3. 熟悉壁纸裱糊工程质量验收。

二、技能目标

1. 掌握施工中的操作要点。
2. 能够修补贴壁纸时出现的质量问题。

知识准备

壁纸有不同规格，宽度有 530mm、70mm、95mm、106mm 等多种规格，最常用的是长度为 10m、宽度为 530mm 的壁纸。在估算房间墙面所用墙纸时，一般用房间的面积×3÷5.3＝所需卷数。购买时一般在所需卷数基础上再加一卷。

壁纸封装指示符号是对壁纸的性能特点、使用方法，注意事项及图案拼合要点等所做的提示。壁纸性能符号如图 3-22 所示。

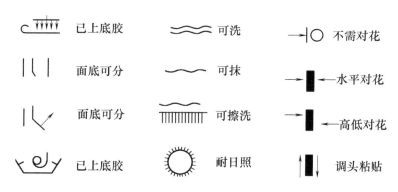

图 3-22 壁纸性能符号

任务实施

一、施工准备

（一）主要材料

1）壁纸：应符合设计要求和相应的国家标准。

2）壁纸胶：壁纸胶有两种，一种是胶浆与胶粉配套使用，一种是糯米胶。糯米胶环保但价格较高，如图3-23所示。

3）嵌缝腻子、网格布等，应根据设计和基层的实际需要提前备齐。

4）封闭底胶。

图3-23　糯米胶、胶浆、胶粉

（二）主要工具

水平仪、裁纸工作台、钢尺（1m长）、壁纸刀、毛巾、塑料水桶、塑料脸盆、油工刮板、拌腻子槽、手持搅拌器、小滚轮、排笔、盒尺、红铅笔、扫帚、工具袋、马鬃刷等，如图3-24所示。

（三）作业条件

1）混凝土和墙面抹灰已完成且经过干燥，含水率不高于8%；木材制品含水率不得大于12%。

2）隐蔽工程已完成，预埋件已留设。凸出墙面的设备部件等卸下收存好，待壁纸粘贴完后再将其复原。

3）大面积施工前应先做样板间，经质检部门鉴定合格后，方可组织班组施工。

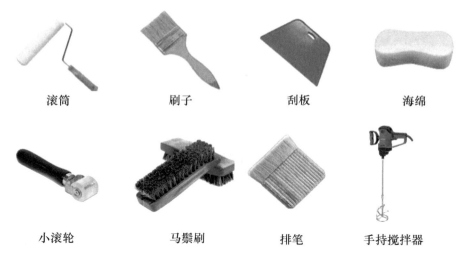

滚筒　　　　　　刷子　　　　　　刮板　　　　　　海绵

小滚轮　　　　　马鬃刷　　　　　排笔　　　　手持搅拌器

图 3-24　壁纸裱糊常用工具

4）如地面铺贴瓷砖或石材，需地面铺贴完成后再裱糊壁纸；如地面铺木地板，可先裱糊壁纸后铺木地板。

5）在裱糊施工中及裱糊壁纸干燥之前，应避免气温突然变化或穿堂风吹。

二、施工工艺流程

壁纸裱糊施工工艺流程：①基层处理→②涂刷基膜→③吊垂直、套方、找规矩、弹线→④裁纸→⑤刷胶→⑥裱糊→⑦修整→⑧成品保护。

三、施工步骤

（一）基层处理

裱糊饰面要求基层牢固、平整、干净、不掉粉。

抹灰墙面，可满刮大白腻子 2～3 道找平、磨光，但不可磨破灰皮；石膏板墙用嵌缝腻子将缝堵实堵严，粘贴网格布或丝绸条、绢条等，然后局部刮腻子补平。

> **小提示：** 如墙面疏松或不平整，需把旧找平层清除，并重新刮腻子找平。可以根据基层情况满刮一遍或两遍，腻子刮完以后要用砂纸打磨平整。墙面浮灰必须清理干净，否则会影响壁纸与基层的结合。基层表面颜色要一致，有防潮要求的基体和基层，应事先进行防潮处理。

（二）涂刷基膜

腻子找平层经过打磨并把浮灰清理干净后可以涂刷基膜，如图 3-25 所示。基膜一般在裱糊壁纸前一天涂刷，可以起到封闭基层表面的碱性物质和防止贴面吸水太快的作用，便于粘贴时揭掉墙纸，随时校正图案和对花的粘贴位置，在以后更换壁纸时不伤基层。将基膜倒入容器中。加入清水，水与基膜比例约为 1∶1，搅拌均匀，均匀涂刷墙面。

图 3-25　调配、涂刷基膜

（三）吊垂直、套方、找规矩、弹线

通过吊垂直、套方、找规矩，确定从哪个阴角开始，按照壁纸的尺寸进行分块弹线控制。每一个墙面第一幅壁纸都挂垂直线找直，作为裱糊的基准标志线，以确保第一幅壁纸垂直粘贴。

（四）裁纸

测量墙顶到踢脚线的高度，条纹、素色等不对花壁纸按所测高度加裁 10cm 左右，供上下修边用；对花壁纸考虑图案的完整，需留更多余量。可先按 10cm 余量裁下第一条壁纸，第二条壁纸与第一条对花后裁下，上下不短于第一条。可以一次性多裁些，不要贴一条裁一条。裁完后在同一方向做记号，以便在裱糊时分辨壁纸上下方向，如图 3-26 所示。

（五）刷胶

壁纸背面及墙面都应刷胶，要求涂刷均匀一致，涂刷胶黏剂的工具最好使用滚筒和毛刷，其涂胶速度快，且滚涂的质量好，如图 3-27 所示。在墙面刷胶的宽度应比壁纸幅宽宽出 20~30mm，不得有刷得过多、过少，漏刷等现象。壁纸背面刷胶后，涂胶面对折放置 5min，可使胶液渗入壁纸，如图 3-28 所示。壁纸软化后更容易裱糊，而且既能防止胶面很快变干，又不容易受到污染。

（六）裱糊

壁纸裱糊原则：先上后下，先垂直后水平，先高后低。

图 3-26 裁纸

图 3-27 壁纸背面刷胶

图 3-28 闷纸

　　糊纸时从墙的阴角开始铺贴第一张，按已画好的垂直线吊直，从上往下用手铺平，刮板刮实，并用小辊子将上、下阴角处压实。第一张粘好留 1～2cm（应拐过阴角约 2cm），然后粘铺第二张，依同法压平、压实，与第一张搭槎 1～2cm，要自上而下对缝，拼花要端正，用刮板刮平，用钢板尺在第一张、第二张搭槎处切割开，将纸边撕去，边槎处带胶压实，并及时将挤出的胶液用湿润毛巾擦净。裱糊过程如图 3-29 所示。

图 3-29 裱糊过程
a）找垂直　b）铺贴壁纸　c）对花　d）刮平　e）裁切多余壁纸

墙面上遇有开关、插座时，应在其位置上破纸作为标记。在裱糊时，阳角不允许甩槎接缝，阴角处必须裁纸搭缝，不允许整张纸铺贴，避免产生空鼓与皱折。

植绒壁纸、砂粒壁纸、刺绣壁纸等表面有绒毛、颗粒的壁纸正面不要沾到胶或水，这些壁纸不能用刮板刮，应该用马鬃刷来进行刷平。

（七）修整

1）壁纸边挤出的胶液要马上用毛巾擦净，以免干后不好清理留下胶痕。

2）裱糊过程中如果遇到墙面有拆不下来的设备或附件时，可将壁纸轻轻糊在墙面凸出的物件处，找到中心点，然后从中心沿对角线剪开，用刮板沿凸起物的边缘刮实，保证物件四周不留有缝隙，如图3-30所示。

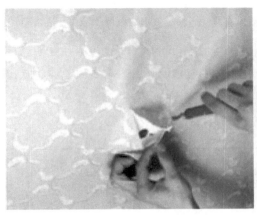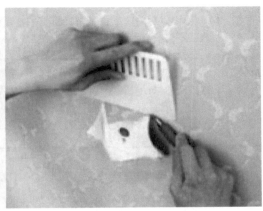

图3-30　处理凸起物

3）死褶是由于没有顺平就赶压刮平所致。修整时应在壁纸未干时用干净毛巾热敷后刮压平整。

4）气泡主要原因是胶液涂刷不均匀、裱糊时未赶出气泡所致。可用注射用针管插入壁纸，抽出空气后，再注入适量的胶液后用橡胶刮板刮平。

5）离缝或亏纸主要原因是裁纸尺寸测量不准、被贴不垂直。可用同色乳胶漆描补或用相同纸搭槎粘补，如离缝或亏纸较严重，则应撕掉重裱。

（八）成品保护

1）墙纸裱糊完的房间应及时清理干净，避免污染和损坏。

2）壁纸未干时不要随意触摸墙纸。

3）壁纸裱糊完毕后关紧门窗，避免阳光直射和穿堂风，以免干燥过快而起翘。

四、质量检验

（一）壁纸裱糊施工主要检验项目

壁纸裱糊施工主要检验项目见表3-10。

表3-10 壁纸裱糊施工主要检验项目

主控项目	① 壁纸、墙布的种类、规格、图案、颜色和燃烧性能等级应符合设计要求及国家现行标准的有关规定 ② 裱糊工程基层处理质量应符合高级抹灰的要求 ③ 裱糊后各幅拼接应横平竖直，拼接处花纹、图案应吻合，应不离缝、不搭接、不显拼缝 ④ 壁纸、墙布应粘贴牢固，不得有漏贴、补贴、脱层、空鼓和翘边
一般项目	① 裱糊后的壁纸、墙布表面应平整，不得有波纹起伏、气泡、裂缝、皱折；表面色泽应一致，不得有斑污，斜视时应无胶痕 ② 复合压花壁纸和发泡壁纸的压痕或发泡层应无损坏 ③ 壁纸、墙布与装饰线、踢脚板、门窗框的交接处应吻合、严密、顺直。与墙面上电气槽、盒的交接处套割应吻合，不得有缝隙 ④ 壁纸、墙布边缘应平直整齐，不得有纸毛、飞刺 ⑤ 壁纸、墙布阴角处应顺光搭接，阳角处应无接缝

（二）裱糊工程的允许偏差和检验方法

裱糊工程的允许偏差和检验方法见表3-11。

表3-11 裱糊工程的允许偏差和检验方法

项次	项 目	允许偏差/mm	检 验 方 法
1	表面平整度	3	用2m靠尺和塞尺检查
2	立面垂直度	3	用2m垂直检测尺检查
3	阴阳角方正	3	用200mm直角检测尺检查

五、填写任务手册

完成壁纸裱糊施工，进行质量检测，填写"任务手册"中项目3的任务3。

任务评价

分组完成施工方案，用PPT形式进行课堂展示。根据小组现场表现情况给出对学生展示能力、讲解能力的评价；结合方案设计情况给出学生专业知识运用能力和掌握能力的评价，教师最后给出综合评价。

任务拓展

涂饰工程中基层处理非常主要，不同的基层处理方法不一样，参见本书配套资源"3.3 涂刷工程中不同基层的处理方法"。

任务 3.4　内墙镶贴瓷砖施工

任务描述

实训场地已经完成内墙瓷砖铺贴。要求学生对工程质量进行检查，参阅建筑工程施工技术标准、建筑装饰工程施工手册等资料，编制一份施工质量检验报告。

任务目标

内墙镶贴瓷砖
施工

一、知识目标

1. 掌握内墙墙砖施工对基层表面处理的要求。
2. 掌握内墙墙砖施工的施工步骤。
3. 熟悉内墙墙砖施工质量验收。

二、技能目标

1. 掌握施工中的操作要点。
2. 能解决内墙墙砖施工时出现的质量问题。

知识准备

室内墙柱面装饰常用陶瓷釉面砖、陶瓷无釉面砖等，一般内墙用的瓷砖、面砖尺寸相对较小、厚度相对较薄，所以常用水泥砂浆铺贴法施工。内墙砖构造如图 3-31 所示。

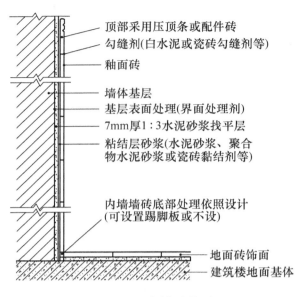

图 3-31 内墙砖构造

任务实施

一、施工准备

（一）主要材料

1）胶结材料。

① 水泥：强度等级为 42.5 级的普通硅酸盐水泥或矿渣硅酸盐水泥，有出厂合格证、复检合格试验单。

② 瓷砖胶：外观与水泥相似，黏结力却是水泥的 2~3 倍，使用时不能加其他材料，只能加水，应严格按说明书上的比例加水配制。

2）砂子：中砂，粒径为 0.35~0.5mm，含泥量不大于 3%，无有机杂物，干净。

3）釉面砖：品种、规格、花色按设计要求，吸水率不大于 10%。砖表面平整方正，厚度一致。如遇规格复杂、色差悬殊时，应逐块量度挑选分类存放使用。

4）填缝剂。

内墙镶贴瓷砖材料如图 3-32 所示。

（二）主要工具

1）机具设备：砂浆搅拌机、瓷砖切割机、云石机、水平仪、手电钻、瓷砖

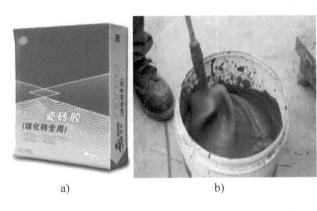

图 3-32　内墙镶贴瓷砖材料

a）瓷砖胶　b）搅拌后的瓷砖胶　c）填缝剂

开孔钻头等，如图 3-33 所示。

2）主要工具：刮尺、方尺、木抹子、阴阳角抹子、托灰板、托线板、钢錾、橡皮锤、开刀、钢卷尺、水平尺、小线坠、钢抹子、铝合金刮尺扫帚等。

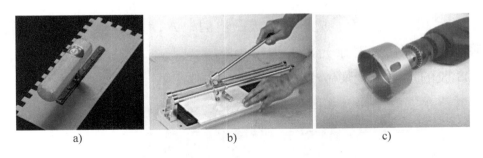

图 3-33　内墙镶贴瓷砖机具

a）方齿抹子　b）瓷砖切割机　c）瓷砖开孔钻头

（三）作业条件

1）吊顶（天花）墙体面抹灰完毕，隐蔽工程完工并验收。

2）做好内隔墙，水电管线已安装，电制盒及门、窗框安装完毕，并堵实抹平脚手眼和管洞。

3）墙柱面必须坚实、清洁（无油污、浮浆、残灰等），影响面砖铺贴凸出墙柱面部分应凿平。

4）按设计及规范要求堵塞门窗框与洞口缝隙，要嵌塞严实。对铝合金门窗框应做好保护（一般用塑料薄膜缠绕）。

5）统一弹出墙面上 +50cm 水平线。

6）大面积施工前，应先做样板墙和样板间，经监理认定验收后，方可按照样板间（墙）要求施工。

二、施工工艺流程

内墙镶贴瓷砖施工工艺流程：①基层处理→②吊垂直、套方、找规矩→③选砖、排砖→④浸砖→⑤做标志块→⑥弹线→⑦镶贴面砖→⑧面砖勾缝与擦缝。

三、施工步骤

（一）基层处理

1）基体为砖墙面：对于残存在基层的砂浆粉渣、灰尘、油污等清理干净，并提前浇水湿透。用 12mm 厚 1:1:6 水泥石灰混合砂浆打底，打底要分层涂抹，每层厚度宜为 5 ~ 7mm，随即抹平搓毛，如图 3-34 所示。

图 3-34 基层打底抹灰

2）基层为混凝土墙面：应剔凿胀模凸出的地方，清除砂浆粉渣、油污；对于光滑的混凝土墙要凿毛，或用掺 108 胶的水泥细砂浆做小拉毛墙，也可刷界面处理剂，并浇水湿润基层，如图 3-35 所示。

图 3-35 基层刷界面处理剂

小提示：为防止脱落、空鼓和裂缝，施工时，必须做好墙面基层处理，并浇水充分湿润。在抹底层灰时，根据不同基体采取分层分遍抹灰的方法；严格配合比计量，掌握适宜的砂浆稠度，按比例加 108 胶，使各灰层之间粘结牢固；注意及时洒水养护。冬期施工时，应做好防冻保温措施，以确保砂浆不受冻，其室外温度不得低于 5℃。

（二）吊垂直、套方、找规矩

基层表面偏差大，基层处理不当或施工不当，面层易产生空鼓、脱落。所以施工前一定要吊垂直、套方、找规矩。

（三）选砖、排砖

1）选砖（图 3-36）：面砖一般按 1mm 差距分类选出若干个规格，选好后根据墙柱面积、房间大小分批计划用料。选砖要求方正、平整、楞角完好，同一规格的面砖，力求颜色均匀。选砖可采取自动的套板，根据釉面砖或外墙面砖的标准长宽尺寸，做一个 U 形木框，按大、中、小分类，分别堆放。同一类尺寸应用于同一房间或一面墙上，以做到接缝均匀一致。

图 3-36 选砖

> **小提示**：选面砖是保证饰面砖镶贴质量的关键工序。为保证镶贴质量，必须在镶贴前按颜色的深浅、尺寸的大小不同进行分选，将规格尺寸偏差大的、颜色不均匀的面砖挑出另放，不得使用。

2）排砖：根据大样图及墙面尺寸进行横竖向排砖，以保证面砖缝隙均匀，符合设计图要求，注意大墙面、柱子和垛子要排整砖。在同一墙面上的横竖排列，均不得有小于 1/4 砖的非整砖。非整砖行应排在次要部位，如窗间墙或阴角处等，但也要注意一致和对称。如遇有凸出的卡件，应用整砖套割吻合，不得用非整砖随意拼凑镶贴。

> **小提示**：排砖时，墙砖不需要贴到墙面最顶部挨到上层楼板，但必须比吊顶高度高。卫生间一般最下一行是整砖，半砖放在最上，由吊顶挡住。厨房因为有橱柜遮挡，可根据实际情况排砖，保证外露部分墙砖排列美观。排砖时应考虑到砖缝尺寸。家装铺贴瓷砖工程中密缝居多，如无特别要求，砖与砖之间留缝 1~1.5mm，仿古砖留缝 3~5mm。

(四)浸砖

贴釉面砖前,应将面砖浸泡2h以上,然后取出晾干待用。浸砖是为了防止用干砖铺贴上墙后,吸收水泥砂浆中的水分,使水泥砂浆强度降低、粘结不牢、空鼓掉砖。

釉面砖镶贴前要先清扫干净,而后置于清水中浸泡,如图3-37所示。一般浸水时间不少于2h(直到不冒气泡为止),然后取出阴干备用。阴干的时间视气候和环境温度而定,一般为半天左右,即以饰面砖表面有潮湿感,但手按无水迹为准(外干内潮)。

(五)做标志块

铺贴面砖时,应先贴若干块废面砖作为标志块,间距1.2~1.5m一个,上下用托线板挂直,作为粘贴厚度的依据。

(六)弹线

根据设计要求,预留地砖面层厚度,确定墙面砖所贴部位的高度,弹出各面墙所贴面砖的下口水平线。现在贴墙砖时多用激光水平仪的射线代替弹墨线,准确、高效、省力,如图3-38所示。

图 3-37 浸砖

图 3-38 激光水平仪射线

按地面水平线嵌上一根八字尺或直靠尺,用水平尺或激光水平仪校正,作为第一行面砖水平方向的依据。靠尺起支撑作用,防止墙砖未粘牢前因为自重下滑或掉落。

小提示:为了保证分格缝均匀、顺直,施工前应认真按图样尺寸,核对结构施工实际情况,细致分块分段弹线。

（七）镶贴面砖

在釉面砖背面均匀刮满刮平纯水泥浆，随刮随自下而上粘贴面砖，用橡皮锤轻轻敲击砖面，使瓷砖与墙体粘牢。要求水泥浆饱满，并随时用靠尺检查平整度，同时保证缝隙宽度一致。

> **小提示：** 墙砖多从下向上贴，或从下数第二行开始铺贴，砖下垫木架，第二行以上贴完后开始铺贴地砖，最后补贴最下一行墙砖（图3-39）。如果贴完砖后还做美缝处理，墙压地或地压墙都可以（图3-40）。墙砖背面的水泥砂浆如果挤出，应用铲子及时刮走，以免影响下一块砖的粘贴。水泥砂浆不饱满要填满。橡皮锤敲击后砖面比其他砖面低，说明水泥砂浆太少，应把砖整块取下，多抹一些水泥砂浆。

图3-39 最后补贴最下一行墙砖

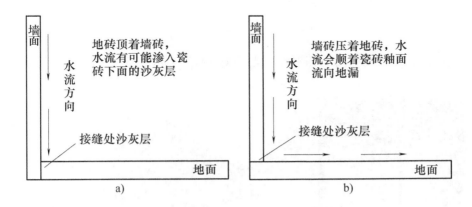

图3-40 墙砖地砖不同交接方式

a）地压墙　b）墙压地

1）内墙砖铺贴通常做留缝处理，防止瓷砖热胀冷缩变形，砖与砖之间用瓷砖十字卡定位，如图3-41所示。

2）遇有管线或其他设备时，面砖应预留孔洞，可用云石机和瓷砖开孔钻头开孔，如图3-42、图3-43所示，严禁用其他零砖拼凑。

 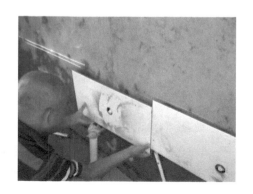

图3-41　瓷砖十字卡　　　　　　　图3-42　面砖预留孔洞

露出的管道暂时封堵，暴露的电线用压线帽（图3-44）或胶带封住线头。

 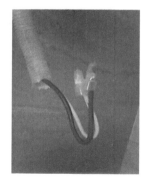

图3-43　瓷砖开孔钻头开孔　　　　　图3-44　压线帽

3）阳角处需把两块砖做45°倒角或安装护角，如图3-45所示。

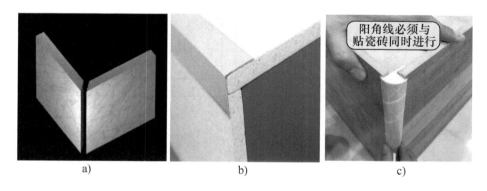

图3-45　阳角处理

a）45°倒角　b）阳角压条　c）阳角线

4）在镶贴施工过程中，应随时用靠尺检查表面平整度和垂直度，如误差过大及时返工修正，如图 3-46、图 3-47 所示。

图 3-46　用托板挂直

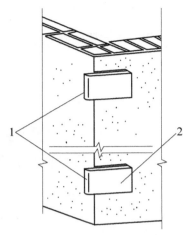

图 3-47　双面挂直

1—小面挂直靠平　2—大面挂直靠平

（八）面砖勾缝与擦缝

贴完后自检，查无空鼓、不平、不直后，用棉丝擦干净。一般贴砖 24h 后即可勾缝或擦缝。

1）勾缝：将缝剂调成膏状，用橡胶填缝刀或刮刀将搅拌好的填缝剂填入面砖缝隙，直至填充料与瓷砖齐平。

2）擦缝：如果砖缝小于 3mm 或无缝镶贴，用勾缝剂做擦缝处理，如图 3-48 所示。擦缝后，用软布或棉丝将墙砖表面擦拭干净，如图 3-49 所示。

图 3-48　抹勾缝剂

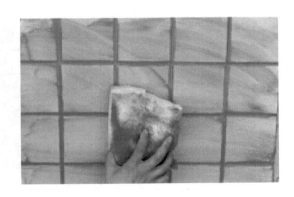

图 3-49　擦净

小提示：填入缝隙的填缝剂应塞满、压实、无空隙，然后把表面多余的填缝剂刮去。填缝剂初步固化后，用微湿的海绵擦或湿布将瓷砖表面多余的填缝剂清理干净。24h后，再用干布擦亮瓷砖表面。对于其他油料、涂料污染的表面，应用棉丝蘸加水稀释后的稀盐酸冲洗，然后用清水冲净，同时应加强成品保护。

四、质量检验

（一）内墙饰面砖施工主要检验项目

内墙饰面砖施工主要检验项目见表3-12。

表3-12　内墙饰面砖施工主要检验项目

主控项目	① 内墙饰面砖的品种、规格、图案、颜色和性能应符合设计要求及国家现行标准的有关规定 ② 内墙饰面砖粘贴工程的找平、防水、粘结和填缝材料及施工方法应符合设计要求及国家现行标准的有关规定 ③ 内墙饰面砖粘贴应牢固 ④ 满粘法施工的内墙饰面砖应无裂缝，大面和阳角应无空鼓
一般项目	① 内墙饰面砖表面应平整、洁净、色泽一致，应无裂痕和缺损 ② 内墙面凸出物周围的饰面砖应整砖套割吻合，边缘应整齐；墙裙、贴脸突出墙面的厚度应一致 ③ 内墙饰面砖接缝应平直、光滑，填嵌应连续、密实；宽度和深度应符合设计要求

（二）饰面砖粘贴的允许偏差和检验方法

饰面砖粘贴的允许偏差和检验方法见表3-13。

表3-13　饰面砖粘贴的允许偏差和检验方法

项次	项　目	允许偏差/mm		检 验 方 法
		外墙饰面砖	内墙饰面砖	
1	立面垂直度	3	2	用2m垂直检测尺检查
2	表面平整度	4	3	用2m靠尺和塞尺检查
3	阴阳角方正	3	3	用200mm直角检测尺检查
4	接缝直线度	3	2	拉5m线，不足5m拉通线，用钢直尺检查
5	接缝高低差	1	1	用钢直尺和塞尺检查
6	接缝宽度差	1	1	用钢直尺检查

五、填写任务手册

完成内墙镶贴砖施工，进行质量检测，填写"任务手册"中项目3的任务4。

任务评价

要求学生独立完成查阅资料、选择正确的检验工具和检验方法。检验内容应完整。学生应能填写检查记录，并于课堂展示质量验收记录表、验收结论。根据展示情况给出对学生的检验能力、查资料能力以及展示能力的评价；教师结合学生的小组协作情况和组织能力给出综合评价。

任务拓展

内墙瓷砖薄贴法现在比较流行，其施工工艺参见本书配套资源"3.4 瓷砖薄贴法介绍"。

任务 3.5　外墙镶贴瓷砖施工

室外墙柱面装饰施工中常用外墙面砖进行镶贴施工。外墙面砖厚度比内墙瓷砖厚些，有上釉和不上釉之分，面砖背面有凹凸条纹，便于粘结砂浆，切记内墙面砖不可用于外墙。外墙面砖一般也用水泥砂浆铺贴法施工。

任务描述

分组查阅相关资料，了解施工技术交底的意义及内容要求；针对学校教学楼外墙砖设计铺贴方案，编写学校外墙面砖铺贴工程施工技术交底。

外墙镶贴瓷砖
施工

任务目标

一、知识目标

1. 掌握外墙墙砖施工对基层表面处理的要求。
2. 掌握外墙墙砖施工的施工步骤。
3. 熟悉外墙墙砖施工质量验收。

二、技能目标

1. 掌握施工中的操作要点。
2. 能解决外墙墙砖施工时出现的质量问题。

知识准备

外墙面砖是用作外墙装饰的板状炻质陶瓷和瓷质陶瓷材料，具有高强度、抗冻、防潮、易清洗等优点，既适用于外墙，也可用于内墙。其特点是：坯体质地密实，釉质耐磨、耐水、抗冻。

任务实施

一、施工准备

（一）主要材料

1）陶瓷外墙砖的品种、规格、颜色、产品等级应符合设计要求；产品质量应符合现行标准，并有产品合格证；对掉角、缺棱、开裂、翘曲以及被污染的产品剔除不用。

2）辅助材料：水泥、砂、水等。

（二）主要工具

工具筛子、木抹子、铁抹子、小灰铲、直木杠、托线板、水平尺、墨斗、尼龙线、直径 0.7mm 铁丝、2m 靠尺板、洒水壶、钢丝刷、长毛刷、小铁锤、钢扁铲、大线锤、切砖机及拌灰工具等。

（三）作业条件

1）外架子应提前支搭和安装好，多层楼房要选用双排架子和桥架。横竖杆、拉杆应离墙面、门窗口 150~200mm。

2）预留孔洞、排水管等处理完毕，门窗固定好，并做好保护工作。

3）墙面基层清理干净，脚手眼、窗台框、窗套等事先堵好。

4）大面积施工前，应先放样、做样板，经检验合格后才可组织施工人员按样板正式施工。

（四）外墙砖铺贴平面图设计

外墙砖铺贴需要设计瓷砖排列方案，常见排列方式如图 3-50 所示。

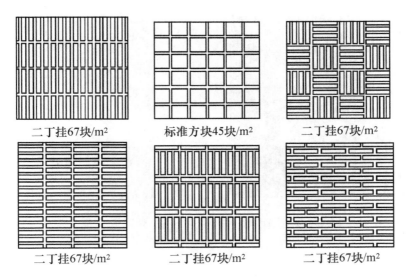

二丁挂67块/m² 标准方块45块/m² 二丁挂67块/m²

二丁挂67块/m² 二丁挂67块/m² 二丁挂67块/m²

图 3-50 外墙砖铺贴的常见排列方式

二、施工工艺流程

外墙镶贴瓷砖施工工艺流程：①基层处理→②吊垂直、找规矩→③抹底层砂浆→④排砖→⑤弹线、分格→⑥浸砖→⑦铺贴外墙砖→⑧外墙砖勾缝与擦缝

三、施工步骤

（一）基层处理

将凸出墙面的混凝土剔平，对大钢模施工的混凝土墙面应凿毛，并用钢丝刷全面刷一遍，再浇水润湿。对很光滑的混凝土墙面，可进行"毛化处理"，即清扫表面尘土、污垢，用10%的火碱水洗刷油污，随后用清水冲净，晾干。然后用1:1水泥细砂浆，内掺水重20%的108胶，喷或用扫帚将砂浆甩到墙面上（图3-51）。洒点要均匀，终凝后浇水养护，直至水泥砂浆疙瘩全部牢牢地粘到混凝土光面上为止（图3-52）。

（二）吊垂直、找规矩

对高层建筑物，应在四周大角和门窗口边用经纬仪打垂直线找直；对多层建筑物，可从顶层开始用大线锤，绷0.7mm铁丝吊垂直，然后设立标点做标块。横线则以楼层为水平基线交圈控制，竖向则以四周大角和通天柱、垛子为基线控制，线与线之间应全部为整砖。每层打底时，以此标块为基准点做标筋，使底子灰做到横平竖直。注意找好凸出檐口、腰线、窗台、雨篷等饰面的流水坡度。

图 3-51　喷砂浆到墙面　　　　　　图 3-52　水泥砂浆疙瘩

（三）抹底层砂浆

先刷一道掺水重 10% 的 108 胶水泥素浆，随后分层分遍抹底层砂浆（常温时用配合比为 1∶0.5∶4 的水泥石灰膏混合砂浆，也可用 1∶3 水泥砂浆），第一遍厚度以 5mm 为宜，抹后用扫帚扫毛；待第一遍六七成干时，即可抹第二遍，厚度为 8～12mm，随即用木杠刮平，木抹子搓毛，终凝后浇水养护。

（四）排砖

根据大样图及墙面尺寸与砖的规格和缝隙宽度，进行横竖排砖，并应达到横缝与门窗脸、窗台或腰线齐平，竖线与阳角、门窗平行，门窗口阳角都是整砖。横竖方向，每 3～5 块距离弹直线，以控制砖的横平竖直；也可以 1.5～2m 的间距做竖向标志砖行，以保证外墙缝隙均匀。注意大面和通天柱子、垛子排整砖，在同一墙面上横竖排列，均不得有一行以上的半砖。非整砖应排在阴角和次要部位，但须注意一致和对称。

外墙砖组合铺贴形式多种多样，有：砖块竖贴、横贴、齐缝、错缝，宽缝、窄缝、横缝宽、竖缝窄、横竖宽缝以及留分隔缝等形式，如图 3-53 所示。在同一平面内无间隔的墙面，不能设置两种缝，其缝应均匀一致。

（五）弹线、分格

待基层六七成干时，即可进行分段分格弹线。在基层抹灰面上，先弹出垂直、水平控制线，再根据面砖的规格尺寸、排列图，弹出面砖控制线，如图 3-54 所示。或在外墙阳角处用线锤吊垂线并用经纬仪进行校核，然后将吊线上下固定牢固，作为垂线的基准线。同时着手贴面层标准点，以控制面层出墙尺寸及垂直平整度，如图 3-55 所示。

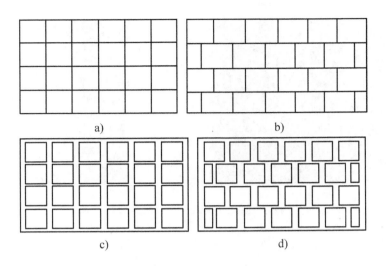

图 3-53 分隔缝形式

a）密缝、齐缝 b）密缝、错缝

c）离缝、齐缝 d）离缝、错缝

图 3-54 弹面砖控制线 图 3-55 贴面层标准点

（六）浸砖

外墙砖铺贴前，先要将砖面清扫干净，放入清洁水中浸泡 2h 以上，取出晾干，擦净表面浮水后使用。吸水率在 1% 以下的瓷质砖可以不浸水而直接使用。

（七）铺贴外墙砖

在每一分段或分块内铺贴外墙砖，均为自下而上进行。在最下一层砖下皮的位置垫好靠尺，并用水平尺校正，以此托住第一批砖，在砖外皮上口拉水平通线，作为铺贴的标准。根据水平方向的面砖数，每隔约 1m 挂一条垂线，水平方向拉若干条通线，带线施工，如图 3-56 ~ 图 3-58 所示。

图 3-56　拉多条水平通线与多条竖向控制线

图 3-57　用皮数杆检查控制砖的平整度

在砖背面宜采用 1:2 水泥砂浆或水泥:石灰膏:砂 = 1:0.2:2 的混合砂浆铺贴，砂浆厚度 6 ~ 10mm（图 3-59）。将砖对准位置贴于墙上，上墙后用小铲木把轻轻敲实、压平，使之附线（图 3-60），再用钢片开刀调整竖缝，并用杠尺通过标准点调整砖面垂直度。

图 3-58　吊锤控制垂直度

图 3-59　砖背面砂浆厚度 6 ~ 10mm

　　另一种做法是，用 1:1 水泥砂浆加水重 20% 的 108 胶，在砖背面抹 3 ~ 4mm 厚，粘贴即可。但此方法要求底子灰必须抹得十分平整，垂直度好，而且砂子一定要过筛后使用。

　　如果要求外墙砖拉缝铺贴，缝隙可用米厘条控制。米厘条用粘贴砂浆与中层灰临时镶贴，米厘条粘在已贴好一排砖的上口，可临时加垫小木楔子，以保其平整。贴完一皮砖，便可取出米厘条，清洗后备用。

图 3-60　用小铲木把轻轻敲实

阳角处为了美观，往往采取两砖背面一头各磨成 45°角相拼接的做法。其实如改为小于 45°角，然后两砖对合形成直角，拐角更清晰、美观，而且更合理。因为这样可使砂浆填充其间，还可以提高粘贴牢固度，如图 3-61 所示。一般的墙面砖阳角做法如图 3-62 所示。

图 3-61　阳角 45°角相拼接的做法

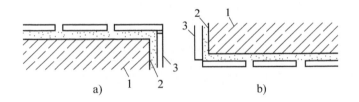

图 3-62　墙面砖阳角做法示意图

a）拼缝留在侧边　b）整砖对角粘贴

1—基体　2—砂浆　3—面砖

（八）外墙砖勾缝与擦缝

外墙砖的缝隙宽窄以设计为准，一般在 5mm 以上，用 1:1 水泥细砂浆勾缝，先勾水平缝，再勾竖缝，勾好后要求凹进砖表面 2～3mm，若横竖缝为干挤缝（碰缝）或小于 3mm，应用白水泥配矿物颜料进行擦缝处理。勾完缝后，砖面用布或棉纱蘸稀盐酸擦洗，最后用清水冲洗干净，如图 3-63、图 3-64 所示。

> **小提示：**冬期一般只在低温初期施工，严寒阶段不能施工。冬期施工，砂浆温度不得低于 +5℃，砂浆硬化前应采取防冻措施。铺贴砂浆硬化初期不得受冻。气温低于 +5℃时，室外铺贴砂浆内可适量掺入能降低冻结温度的外加剂。冬期施工，砂浆内的石灰膏和 108 胶不能使用，可采用同体积的粉煤灰代替或改用水泥砂浆抹灰，以防灰层早期受冻，保证操作质量。

图 3-63　外墙砖勾缝

图 3-64　擦缝

四、质量检验

（一）外墙饰面砖施工主要检验项目

外墙饰面砖施工主要检验项目见表 3-14。

表 3-14　外墙饰面砖施工主要检验项目

主控项目	① 外墙饰面砖的品种、规格、图案、颜色和性能应符合设计要求及国家现行标准的有关规定 ② 外墙饰面砖粘贴工程的找平、防水、粘结、填缝材料及施工方法应符合设计要求和现行行业标准《外墙饰面砖工程施工及验收规程》（JGJ 126—2015）的规定 ③ 外墙饰面砖粘贴工程的伸缩缝设置应符合设计要求 ④ 外墙饰面砖粘贴应牢固 ⑤ 外墙饰面砖工程应无空鼓、裂缝
一般项目	① 外墙饰面砖表面应平整、洁净、色泽一致，应无裂痕和缺损 ② 饰面砖外墙阴阳角构造应符合设计要求 ③ 墙面凸出物周围的外墙饰面砖应整砖套割吻合，边缘应整齐。墙裙、贴脸凸出墙面的厚度应一致 ④ 外墙饰面砖接缝应平直、光滑，填嵌应连续、密实；宽度和深度应符合设计要求 ⑤ 有排水要求的部位应做滴水线（槽）。滴水线（槽）应顺直，流水坡向应正确，坡度应符合设计要求

（二）外墙饰面砖粘贴的允许偏差和检验方法（表 3-13）

五、填写任务手册

完成外墙镶贴瓷砖施工，进行质量检测，填写"任务手册"中项目 3 的任务 5。

任务评价

分组完成外墙面砖铺贴工程施工技术交底编制的任务，考察学生理论知识的掌握和转化以及协同合作的能力；小组编制完成后在班级展示，学生互相讲评，提高学生的展示能力与评判能力，教师给出综合评价。

任务拓展

外墙瓷砖的类型有很多，装饰效果差别很大，参见本书配套资源"3.5 外墙瓷砖种类"。

任务 3.6　墙面贴挂石材施工

任务描述

学生查阅墙面石板材施工的相关资料，总结不同施工方式的适用情况以及优缺点，了解石材施工的发展趋势。小组汇总所有资料，编制石材施工的调查报告。

任务目标

墙面贴挂石材施工

一、知识目标

1. 掌握墙面贴挂石材施工材料的种类及要求。
2. 掌握贴挂石材施工的施工步骤。
3. 熟悉贴挂石材施工质量验收。

二、技能目标

1. 掌握施工中的操作要点。
2. 能解决贴挂石材施工时出现的质量问题。

知识准备

墙面石材的镶贴主要有湿法工艺、干法工艺和粘贴工艺三种。湿法工艺属于传统的镶贴方法，通常采用基层预挂钢筋网，然后用铅丝绑扎再灌注水泥砂浆。

干法工艺是通过金属连接件将饰面石材固定在基层上而不需要灌注砂浆。粘贴法是用水泥浆、聚合物水泥砂浆和环氧树脂等胶凝材料将饰面板粘贴在基层上的方法，粘贴法主要用于规格较小的板材、薄型板材和饰面高度较低的石材。

任务实施

一、施工准备

（一）主要材料

1）石板材：根据设计要求，确定品种、颜色、花纹和尺寸规格，各种性能必须符合国家标准和现行行业标准。使用前必须经质量鉴定部门检验合格方能使用，同时使用前必须进行试拼，对板材安装的位置必须编号，现场安装时按编号就位，不得换位。

2）水泥：42.5级或52.5级的普通硅酸盐水泥，有合格证和复验单。白水泥：42.5级，必须符合国家质量标准。

3）砂：中砂或略微粗一些的砂子，使用前要过筛。

4）石灰膏：用生石灰块淋制，必须用孔径不大于$3mm \times 3mm$的筛网过滤，其熟化时间常温下为$15 \sim 30d$。

5）生石灰粉：其细度过$0.125mm$孔径筛，累计筛余量不大于13%。用前用水浸泡使其达到充分熟化，其熟化时间应大于$7d$。

6）其他材料：钢丝或镀锌铅丝、配套挂件、108胶等。

（二）主要工具

1）机械设备：混凝土搅拌机、砂浆搅拌机、小型空压机。

2）主要机具：手提式冲击钻、电动锯石机、磨光机、水平尺、橡皮锤、靠尺板、钢丝钳及抹灰、嵌灰工具。

（三）作业条件

1）结构经检查验收后，其他各专业工种已经施工完毕，所需要的电源、水源等已备好。

2）石材按设计要求已经备齐，并通过质量检测部门检测合格后才可以使用。

3）对施工操作者进行技术交底，应强调技术措施、质量标准和成品保护。

4）必要时，先做样板，经鉴定合格后进行大面积施工。

二、施工工艺流程

墙面贴挂石材施工工艺有多种，如粘贴法、挂贴法、干挂法等。粘贴法与瓷砖粘贴相类似，干挂法可参见项目6任务3石材幕墙施工，本次任务以挂贴石材为主。

墙面挂贴石材施工工艺流程：①清理基层→②材料拆包整理→③再次切割、钻孔、剔槽等→④绑扎钢筋网→⑤弹线→⑥挂贴→⑦绑扎铜丝→⑧灌浆→⑨擦缝→⑩清理墙面。石材挂贴构造如图3-65所示。

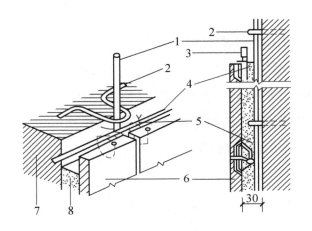

图3-65 石材挂贴构造

1—立筋 2—铁环 3—定位木楔 4—横筋 5—铜丝

6—饰面板 7—墙体 8—水泥砂浆

三、施工步骤

（一）清理基层

镶贴或需绑扎钢筋网的基层表面的灰砂、油垢和油渍等应清除干净。如基层为混凝土墙板应凿毛，并检查预埋铁件、锚固件（图3-66）是否齐全，位置是否正确，对遗漏和移位的必须处理调整。

（二）材料拆包整理

对拆包的石材进行整理检查，凡是破碎、变色、污染的应挑出，另行堆放。对能用的按规格、品种、颜色分别堆放，并按设计要求将石材按预定的部位顺次摆开放在地上，选色、对花纹，色调不一致的要挑出。力求对花，使上下、左右、邻接之间花纹大致对上，尽量做到相似雅致。根据预排，依据安装配置图的先后

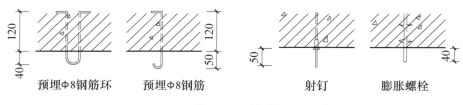

图 3-66 基层预埋铁件与锚固件

顺序编号，写在板的背面，安装对号入座。同时核对实贴墙面与石板材的实际尺寸，通过实测实量，最后定出石材的块数。其中需要切割处理的，要预排好，力求做到符合设计和规范的要求。

（三）再次切割、钻孔、剔槽等

一般施工单位均按设计图要求规格向厂家订货，包括钻孔、剔槽、倒角、磨边等工作内容。但是，由于设计图与实际施工结果不完全一样，发生误差（误差是由多种原因造成的，既有设计原因，也有施工原因，其结果无法处理，只好改变石材的尺寸）需改变镶面材料规格尺寸，进行再次切割、钻孔、剔槽、倒角、磨边等工作，如图 3-67 ~ 图 3-69 所示。

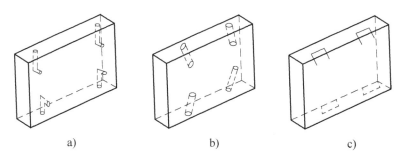

图 3-67 石板材上钻孔

a）φ5 直孔　b）35°斜孔　c）板面开 ⊓ 形槽

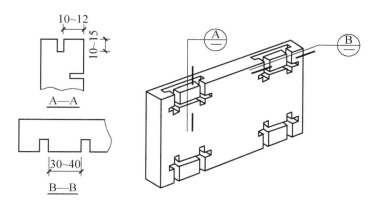

图 3-68 板材背面槽口形式

小提示：铺石材前 3d 刷氧化硅密封防护剂，以防石材出现析盐、水渍的现象。对石材的六面进行防护，其方法是：先将其界面清理干净，然后涂刷两遍氧化硅密封防护剂。涂刷要求所涂面干燥，涂刷均匀，涂刷后要求阴干，第一遍阴干后方可涂刷第二遍，如图 3-70 所示。

图 3-69　石板开槽

图 3-70　石板后刷保护液

（四）绑孔钢筋网

柱面挂贴石材，一般在基层表面绑扎钢筋网。

墙面镶贴石材，先预埋支架，绑扎钢筋网，如图 3-71、图 3-72 所示。

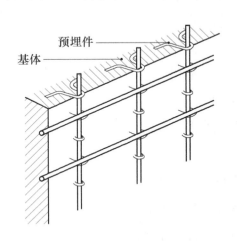

图 3-71　钢筋网的设置形式

图 3-72　绑扎钢筋网

钢筋网一般用直径 6.5～8.5mm 的线材。横向钢筋为绑扎石材用。第一道钢筋横绑在地面以上 100mm 处，用作绑扎第一层石板的下口固定钢丝。第二道横筋间距与石板的高度相同。

如采用板面直接与混凝土或砖墙面固定，先在墙面钻孔，沿基层分格线上钻直径 6.5 ~ 8.5mm、深度不小于 60mm 的孔。打入绑扎有双股 20 ~ 18 号铜丝的木塞子，两股铜丝的外露留头 10mm 长，作为锚固石板用。

如果采用 12 ~ 15mm 或 7 ~ 8mm 的薄板镶贴，不需要钢筋网，采用粘结施工工艺固定板面。

（五）弹线

挂贴石材以前，用线锤从上至下在墙面、柱面和门窗找出垂直线，应考虑饰面板的厚度、灌注砂浆的空隙，以及钢筋所占尺寸。一般饰面板外皮与结构面的距离以 50mm 为宜。在地面上顺墙（柱）面弹出饰面板外轮廓尺寸线，作为第一层饰面板的基准线。将编好号的石板材在弹好的基准线上就位，每块板缝按设计规定留准，一般留 1mm 缝隙。

（六）挂贴

每块板上下两个面各打 2 或 3 个眼，用电钻打眼，孔径为 4 ~ 5mm，深度为 12mm。孔眼打在板宽两端的 1/4 处，钻孔中心与板背面的距离以 8mm 为宜。钻孔后，用扁凿朝石板材背面孔壁轻轻剔一道槽，深 5mm 左右，连同孔眼形成象鼻眼状，以备埋铜丝之用。

挂贴施工顺序：一般墙面从边角开始，也可以从中间开始，由下往上镶贴。柱梁镶贴，一般先镶两边立柱，后镶横边梁。边柱是由下往上分层镶贴，镶到与梁连接处，即边柱最上一块石板材，要与横梁镶的端部板材配合镶贴，要实测实量施工。

如果石板长短不合适时，可采取局部切割磨光的办法，不允许采取堵小块的做法。在挂贴花岗岩板时，在石板材的背面用 1:1 的水泥砂浆（体积比）掺水泥重量 5% 的 108 胶扫毛，使石板背面粗糙，易于粘贴牢固。

（七）绑扎铜丝

石材饰面属于高级装饰工程，必须使用 18 号、10 号铜丝连接，不可以用铁丝或铁件，因为铁要生锈，时间长后铁锈黄水浸透饰面板的表面，影响装饰效果。

用铜丝连接固定时，应把铜丝剪成 20mm 左右，铜丝一端伸入孔底，并由铅皮固定牢固。将铜丝顺孔槽弯曲并卧入槽内，使饰面板上下端面不能有铜丝凸出，使相邻两块饰面板接缝严密。

在饰面板材对号就位后，先找饰面设计规划线（包括垂直与水平两个方向），将上口外仰，把下口铜丝绑扎在横筋上，不可绑得太紧，应留余量，将铜丝和横筋拴牢即可。将饰面板竖起，绑上口铜丝，用木楔子调整垫稳，用靠尺检查板垂直度，经检查合格后，拴紧铜丝，板材的两侧可塞纸或麻丝。为了固定板的位置，可用拌制好的石膏搓成小团，紧贴在石板的接缝处，根据板的大小，一般每块板的竖缝上不少于两点，达到固定为止。

（八）灌浆

第一层石材板镶贴完毕以后，用直尺找垂直，用水平尺找平整，用方尺找阴阳角，使缝隙均匀，上口平直，阴阳角方正，表面平整；然后灌浆，再贴上层。所灌砂浆为配合比1:2.5的水泥砂浆，其稠度为80～150mm。灌砂浆时应边灌边轻轻敲打石板（或用钢筋轻捣），同时注意灌浆应分层徐徐灌入（每层砂浆高度一般不超过150mm，最多不超过200mm）。常用的石板材一般分三层灌浆，上一层灌浆1～2h待砂浆初凝，检查无移动后再灌下一层砂浆。灌最后一层砂浆时注意其上表面一般应低于板上口50～100mm，如图3-73所示。在上层板灌浆前，应将固定石膏顺次拆除，并用水泥擦洗，板面用湿布擦净。

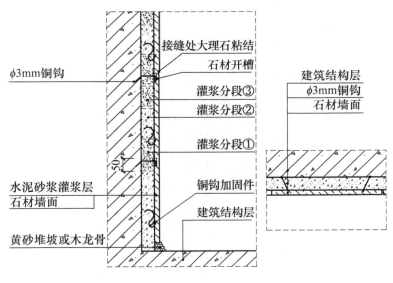

图3-73 分段灌浆

（九）擦缝

板材安装前应刮素水泥浆一道。石板安装完毕后必须清理缝隙，调制与板色相同颜色水泥浆擦缝，使缝隙密实、干净、颜色一致。

（十）清理墙面

安装时石材表面会被水泥浆污染，所以安装完毕后酸洗，再用清水冲洗干净，必要时应抛光上蜡。

四、质量检验

（一）石材饰面板施工主要检验项目

石材饰面板施工主要检验项目见表3-15。

表3-15 石材饰面板施工主要检验项目

主控项目	① 石板的品种、规格、颜色和性能应符合设计要求及国家现行标准的有关规定 ② 石板孔、槽的数量、位置和尺寸应符合设计要求 ③ 石板安装工程的预埋件（或后置埋件）、连接件的材质、数量、规格、位置、连接方法和防腐处理应符合设计要求。后置埋件的现场拉拔力应符合设计要求。石板安装应牢固 ④ 采用满粘法施工的石板工程，石板与基层之间的黏结料应饱满、无空鼓。石板粘结应牢固
一般项目	① 石板表面应平整、洁净、色泽一致，应无裂痕和缺损。石板表面应无泛碱等污染 ② 石板填缝应密实、平直，宽度和深度应符合设计要求，填缝材料色泽应一致 ③ 采用湿作业法施工的石板安装工程，石板应进行防碱封闭处理。石板与基体之间的灌注材料应饱满、密实 ④ 石板上的孔洞应套割吻合，边缘应整齐

（二）饰面板安装的允许偏差和检验方法

饰面板安装的允许偏差和检验方法见表3-16。

表3-16 饰面板安装的允许偏差和检验方法

项次	项目	允许偏差/mm							检验方法
		石材			瓷板	木材	塑料	金属	
		光面	剁斧石	蘑菇石					
1	立面垂直度	2	3	3	2	2	2	2	用2m垂直检测尺检查
2	表面平整度	2	3	—	2	1	3	3	用2m靠尺和塞尺检查
3	阴阳角方正	2	4	4	2	2	3	3	用直角检测尺检查
4	接缝直线度	2	4	4	2	2	2	2	拉5m线，不足5m拉通线，用钢直尺检查
5	墙裙、勒脚上口直线度	2	3	3	2	2	2	2	拉5m线，不足5m拉通线，用钢直尺检查
6	接缝高低差	1	3	—	1	1	1	1	用钢直尺和塞尺检查
7	接缝宽度	1	2	2	1	1	1	1	用钢直尺检查

五、填写任务手册

完成墙面贴挂石材施工，进行质量检测，填写"任务手册"中项目3的任务6。

任务评价

完成调查比较石材施工方法的任务，调查报告可插入图片表格，用 PPT 展示，同学间互相讨论评价。教师根据学生在调查过程中的小组协作、任务分配情况和调查报告内容给出综合评价。

任务拓展

石材墙面施工工艺发展很快，现在背栓式干挂石材应用较广，参见本书配套资源"3.6 背栓式干挂石材"。

任务 3.7　木龙骨镶板施工

镶板类饰面是指用竹、木及其制品，石膏板、矿棉板、玻璃、薄金属板材等材料制成的饰面板，通过镶嵌、钉、拼、贴等施工方法构成的墙面饰面。

任务描述

带领学生参观木护壁施工工程现场，要求学生做好参观前的准备工作，并填写参观记录表，最后写出实地参观日记。

木龙骨镶板施工

任务目标

一、知识目标

1. 掌握墙面木龙骨镶板施工的材料要求及作业条件。
2. 掌握墙面木龙骨镶板施工的施工步骤。
3. 熟悉墙面木龙骨镶板施工工程质量验收。

二、技能目标

1. 掌握施工中的操作要点。
2. 能检验墙面木龙骨镶板施工的质量。

◫ **知识准备**

木护壁又叫木台度，俗称墙裙，分为局高和全高两种，统称为木质护墙板。全高的满墙护墙板，常见于较高级装饰的室内，既保护墙体又具有较为豪华的装饰效果。木质护墙板构造如图3-74所示。

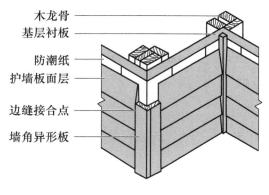

木龙骨
基层衬板
防潮纸
护墙板面层
边缝接合点
墙角异形板

图 3-74　木质护墙板构造

▣ **任务实施**

一、施工准备

（一）主要材料

1）木龙骨架：也叫墙筋，一般是用杉木或红、白松木制作，木骨架间距 400～600mm，具体间距还须根据面板规格而定。横向骨架与竖向骨架相同，骨架断面尺寸为（20～45）mm×（40～50）mm，高度及横料长度按设计要求截断，并在大面刨平、刨光、保证厚度尺寸一致。木料含水率不得大于 10%。

2）面料：多用 3～5 层的胶合板，若做清漆饰面，应尽量挑选同树种、同纹理、同颜色的胶合板。

3）装饰线与压条：用于墙裙上部装饰造型，有硬杂木条、白木条、水曲柳木条、核桃木线、柚木线、桐木线等，长度为 2～5m。其用途为墙裙压条、墙裙面板装饰线、顶角线、吊顶装饰线、踢脚板、门窗套装饰线（在后面门窗装饰套重点介绍）等。

4）冷底子油和油毡：用于防潮层。

5）钉子：钉木骨架和面板用。

（二）主要工具

刨子、磨石、榔头、手锯、扁铲、方尺、粉线包、裁口刨等。

（三）作业条件

1）在施工前，需检查墙面基层质量，合格后方可施工。

2）骨架安装应在门窗框安装完成后进行，护墙面板应在室内抹灰及地面做完后进行。

3）木材干燥应满足规定的含水率，护墙板龙骨应在需铺贴面刨平后三面刷防腐剂。

4）所需机具设备在使用前安装好，接好电源，并进行试运转。

5）如施工量大且复杂，施工前应绘制大样图，并应做样板，经检验合格后才能大面积施工。

6）检查门窗洞口是否方正垂直，预埋木砖、铁件是否符合要求。

7）检查墙内铺设的强弱电管线、开关盒、插座盒、水管等是否就位；基本高度调试完毕，经验收合格后方可实施安装龙骨基层。

二、施工工艺流程

木龙骨镶板施工工艺流程：①弹线、安装木楔→②制作并安装木龙骨→③装钉面板→④安装收口压条→⑤油漆终饰。

三、施工步骤

（一）弹线、安装木楔

根据图样要求和设计要求，测量墙面尺寸，计算出所需护墙板的整块数，然后在墙上弹出水平标高及分档线，如图3-75所示。

根据线档在墙上加塞木楔。木楔和木砖要经过防腐处理。木砖的间距横竖一般不大于400mm。墙体为砖墙时，可在需要加木砖的位置用高强度等级砂浆卧补一个木块；当墙体为混凝土时，可用射钉枪射入螺栓与龙骨连接。

图3-75　墙面弹线、安装木楔

（二）制作并安装木龙骨

龙骨间距：一般横龙骨截断，间距为400mm，竖龙骨通长，间距可放大到450mm。龙骨必须与每一块木砖钉牢。在每一块木砖上钉两枚钉子，上下斜角错开钉牢。

在龙骨与墙之间铺一层油毡防潮层。安装龙骨后，要检查表面平整与立面垂直，阴角用方尺套方。木龙骨安装形式如图3-76所示。

（三）装钉面板

护墙板一般为纵向接头，木纹根部向下，花纹通顺，相邻面板的木纹和色泽应近似。钉面板时，宜自下而上进行，接缝应严密。用15mm气钉枪固定罩面板，钉距100mm，板材的拼缝落在木龙骨的宽度中心，钉帽可直接冲入板面，在油漆终饰前再以油性腻子嵌平，打磨平整即可。对于9mm左右厚度的胶合板，应采用30~35mm的圆钉固定。护墙板面层施工如图3-77所示。

图3-76　木龙骨安装形式　　　　图3-77　护墙板面层施工

（四）安装收口压条

罩面板表面的封口、收边及交角等部位，采用木线条、石膏线条、聚苯乙烯压模线条及浮雕装饰件等。在吊顶与立墙的交角处进行较为随意地直线或曲面角位装饰，如图3-78所示。

操作要点：

1）木质板做罩面时，其板材拼缝形式一般有直拉缝、斜拉缝、压条等几种，如图3-79所示。

2）木板的拼接花纹应一致，切片板的树心一致。为保证板材性能稳定，一般要求芯材朝上。面板的颜色要近似，颜色较浅的木板，需安装在光线较暗的墙面上；颜色较深的木板，应铺钉于受光较强的墙面上，使整个房间护墙板的色泽协调一致。

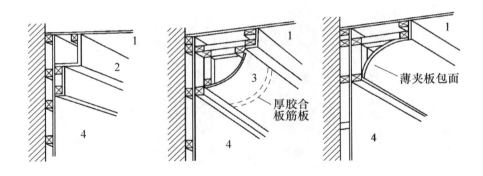

图 3-78　墙、顶角位的人造罩面板造型

1—吊顶底面　2—厚胶合板面　3—薄夹板造型　4—护墙板面

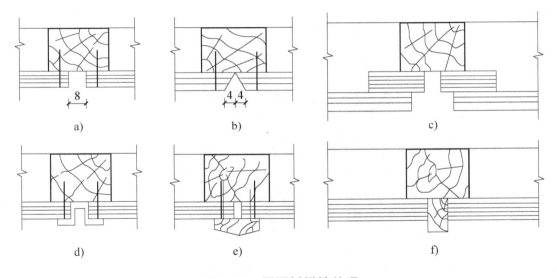

图 3-79　罩面板拼缝处理

a）直拉缝　b）斜拉缝　c）阶梯缝　d）装饰压条缝　e）木压条缝　f）压条缝

3）所有接缝均应严密，缝隙背后不得过虚，装钉时要将缝内余胶挤出，防止表面油漆之后出现黑纹（空缝）。

4）清漆硬木分块护墙板的装钉，应在松木龙骨上加垫一根硬木条，将小钉子帽敲扁顺木纹往里钉。

（五）油漆终饰

护墙板安装完毕后，就对木墙裙进行打磨、批填腻子、刷底涂、磨光滑、涂刷清漆，如图 3-80、图 3-81 所示。

图 3-80 木墙裙打磨、批填腻子

图 3-81 护墙板油漆面层

四、质量检验

（一）木饰面板施工主要检验项目

木饰面板施工主要检验项目见表 3-17。

表 3-17 木饰面板施工主要检验项目

主控项目	① 木板的品种、规格、颜色和性能应符合设计要求及国家现行标准的有关规定。木龙骨、木饰面板的燃烧性能等级应符合设计要求 ② 木板安装工程的龙骨、连接件的材质、数量、规格、位置、连接方法和防腐处理应符合设计要求，木板安装应牢固
一般项目	① 木板表面应平整、洁净、色泽一致，应无缺损 ② 木板接缝应平直，宽度应符合设计要求 ③ 木板上的孔洞应套割吻合，边缘应整齐 ④ 石板上的孔洞应套割吻合，边缘应整齐

（二）木饰面板安装的允许偏差和检验方法（表 3-16）

五、填写任务手册

完成木龙骨镶板施工，进行质量检测，填写"任务手册"中项目 3 的任务 7。

🖸 任务评价

分组查阅木护壁施工材料、机具、过程，施工现场记录木护壁施工构造、工艺等，完成参观任务，在班级进行展示，根据学生的参观情况、展示情况，给出评价；结合参观日记与手册，了解学生的施工掌握情况，教师给出综合评价。

任务拓展

木饰面做完后，其表面的油漆施工很重要，一般由专业技术人员来完成，参见本书配套资源"3.7 木饰面干挂法与胶粘法"。

任务 3.8　软包墙面施工

软包墙面是现代室内墙面装修常用的做法，它具有吸声、保温、防儿童碰伤、质感舒适、美观大方等优点。其特别适用于有吸声要求的会议室、多功能厅、娱乐厅、消声室、住宅起居室、儿童卧室等室内空间。

任务描述

软包墙面施工

要求学生查阅资料，对墙面软包材料、类型及施工方式有全面的了解。学生自己设定某种功能明确的软包类型，确定软包造型，选择合适材料、工具、施工方式及施工流程，最后小组协作制作出软包墙面样板。

任务目标

一、知识目标

1. 了解墙面软包工程的材料要求、机具要求。
2. 掌握墙面软包的施工步骤。
3. 熟悉墙面软包工程的质量要求。

二、技能目标

1. 能根据需要选用符合要求的材料。
2. 掌握施工中的操作要点。
3. 能在施工现场进行墙面软包工程的技术指导与质量检查。

知识准备

软包墙面的构造基本上可分为底层、吸声层和面层三大部分，均必须采用防火材料。

1）底层：软包墙面的底层要求具有极好的平整度，有一定的强度和刚度，多用阻燃型胶合板。

2）吸声层：软包墙面的吸声层，必须采用质轻不燃的多孔材料，如玻璃棉、超细玻璃棉、自熄型泡沫塑料等。

3）面层：软包墙面的面层，须采用阻燃型高档豪华软包面料，如各种人造革、皮革及装饰布等。

软包墙面构造如图 3-82 所示。

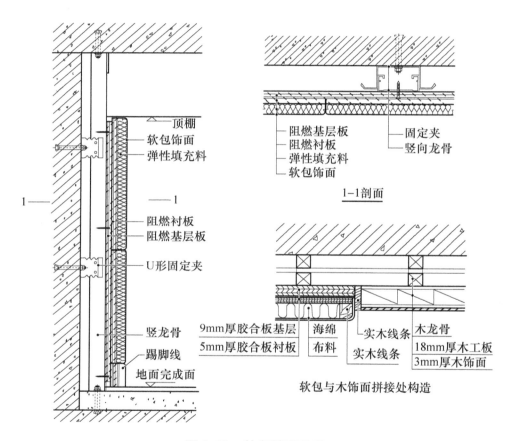

图 3-82 软包墙面构造

📲 **任务实施**

一、施工准备

（一）主要材料

1）软包面料及内衬材料及边框：其材质、颜色、图案、燃烧性能等级应符合要求及国家现行标准规定，具有防火检查报告。普通布料需进行两次防火处理，并检测合格。

2）木龙骨：一般用白松烘干料，含水率不大于12%，厚度应符合设计要求，不得有腐朽、结疤、劈裂、扭曲等瑕疵，并预先经防腐处理。

3）外饰面用的压条、分格框料和木贴脸等面料：宜采用工厂经烘干加工的半成品料，含水率不大于12%，选用优质五合板，如基层有特殊要求，也可采用九合板。注意：木材的含水率及人造木板的甲醛释放量一定要进行复验。

4）矿棉吸声材料：经过防火处理的泡沫塑料、矿渣棉、海绵等。

5）辅料：防潮纸或油毡、胶黏剂、钉子（钉子长应为面层厚的2~2.5倍）、木螺钉、木砂纸、氟化钠（纯度应在75%以上，不含游离氟化氢，它的黏度应能通过120号筛）或石油沥青等。软包材料如图3-83所示。

图3-83 软包材料

（二）主要工具

木工工作台、电锯、电刨、冲击钻、手枪钻、裁切织物的工作台、钢板尺（1m长）、裁织革刀、软包大小塞刀（图3-84）、毛巾、塑料水桶、塑料脸盆、油工刮板、小辊、开刀、毛刷、排笔、擦布或棉丝、砂纸、长卷尺、盒尺、锤子、各种形状的木工凿子、线锯、铝制水平尺、方尺、多用刀、弹线用的粉线包、墨斗、小白线、扫帚、托线板、线坠、红铅笔、工具袋等。

（三）作业条件

1）混凝土和墙面抹灰已完成，基层按设计要求木砖或木筋已埋设，水泥砂

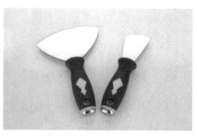

图3-84　软包三件套（型材角度剪、软包大塞刀、软包小塞刀）

浆找平层已抹完灰并刷冷底子油，且经过干燥，含水率不大于8%；木材制品的含水率不得大于12%。

2）水电及设备、顶墙上预留预埋件已完成。

3）房间里的吊顶分项工程基本完成，并符合设计要求。

4）房间里的地面分项工程基本完成，并符合设计要求。

5）房间里的木护墙和细木装修底板已基本完成，并符合设计要求。

6）对施工人员进行技术交底时，应强调技术措施和质量要求。大面积施工前，应先做样板间，经质检部门鉴定合格后，方可组织班组施工。

二、施工工艺流程

软包墙面施工工艺流程：①基层或底板处理→②吊直、套方、找规矩、弹线、墙内安装木楔→③铺钉木龙骨→④计算用料、剪裁→⑤软包面层固定→⑥安装贴脸或装饰边线→⑦修整软包墙面。

三、施工步骤

（一）基层或底板处理

凡做软包墙面装饰的房间基层，大都是先在结构墙上预埋木砖、抹水泥砂浆找平层，做防潮层（可以刷喷冷底子油、铺贴一毡二油防潮层或满涂3～4mm厚的防水建筑胶粉防潮层一道），安装50mm×50mm木墙筋（中距为450mm）、上铺胶合板，如图3-85所示。如采取直接铺贴法，基层必须做认真的处理，方法是先将底板拼缝用油腻子嵌平密实、满刮腻子1～2遍，待腻子干燥后用砂纸磨平，粘贴前，在基层表面满刷清油（清漆＋香蕉水）一道。如有填充层，此工序可以简化。

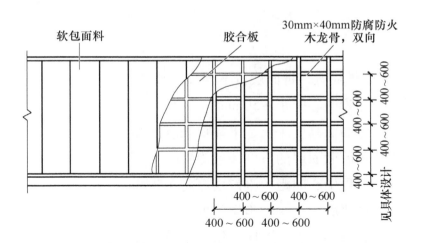

图 3-85 无吸声层的软包墙面构造图

（二）吊直、套方、找规矩、弹线、墙内安装木楔

根据设计图要求，把软包墙面的尺寸、造型等通过吊直、套方、找规矩、弹线等工序，把实际尺寸与造型落实到墙面上。根据弹线位置安装木楔（图 3-86）。木砖或木楔的间距与墙筋的排布尺寸一致，一般为 400~600mm。

（三）铺钉木龙骨

铺钉横、竖木龙骨，满涂氟化钠防腐剂一道，防火涂料三道，中距 400~600mm（双向或按设计要求），与墙体内防腐木砖钉牢。龙骨与墙体之间如有缝隙，需以防腐木片（或木块）垫平垫实。整个墙安装完毕后，应进行最后的检查、找平。

图 3-86 弹线、安装木楔

（四）计算用料、剪裁

首先根据设计图的要求，确定软包墙面的具体做法。一般做法有两种，一是直接铺贴法（此法操作比较简便，但对基层或底板的平整度要求较高）；二是预制铺贴镶嵌法，此法有一定的难度，要求必须横平竖直、不得歪斜，尺寸必须准确等。需要先做定位标志以利于对号入座。然后按照设计要求进行用料计算和底衬（填充料）、面料套裁工作。

小提示：同一房间、同一图案与面料必须用同一卷材料和相同部位（含填充料）套裁面料。

1）软包墙面面层裁剪，将面层按下列尺寸裁割：

横向尺寸 = 竖龙骨中心间距 + 50mm

竖向尺寸 = 软包墙面高度 + 上、下端口长度之和

有吸声层的软包墙面面层的下料一般为：

横向尺寸 = 竖龙骨中心间距 + 吸声层厚度 + 50mm

竖向尺寸 = 软包墙面高度 + 吸声层厚度 + 上、下端口长度之和

2）胶合板底层剪裁：将阻燃型胶合板按照墙面横竖木龙骨中心间距（一般为 400～600mm 或按设计要求）锯成方块（或矩形块），整板满涂氟化钠防腐剂一道，涂后将板编号存放备用，如图 3-87 所示。

图 3-87　胶合板底层制作

3）吸声层可采用玻璃棉、超细玻璃棉或自熄型泡沫塑料等材料。将裁制好的吸声块平铺于胶合板底层上或塞于木龙骨内，同时将裁好的面料铺于吸声块上，之后将面料绷紧，用气钉固定，如图 3-88、图 3-89 所示。

图 3-88　吸声层裁切固定　　　　图 3-89　吸声层塞在木龙骨内

（五）软包面层固定

采取直接铺贴法施工时，应待墙面细木装修基本完成、边框油漆达到交活条件后，方可粘贴面料。

采取预制铺贴镶嵌法则不受此限制，可事先进行粘贴面料工作。首先按照设计图和造型的要求先粘贴填充料（如泡沫塑料、聚苯板或矿棉、木条、五合板等），按设计用料（粘结用胶、钉子、木螺钉、电化铝帽头钉、铜丝等）把填充垫层固定在预制铺贴镶嵌底板上，然后把面料按照定位标志找好横竖坐标上下摆正，把上部用木条加钉子临时固定，再把下端和两侧位置找好后，便可按设计要求粘贴面料。预制铺贴镶嵌法的施工如图3-90～图3-95所示。

图3-90 预制面板

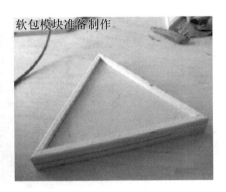

图3-91 预制软包模块基层

图3-92 填入吸声料

图3-93 正面包面层布料

（六）安装贴脸或装饰边线

根据设计选择和加工好的贴脸或装饰边线，应按设计要求先把油漆刷好（达到交活条件），便可把事先预制铺贴镶嵌的装饰板进行安装工作。安装时，首先经过试拼达到设计要求和效果后，便可与基层固定和安装贴脸或装饰边线，最后修刷镶边油漆成活，如图3-96所示。

图 3-94 胶合板基层上弹线

图 3-95 预制块在基层上试拼

图 3-96 安装边框

（七）修整软包墙面

如软包墙面施工安排靠后，其修整软包墙面工作比较简单；如果施工插入较早，由于增加了成品保护膜，则修整工作量较大，例如增加除尘清理、钉粘保护膜的钉眼和胶痕的处理等。

小提示：冬期施工应在采暖条件下进行，室内操作温度不应低于5℃，要注意防火工作。做好门窗缝隙的封闭，并设专人负责测温、排湿、换气，严防寒气进入冻坏成品。

四、质量检验

（一）软包工程施工主要检验项目

软包工程施工主要检验项目见表 3-18。

表 3-18　软包工程施工主要检验项目

主控项目	① 软包工程的安装位置及构造做法应符合设计要求 ② 软包边框所选木材的材质、花纹、颜色和燃烧性能等级应符合设计要求及国家现行标准的有关规定 ③ 软包衬板板质、品种、规格、含水率应符合设计要求。面料及内衬材料的品种、规格、颜色、图案及燃烧性能等级应符合国家现行标准的有关规定 ④ 软包工程的龙骨、边框应安装牢固 ⑤ 软包衬板与基层应连接牢固，无翘曲、变形，拼缝应平直，相邻板面接缝符合设计要求，横向无错位拼接的分格应保持通缝
一般项目	① 单块软包面料不应有接缝，四周应绷压严密。需要拼花的，拼接处花纹、图案应吻合。软包饰面上电气槽、盒的开口位置、尺寸应正确，套割应吻合，槽、盒四周应镶硬边 ② 软包工程的表面应平整、洁净、无污染、无凹凸不平及皱折；图案应清晰、无色差，整体应协调美观、符合设计要求 ③ 软包工程的边框表面应平整、光滑、顺直，无色差、无钉眼；对缝、拼角应均匀对称、接缝吻合。清漆制品木纹、色泽应协调一致。其表面涂饰质量应符合标准规定 ④ 软包内衬应饱满，边缘应平齐 ⑤ 软包墙面与装饰线、踢脚板、门窗框的交接处应吻合、严密、顺直。交接（留缝）方式应符合设计要求

（二）软包工程安装的允许偏差和检验方法

软包工程安装的允许偏差和检验方法见表 3-19。

表 3-19　软包工程安装的允许偏差和检验方法

项次	项　　目	允许偏差/mm	检 验 方 法
1	单块软包边框水平度	3	用 1m 水平尺和塞尺检查
2	单块软包边框垂直度	3	用 1m 垂直检测尺检查
3	单块软包对角线长度差	3	从框的裁口里角用钢尺检查
4	单块软包宽度、高度	0；−2	从框的裁口里角用钢尺检查
5	分格条（缝）直线度	3	拉 5m 线，不足 5m 拉通线，用钢直尺检查
6	裁口线条结合处高度差	1	用直尺和塞尺检查

五、填写任务手册

完成软包墙面施工，进行质量检测，填写"任务手册"中项目 3 的任务 8。

🖾 任务评价

按照任务手册任务完成调查、制作任务。调查报告可插入图片表格，用 PPT 展示，同学们互相讨论评价，教师结合学生在调查过程中展示的小组协作情况、任务分配和调查报告内容给出综合评价。

💡 任务拓展

软包施工常见的质量问题参见本书配套资源"3.8 软包工程应注意的质量问题"。

任务 3.9　金属板包柱面施工

在室内装饰工程中，柱体装饰与其他装饰界面同样重要。柱体饰面目前大多采用石材、玻璃镜、铝塑板、不锈钢板、彩色涂层钢板、钛金镶面板、木材油漆等。

金属板包柱面
施工

📋 任务描述

学生分组查阅相关包柱施工资料，调查最新包柱类型、材料、施工方法及工艺。小组成员协作，编制包柱施工类型调查报告。

◎ 任务目标

一、知识目标

1. 了解包柱施工的材料要求、机具。
2. 掌握包柱的施工步骤。
3. 熟悉包柱工程的质量要求。

二、技能目标

1. 根据需要选用符合要求的材料。
2. 掌握施工中的操作要点。
3. 能在施工现场进行包柱工程的质量检查。

🔲 知识准备

常见的建筑主体装饰有圆柱、造型柱、功能柱、六角柱或八角柱等，其装饰结构有木结构、钢木混合结构以及钢架结构等。特别强调施工时不能破坏原建筑柱体的形状和结构、不可损坏柱体的承载力，必须遵守这个原则。

包柱的构造做法与墙面板材做法类似。

任务实施

一、施工准备

（一）主要材料

1）木龙骨或轻钢龙骨、衬板：木材的树种、规格、等级、含水率和防潮、防腐处理必须符合设计要求及国家现行标准的有关规定。木质部分均应涂饰防火漆，达到消防要求。

2）铝塑板、不锈钢板、钛金版、彩色涂层钢板等，是弯弧度的理想板材。

3）石材：各种高档石材也可加工成弧形，但要按设计要求选择，都要送专业工厂加工。

4）角钢连接件：结构所应用的角钢的规格、尺寸应符合设计要求及国家现行标准的有关规定。

5）白乳胶、万能胶、膨胀螺栓、自攻螺钉等。

（二）主要工具

电锤、铁锤、活动、固定扳手、2m靠尺、吊线锤、角尺、钢丝刷、手电钻、大力钳、十字螺钉旋具、胶枪、灰刀、卷尺、红蓝铅笔、电焊机、水平尺等。

（三）作业条件

1）在施工前检查原柱体结构强度、几何尺寸、垂直度、平整度等。

2）对原柱体进行表面清理及防潮、防腐处理。

3）根据会签的设计施工图，深化设计，绘制大样图。

4）编制单项工程施工方案，对施工人员进行安全技术交流。

二、施工工艺流程

包柱工程有包圆柱和包方柱两种。方柱的施工工艺较简单，圆柱施工工艺按金属板的安装方法不同，分为非焊接法和焊接法两种。

非焊接法金属板包柱面施工工艺流程：①放线→②制作、安装骨架→③安装衬板→④安装不锈钢饰面板→⑤收口封边→⑥柱面抛光。

三、施工步骤

（一）放线

弹出地面、吊顶标高线和位置线。确定方柱基准底框，以柱底长边做边长，用直角尺画正方框，标出各边中点。将轴线位置用笔在楼面做好标记，定出相对位置龙骨轴线。

包圆柱时，圆柱的中心在已有建筑的方柱上，无法直接得到圆心，所以，要画出底圆就必须采用不用圆心而画出圆的方法。常用的一种方法叫弦切法。

进行柱体弹线工作的操作人员，应具备一些平面的基本知识。在柱体弹线过程中，装饰圆柱的中心点因有建筑方柱的障碍，而无法直接得到，因此要求得圆柱直径就必须采用变通方法。这里介绍不用圆心而画出圆的方法，即弦切法（图3-97）。具体步骤如下：

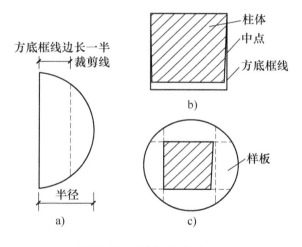

图3-97　弦切法包方柱

a）弦切法画底圆　b）柱体基体方框线的画法　c）装饰柱的底圆画法

1）由于建筑方柱一般都有误差，不一定是正方形，所以先把柱体规方，找出最长的一条边，作为基准方框底框的边长。

2）以该边边长为准，用直角尺在方柱底面画出一个正方形，该正方形就是基准方框形，并将该方框的每条边中点标出。

3）在一张五夹板（或九夹板）上，以装饰圆柱的半径画出一个半圆并剪裁下来。在这个半圆柱形上，以标准底框边长的一半尺寸为宽度，作一条与该半圆形直径相平行的直线，然后从平行线处剪裁这个半圆，所得到的这块圆弧线就是该柱的弦切弧样板，如图 3-98 所示。

4）把该样板的直边和柱基准底框的四个边相对应，将样板的中点对准底框边长的中心，然后沿样板的圆弧边画线，就得到了装饰圆柱的底圆。

以此类推求得顶圆轮廓线，但顶圆必须通过与底圆吊垂直线校核的方法来获得，以保证装饰圆柱底面与顶面的垂直和准确。

图 3-98　弦切弧样板

（二）制作、安装骨架

工序：①竖向龙骨定位固定→②横向龙骨与竖向龙骨连接→③骨架与结构柱连接固定→④骨架形体校正。

1）竖向龙骨定位固定。由顶向底吊垂线定位，将龙骨上口对接标识位置，竖向龙骨以膨胀螺栓或射钉与上下结构固定，如图 3-99、图 3-100 所示。用 2m 靠尺较正龙骨的垂直误差为 ±2mm，至三维调正为止。包圆柱复核直径，按放线方法进行校对。

图 3-99　木龙骨与顶连接

图 3-100　金属龙骨与地连接

2）横向龙骨与竖向龙骨连接。按施工图分格划出横梁位置轴线，吊垂线和水平线定位，横向龙骨间距为 300～400mm，如图 3-101a 所示。

在圆形或弧形的装饰柱体中，横向龙骨不但起着龙骨架的支撑作用，而且还具有造型的作用。所以在圆形或弧形的装饰施工中，横向龙骨须做出弧形，如图 3-101b 所示。

3）龙骨架与结构柱连接固定。支撑杆件（方木或角钢）与结构用膨胀螺栓或射钉连接，与柱体骨架用焊接或钉接，如图 3-102 ~ 图 3-106 所示。

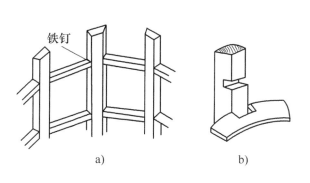

图 3-101　横向龙骨与竖向龙骨连接

a）加胶钉接法　b）槽接法

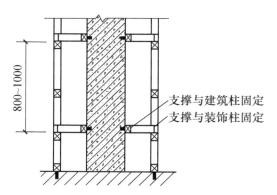

图 3-102　龙骨与柱体的连接固定

图 3-103　包方柱龙骨连接

图 3-104　包圆柱龙骨连接

图 3-105　木龙骨与柱体连接

图 3-106　金属龙骨与柱体连接

4）骨架形体校正。为了符合质量要求并且确保装饰柱体的造型准确，在骨架施工过程中，应不断进行检查和校正。检查的主要项目有骨架的垂直度、圆度和方度等。

① 检查垂直度。在连接好的柱体龙骨架顶端边框线上吊垂直线，如果上下龙骨边框与垂线平齐，即证明了骨架的垂直度符合要求，没有歪斜的现象，且吊线检查一般不可少于四个方向点位置。如果垂线与龙骨不平行，说明柱体歪斜。柱高小于等于3000mm，允许偏差3mm；柱高大于3000mm，允许偏差6mm。如误差超过允许值，必须及时修整，以确保质量。

② 检查圆度。圆形装饰柱骨架在施工过程中，经常出现外凸和内凹现象，会影响到饰面板的表面安装，进而影响装饰效果。检查圆度的方法是采用"吊垂线方法＋圆弧模板尺"，吊线坠连接圆柱框架上下边线，要求中间骨架与垂线保持平齐，如误差超出 ±3mm 就必须进行修整。

③ 检查方度。对于方柱，其方度检查相对来说比较简单，用直角尺在柱体的四个边角上分别测量即可，误差值不得大于 ±3mm。

④ 修整。柱体龙骨架经过组装、连接、校正、固定之后，要对其连接部位和龙骨本身的不平整度进行全面检查、纠正，并做修整处理。对竖向龙骨的外边缘进行修边刨平，使之成为圆形曲面的一部分。

小提示：为了保证包圆柱的施工质量，要做到两点：首先要保证所包柱的圆柱体几何形状要精确；其次要保证柱体骨架结构的垂直度，即每个框架从上到下要保证在同一个同心圆上。

（三）安装衬板

木胶合衬板安装，一种直接钉在骨架上（图3-107），另一种安装在角钢骨架上（螺栓）。

一般选择弯曲性较好的三层、五层胶合板作为基面衬板。安装前应在柱体骨架上进行试铺，如果弯曲贴合有难度，可将板面用水润湿或在板的背面用修边机切割竖向卸力槽，两刀槽间距10mm 左右。在采用胶合板围合柱体时，最好是顺着木纹方向来围柱体。

在圆柱木质骨架的表面刷白乳胶或各类万能胶，将胶合板粘贴在木骨架上，然后用气钉从一侧开始钉胶合板，逐步向另一侧固定。在对缝处，用钉量要适当加密，或用 U 形枪钉，钉头要埋入木夹板内。柱子包好衬板后如图3-108 所示。

图 3-107　木胶合衬板直接钉在骨架上　　　　图 3-108　柱子包好衬板后

钢板衬板安装，适合体量大的不锈钢圆柱，衬板在工厂加工好，工地拼装焊接在骨架上。

（四）安装不锈钢饰面板

在方柱体上安装不锈钢板，通常以胶合板做衬板，在大平面上用万能胶或硅酮结构密封胶把不锈钢板粘贴在胶合板上，然后在转角处用不锈钢成型角做压边处理。在压边不锈钢成型角处，可用少量硅酮结构密封胶封口。

不锈钢质的圆柱饰面面板，需要在工厂专门加工所需要的曲面。一个圆柱面一般都是由两片或三片不锈钢曲面板组装而成的，如图 3-109 所示。

不锈钢饰面板安装的关键是使片与片的对口相接。不锈钢安装的对口方式有很多，这里主要介绍直接卡口式和嵌槽压口式两种固定方法，如图 3-110 所示。

图 3-109　滚圆后的不锈钢板

1）直接卡口式：在两片不锈钢对口处，安装一个不锈钢卡口槽，该卡口槽用螺钉固定于柱体骨架的凹陷处。安装不锈钢钢板时，只要将不锈钢板一端的弯曲部钩入卡口槽内，再用力推按不锈钢的另一端，利用不锈钢本身的弹性，使其卡入另一个卡口槽内即可。

2）嵌槽压口式：把不锈钢板在对口处的凹部用螺钉或钢钉固定，再把一条宽度小于凹槽的木条固定在凹槽中间，两边空出相等的间隙，其间隙宽为 1mm 左右。在木条上涂刷环氧树脂胶（万能胶），等胶面不粘手时在木条上嵌入不锈钢槽条。不锈钢槽条在嵌入粘接前，应用酒精或汽油清擦槽条内的油迹等污物，并涂刷一层薄薄的胶液。安装嵌槽压口的关键是木条的尺寸准确、形状规则。尺寸准确既可保证木条与不锈钢槽的配合松紧适度，安装时不需用大锤大力敲击，避免损伤不锈钢槽面，又可保证不锈钢槽面与柱体面一致，没有高低不平现象。所以，木条安装前，应先与不锈钢槽条试配，木条的高度一般不大于不锈钢槽内深度 0.5mm。

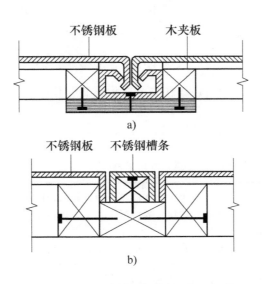

图 3-110　不锈钢安装的对口方式

a）直接卡口式　b）嵌槽压口式

小提示：圆柱面不锈钢的曲面，可由 1~4 片不锈钢曲面板组成，这由圆柱体的直径而定。比较而言，直径较大时片数可多些；直径较小时片数要少些。

（五）收口封边

柱体装饰完成后，要对上下端部收口封边。一般按设计图在下部做金属（内衬底板）、石材或木质造型地角线，上部根据设计做造型，并注意上下端部收口封边线的交合，注意包方柱时转角的收口，如图 3-111 所示。

（六）柱面抛光

安装完，去除保护膜，用绒轮抛光机对柱面抛光，直到光彩照人。

四、质量检验

包柱工程的质量检验项目与方法和包墙面一样，根据饰面材料而定，金属板饰面的质量检验项目与方法如下。

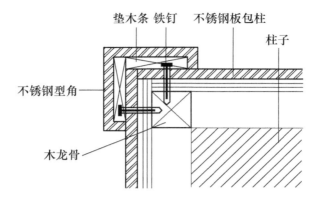

图 3-111　包方柱成型金属包角收口

金属板饰面工程施工主要检验项目见表 3-20。

表 3-20　金属板饰面工程施工主要检验项目

主控项目	① 金属板的品种、规格、颜色和性能应符合设计要求及国家现行标准的有关规定 ② 金属板安装工程的龙骨、连接件的材质、数量、规格、位置、连接方法和防腐处理应符合设计要求。金属板安装应牢固 ③ 外墙金属板的防雷装置应与主体结构防雷装置可靠接通
一般项目	① 金属板表面应平整、洁净、色泽一致 ② 金属板接缝应平直，宽度应符合设计要求 ③ 金属板上的孔洞应套割吻合，边缘应整齐

五、填写任务手册

完成金属板包柱面施工，进行质量检测，填写"任务手册"中项目 3 的任务 9。

任务评价

分组查阅金属饰面板类型、施工材料、机具、过程，编制调查报告，调查报告可插入图片表格，用 PPT 展示，同学们相互讨论评价评，教师根据学生在调查过程中展示的小组协作情况、任务组织情况和调查报告内容给出综合评价。

任务拓展

柱面装修中，铝塑板应用较多，参见本书配套资源"3.9 铝塑板的应用"。

项目 4

吊顶装饰施工

吊顶装饰工程属于建筑物内部空间的顶部装饰。经悬吊后，使装饰面板与原建筑结构保持一定的空间距离。通过不同的饰面材料、不同的艺术造型和装饰构造，凭借悬吊的空间来隐藏原建筑结构错落的梁体，并使消防、电器、暖通等隐藏工程的管线不再外露。在达到整体统一的视觉美感的同时，还要考虑防火、吸声、保温、隔热等功能。

通过完成木龙骨吊顶施工、轻钢龙骨吊顶施工和铝合金格栅吊顶施工的学习任务，达到本项目的学习目标：

1. 了解吊顶装饰基本类型。
2. 掌握常见的吊顶装饰施工技术。
3. 开拓学生装饰施工设计思维。

木龙骨吊顶
施工

任务 4.1　木龙骨吊顶施工

木龙骨吊顶是一种比较经典传统的吊顶龙骨，具有造价低、施工方便、工期短、易做造型等优点，做复杂造型时木龙骨应用非常方便。

任务描述

查看某实际装饰工程施工现场，进行此工程木龙骨吊顶的装饰施工方案设计，包括木龙骨吊顶需要准备施工机具与材料、施工步骤、施工技术要点，以及在施工过程中进行的质量控制及检测，完成后在班级进行展示。

任务目标

知识目标

1. 了解木龙骨吊顶施工的材料要求、机具准备情况。
2. 了解木龙骨吊顶施工的作业条件。
3. 掌握木龙骨吊顶施工步骤。
4. 熟悉木龙骨吊顶工程质量验收。

技能目标

1. 能根据需要选用符合质量要求的材料。
2. 能掌握施工中的操作要点。
3. 能在施工现场进行木龙骨吊顶质量检查。

知识准备

　　木龙骨吊顶是以木质龙骨为基本骨架，配以胶合板、纤维板或其他人造板作为罩面板材组合而成的吊顶，其具有加工方便、造型能力强的特点，但不适用于大面积吊顶。木龙骨吊顶做法如图 4-1 所示。

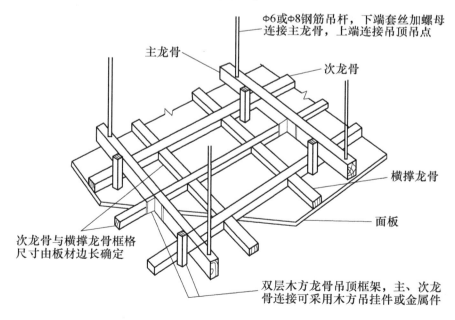

图 4-1　木龙骨吊顶做法

任务实施

检查工程现场情况，设计木龙骨吊顶的施工方案。

一、任务准备

（一）主要材料

1）木料。木龙骨材料应为烘干、无扭曲、无劈裂、不易变形、材质较轻的树种，以红松、白松为宜。

2）罩面板材及压条。按设计选用，常用胶合板、纤维板、纸面石膏板、矿棉板、泡沫塑料板等，选用时严格掌握材质及规格标准。

3）固结材料。圆钉、射钉、膨胀螺栓、胶黏剂。

4）吊挂连接材料。Φ6 或 Φ8 钢筋、角钢、钢板、8 号镀锌铅丝。

5）木材防腐剂、防火剂、防锈漆。

木龙骨吊顶常用材料如图 4-2 所示。

木龙骨　　　　　　　胶合板　　　　　　　纤维板

矿棉板　　　　　　　吊筋　　　　　　木材防腐剂

图 4-2　木龙骨吊顶常用材料

（二）主要机具

电动冲击钻、手电钻、电动修边机、电动或气动钉枪、电圆锯、木刨、木工台刨、线刨、槽刨、木工锯、手锤、木工斧、螺钉旋具、卷尺、水平尺、方尺、扳手、钳子、扁铲、电焊机、凿子、墨线斗等。木龙骨吊顶主要机具如图 4-3 所示。

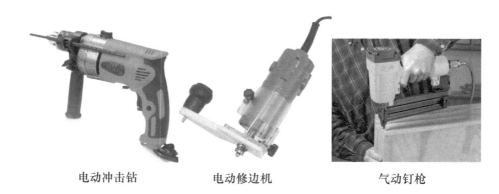

电动冲击钻　　　　　　电动修边机　　　　　　气动钉枪

图4-3　木龙骨吊顶主要机具

（三）作业条件

1）现浇楼板或预制楼板缝中已按设计预埋钢筋，设计未做说明时，间距一般不大于1000mm。

2）墙为砌体时，应根据吊顶标高，在四周墙上预埋固定龙骨的木砖。

3）直接接触墙体的木龙骨，应预先刷防腐剂。

4）按工程不同防火等级和所处环境要求，对木龙骨进行喷涂防火涂料或置于防火涂料槽内浸渍处理。

5）吊顶内各种管线及通风管道均已安装完毕并验收合格，各种灯具、报警器预留位置已经明确。

6）墙面及楼地面湿作业和屋面防水已完成。

7）室内环境力求干燥，满足木龙骨吊顶作业的环境要求。

8）液压升降台调试完毕或自搭的操作平台已搭好并经过安全验收。

二、施工工艺流程

木龙骨吊顶施工工艺流程：①弹线→②木龙骨处理→③安装吊杆→④安装主龙骨→⑤安装次龙骨→⑥管道及灯具的固定→⑦吊顶罩面板的安装。

三、施工步骤

（一）弹线

弹线包括吊顶标高线、吊顶造型位置线、吊挂点位置线、大中型灯具吊点定位线。

1）确定吊顶标高线。根据室内墙上 +500mm 水平线，用尺量至吊顶设计标高，在该点画出高度线。用一条透明塑料软管灌满水后，将软管一端水平面对准墙面上的高度线，再将软管的另一端头水平面，在同侧墙上找出另一点，当软管水平面静止时，画该点的水平面位置，再将这两点连线，即得吊顶高度水平线，如图 4-4 所示。用同样方法画出其他墙面的高度水平线。目前工人多用水平仪确定吊顶标高。

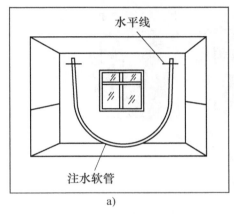
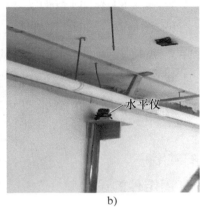

图 4-4　吊顶高度的确定

a）软管确定吊顶标高线　b）搁在架子上的水平仪确定标高线

2）确定吊顶造型位置线。

① 对于较规矩的房间，其吊顶造型位置可先在一个墙面量出竖向距离，并按该距离画出平行于墙面的直线，再从另外三个墙面，用相同的方法画出直线，便可得到造型位置外框线。据此逐步画出造型的各个局部，如图 4-5 所示。

图 4-5　确定吊顶造型位置线

② 不规则室内空间造型位置线宜采用找点法。先根据施工图测出造型边缘距墙的距离，从墙面和吊顶基层进行实测，找出吊顶造型边框的有关基本点，将各点连线，形成吊顶造型线。

3）确定吊挂点位置线。

① 平顶吊顶的吊点，一般每平方米布置 1 个。要求吊点均匀分布。

② 有迭级造型的吊顶应在迭级交界处布置吊点，两吊点距离 0.8～1.2m。

③ 较大的灯具应该安排吊点来吊挂。

④ 木龙骨吊顶通常不上人，如果有上人的要求，吊点应适当加密加固。

（二）木龙骨处理

对吊顶用的木龙骨首先进行筛选，将其中腐蚀部分、斜口开裂、虫蛀等部分剔除。对工程中所用木质龙骨均要进行防火处理，一般将防火涂料涂刷或喷于木材表面，也可把木材置于防火涂料槽内浸渍。对直接接触结构的木龙骨，如墙边龙骨、梁边龙骨、端头伸入或接触墙体的龙骨，应预先刷防腐剂。要求涂刷的防腐剂具有防潮、防蛀、防腐朽的功效。木龙骨防腐处理如图4-6所示。

图4-6　木龙骨防腐处理

（三）安装吊杆

（1）吊杆固定件的设置

1）用 M8 或 M10 膨胀螺栓将∟25×3 或∟30×3 角铁固定在现浇楼板底面上。对于 M8 膨胀螺栓，要求钻孔深度大于等于 50mm，钻孔直径以 10.5mm 为宜；对于 M10 膨胀螺栓，要求钻孔深度大于等于 60mm，钻孔直径以 13mm 为宜（适于不上人吊顶）。

2）用直径 5mm 以上高强射钉将∟40×4 角铁或钢板固定在现浇楼板底面上（适于不上人吊顶）。

3）在浇灌楼板或屋面板时，在吊杆布置位置的板底预埋铁件，铁件选用 6mm 厚钢板（适于上人吊顶）。

4）现浇楼板浇筑前或预制板灌缝前预埋 $\phi10$ 钢筋，如图4-7所示（适于上人吊顶）。

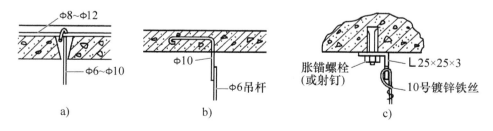

图4-7　吊杆固定件的设置

a）预制楼板内埋设通长钢筋，吊筋从板缝伸出　b）预制楼板内预埋钢筋

c）用胀锚螺栓或射钉固定角钢连接件

（2）吊杆的连接

对于木龙骨吊顶，吊杆的类型有木吊杆、角钢吊杆、扁铁（钢）吊杆，如图 4-8 所示。

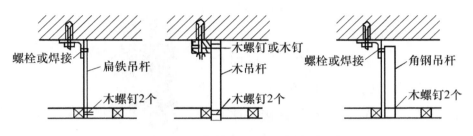

图 4-8　木龙骨吊顶常用吊杆类型

1）木吊杆：先把木方按吊点位置固定在楼板或屋面板的下方，然后再用吊杆木方与固定在建筑顶面的木方钉牢。吊杆长短应大于吊点与木龙骨表面之间的距离 100mm 左右，便于调整高度。吊杆应在木龙骨的两侧固定后再截去多余部分。吊杆与木龙骨钉接处每处不许少于 2 只钢钉。如木龙骨搭接间距较小，或钉接处有劈裂、腐朽、虫眼等缺陷，应换掉或立刻在木龙骨的吊挂处钉挂上 200mm长的加固短木方。

2）角钢吊杆：在需要上人和一些重要的位置，常用角钢做吊筋与木龙骨固定连接。其方法是在角钢的端头钻 2~3 个孔便于调整位置。角钢与木龙骨用 2 只木螺钉固定。

3）扁铁吊杆：将扁铁的长短先测量截好，在吊点固定端钻出两个调整孔，以便调整木龙骨的高度。扁铁与吊点件用 M6 螺栓连接，扁铁与木龙骨用 2 只木螺钉固定。扁铁端头不得长出木龙骨下平面。

吊杆与主龙骨的连接也可采用主龙骨钻孔，吊杆下面套丝，穿过主龙骨用螺母紧固。

吊杆上部与吊杆固定件连接，对于负荷较大的吊顶一般采用焊接，施焊前拉通线，所有吊杆下部找平后，上部再搭接焊牢。吊杆与上部固定件的连接也可采用角钢固定件上预先钻孔或预埋的钢板预埋件上加焊Φ10 钢筋环，将吊杆上部穿过后弯折固定。

吊杆施工注意事项：吊杆纵横间距按设计要求，原则上吊杆间距应不大于1000mm；吊杆长度大于 1000mm 时，必须按规范要求设置反向支撑；吊顶灯具、风口、检修口等处增设附加吊杆。

（四）安装主龙骨

主龙骨常用 50mm × 70mm 方料，较大房间采用 60mm × 100mm 木方。主龙骨与墙连接处，主龙骨入墙面不少于 110mm，入墙部分涂刷防腐剂。

主龙骨的布置按设计要求，分档弹线，分档尺寸尚应考虑面板尺寸。

主龙骨应平行于房间长向安装，同时应起拱，起拱高度为房间跨度的 1/250 左右。主龙骨的悬臂段不大于 300mm。主龙骨接长采用对接，相邻主龙骨的对接接头要错开。主龙骨挂好后应基本调平，如图 4-9 所示。

（五）安装次龙骨

图 4-9 检查调平

1）次龙骨一般采用 5cm × 5cm 或 4cm ×

5cm 木方，底面刨光、刮平、截面厚度应一致。次龙骨间距按设计要求，设计无要求时按罩面板规格，一般为 400 ~ 500mm。钉中间的次龙骨时，应起拱。房间 7 ~ 10m 的跨度，按 3/1000 起拱；10 ~ 15m 的跨度，按 5/1000 起拱。

2）按分档线先定位安装通长的两根边龙骨，拉线后各根龙骨按起拱标高，通过短吊杆将次龙骨用圆钉固定在主龙骨上。吊杆要逐根错开，不得吊钉在龙骨的同一侧面上。

3）先钉次龙骨，后钉间距龙骨，间距龙骨一般为 5cm × 5cm 或 4cm × 5cm 方木，间距 30 ~ 40cm，用 33mm 长的钉子与次龙骨钉牢，次龙骨与主龙骨的连接多采用 8 ~ 9cm 长的钉子，穿过次龙骨斜向钉入主龙骨，或通过角钢与主龙骨相连。次龙骨的接头和断裂及大节疤处，均用双面夹板夹住，并应错开使用。接头两侧最少各钉 2 个钉子。

4）在墙体砌筑时，一般按吊顶标高沿墙四周牢固地预埋木砖，间距多为 1m，用以固定墙边安装龙骨的方木。

（六）管道与灯具的固定

吊顶时要结合灯具位置、风扇位置做好预留洞穴与吊钩。当平顶内有管道或电线穿过时，应预先安装管道及电线（图 4-10），然后再铺设面层，若管道有保温要求，应完

图 4-10 预先安装管道和电线

成管道保温工作后，才可封钉吊顶面层。

（七）吊顶罩面板的安装

木龙骨吊顶，常用的罩面板有装饰石膏板、胶合板、纤维板、木丝板、刨花板等。纸面石膏板与木龙骨连接，一般用木螺钉，采用密缝钉固法，如图 4-11 所示，钉头需凹入板面 2～3mm，再涂上防锈漆。石膏板的板缝须做板缝处理，拼板处贴一层穿孔尼龙纸带，然后用石膏腻子补平，如图 4-12 所示。

图 4-11　面板安装

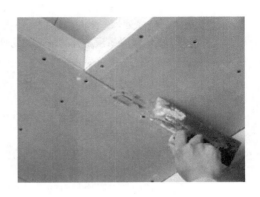
图 4-12　板缝处理

四、质量检验

（一）木龙骨吊顶主要检验项目

木龙骨吊顶面层为整体面层时，其施工主要检验项目见表 4-1。

表 4-1　整体面层吊顶施工主要检验项目

主控项目	① 吊顶标高、尺寸、起拱和造型应符合设计要求 ② 面层材料的材质、品种、规格、图案、颜色和性能应符合设计要求及国家现行标准的有关规定 ③ 整体面层吊顶工程的吊杆、龙骨和面板的安装应牢固 ④ 吊杆和龙骨的材质、规格、安装间距及连接方式应符合设计要求。金属吊杆和龙骨应经过表面防腐处理；木龙骨应进行防腐、防火处理 ⑤ 石膏板、水泥纤维板的接缝应按其施工工艺标准进行板缝防裂处理。安装双层板时，面层板与基层板的接缝应错开，并不得在同一根龙骨上接缝
一般项目	① 面层材料表面应洁净、色泽一致，不得有翘曲、裂缝及缺损。压条应平直、宽窄一致 ② 面板上的灯具、烟感器、喷淋头、风口算子和检修口等设备设施的位置应合理、美观，与面板的交接应吻合、严密 ③ 金属龙骨的接缝应均匀一致，角缝应吻合，表面应平整，应无翘曲和锤印。木质龙骨应顺直，应无劈裂和变形 ④ 吊顶内填充吸声材料的品种和铺设厚度应符合设计要求，并应有防散落措施

木龙骨吊顶面层为板块面层时，其施工主要检验项目见表4-2。

表4-2 板块面层吊顶施工主要检验项目

主控项目	① 吊顶标高、尺寸、起拱和造型应符合设计要求 ② 面层材料的材质、品种、规格、图案、颜色和性能应符合设计要求及国家现行标准的有关规定。当面层材料为玻璃板时，应使用安全玻璃并采取可靠的安全措施 ③ 面板的安装应稳固严密。面板与龙骨的搭接宽度应大于龙骨受力面宽度的2/3 ④ 吊杆和龙骨的材质、规格、安装间距及连接方式应符合设计要求。金属吊杆和龙骨应进行表面防腐处理；木龙骨应进行防腐、防火处理 ⑤ 板块面层吊顶工程的吊杆和龙骨安装应牢固
一般项目	① 面层材料表面应洁净、色泽一致，不得有翘曲、裂缝及缺损。面板与龙骨的搭接应平整、吻合，压条应平直、宽窄一致 ② 面板上的灯具、烟感器、喷淋头、风口箅子和检修口等设备设施的位置应合理、美观，与面板的交接应吻合、严密 ③ 金属龙骨的接缝应平整、吻合、颜色一致，不得有划伤和擦伤等表面缺陷。木质龙骨应平整、顺直，应无劈裂 ④ 吊顶内填充吸声材料的品种和铺设厚度应符合设计要求，并应有防散落措施

木龙骨吊顶面层为格栅面层时，其施工主要检验项目见表4-3。

表4-3 格栅面层吊顶施工主要检验项目

主控项目	① 吊顶标高、尺寸、起拱和造型应符合设计要求 ② 格栅的材质、品种、规格、图案、颜色和性能应符合设计要求及国家现行标准的有关规定 ③ 吊杆和龙骨的材质、规格、安装间距及连接方式应符合设计要求。金属吊杆和龙骨应进行表面防腐处理；木龙骨应进行防腐、防火处理 ④ 格栅吊顶工程的吊杆、龙骨和格栅的安装应牢固
一般项目	① 格栅表面应洁净、色泽一致，不得有翘曲、裂缝及缺损。栅条角度应一致，边缘应整齐，接口应无错位。压条应平直、宽窄一致 ② 吊顶的灯具、烟感器、喷淋头、风口箅子和检修口等设备设施的位置应合理、美观，与格栅的套割交接处应吻合、严密 ③ 金属龙骨的接缝应平整、吻合、颜色一致，不得有划伤和擦伤等表面缺陷。木质龙骨应平整、顺直，应无劈裂 ④ 吊顶内填充吸声材料的品种和铺设厚度应符合设计要求，并应有防散落措施

（二）木龙骨吊顶的允许偏差和检验方法

木龙骨吊顶为整体面层时，其安装的允许偏差和检验方法见表4-4。

木龙骨吊顶为板块面层时，其安装的允许偏差和检验方法见表4-5。

表 4-4 整体面层吊顶安装的允许偏差和检验方法

项次	项目	允许偏差/mm	检验方法
1	表面平整度	3	用 2m 靠尺和塞尺检查
2	缝格、凹槽直线度	3	拉 5m 线，不足 5m 拉通线，用钢直尺检查

表 4-5 板块面层吊顶安装的允许偏差和检验方法

项次	项目	允许偏差/mm				检验方法
		石膏板	金属板	矿棉板	木板、塑料板、玻璃板、复合板	
1	表面平整度	3	2	3	2	用 2m 靠尺和塞尺检查
2	接缝直线度	3	2	3	3	拉 5m 线，不足 5m 拉通线，用钢直尺检查
3	接缝高低差	1	1	2	1	用钢直尺和塞尺检查

木龙骨吊顶为格栅吊顶时，其安装的允许偏差和检验方法见表 4-6。

表 4-6 格栅吊顶安装的允许偏差和检验方法

项次	项目	允许偏差/mm		检验方法
		金属格栅	木格栅、塑料格栅、复合材料格栅	
1	表面平整度	2	3	用 2m 靠尺和塞尺检查
2	格栅直线度	2	3	拉 5m 线，不足 5m 拉通线，用钢直尺检查

五、填写任务手册

根据吊顶类型编制木龙骨吊顶的施工方案，完成后班级展示，填写"任务手册"中项目 4 的任务 1。

任务评价

木龙骨吊顶施工方案设计完成后，在班级内可以采用 PPT 形式展示，根据展示情况对学生展示能力进行评价，教师结合方案完整性与设计合理性的评价给出对学生的综合评价。

💡 **任务拓展**

吊顶设计适用于层高较高的空间，可以对吊顶上的管线、结构进行掩盖处理，但不适于层高低的空间，直接式吊顶也是一种重要的吊顶形式，其施工方法参见本书配套资源"4.1 直接式吊顶"。

轻钢龙骨
吊顶施工

任务 4.2 轻钢龙骨吊顶施工

轻钢龙骨吊顶是以轻钢龙骨为吊顶的基本骨架，配以轻型装饰罩面板材组合而成的新型吊顶体系。这种吊顶设置灵活、装拆方便，具有质量轻、强度高、防火等多种优点。其广泛用于公共建筑及商业建筑的吊顶。

📋 **任务描述**

带领学生参观某公司轻钢龙骨吊顶工程的施工现场，要求学生做好参观前的准备工作，并填写参观记录表，最后写出实地参观日记。

🎯 **任务目标**

一、知识目标

1. 了解轻钢龙骨吊顶施工的材料要求、机具准备情况。
2. 了解轻钢龙骨吊顶施工的作业条件。
3. 掌握轻钢龙骨吊顶施工步骤。
4. 熟悉轻钢龙骨吊顶工程质量验收。

二、技能目标

1. 能根据需要选用符合质量要求的材料。
2. 能掌握施工中的操作要点。
3. 能在施工现场进行轻钢龙骨吊顶质量检查。

🔲 **知识准备**

轻钢龙骨吊顶比较典型的做法是轻钢龙骨纸面石膏板饰面吊顶或轻钢龙骨装

饰石膏板饰面吊顶，石膏板上再铺吸音保温材料，如图 4-13、图 4-14 所示。

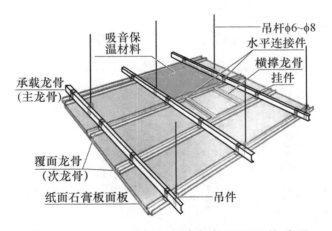

图 4-13　轻钢龙骨纸面石膏板饰面吊顶构造图

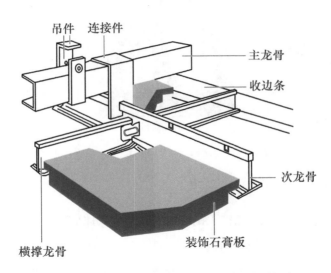

图 4-14　轻钢龙骨装饰石膏板饰面吊顶构造图

📲 任务实施

学生提前做好资料收集整理任务，了解轻钢龙骨吊顶的施工材料、机具以及工艺流程，教师做好学生的安全教育工作，进入实习场地进行参观，然后写参观日记，制作 PPT，班级展示。

一、施工准备

（一）主要材料
吊顶应用 U、T 形轻钢龙骨及配件，主龙骨必须满足刚度、强度要求。

1）罩面板：纸面石膏板、装饰石膏板、石棉水泥板、矿棉吸音板、各种塑料板、浮雕板、钙塑凹凸板及铝压缝条或塑料压缝条等。施工时按要求选用。

2）吊杆：轻型用φ6～φ8 的钢筋、重型用φ10 钢筋。

3）固结材料：花篮螺钉、射钉、自攻螺钉、膨胀螺栓等。

轻钢龙骨吊顶主要材料如图 4-15 所示。

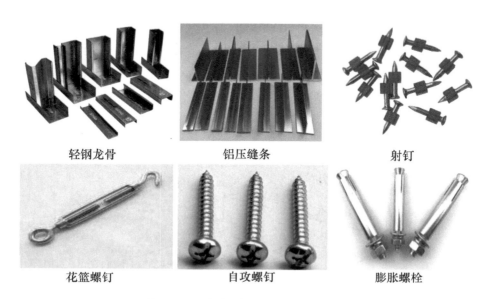

轻钢龙骨　　　　　　铝压缝条　　　　　　射钉

花篮螺钉　　　　　　自攻螺钉　　　　　　膨胀螺栓

图 4-15　轻钢龙骨吊顶主要材料

（二）主要机具

电动冲击钻、电锤、自攻螺钉钻、手提式电动圆锯、无齿锯、电动除锈机、手提电动砂轮机、型材切割机、射钉枪、手锯、手刨、螺钉旋具及电动或气动螺钉旋具、扳手、方尺、铝合金靠尺、钢卷尺、水平尺、水准仪等。轻钢龙骨吊顶特有机具如图 4-16 所示。

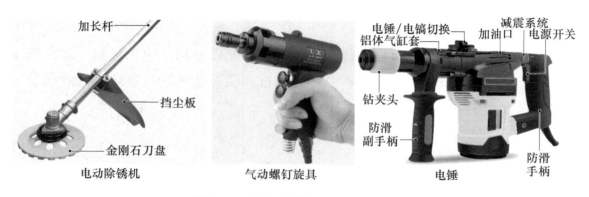

电动除锈机　　　　　　气动螺钉旋具　　　　　　电锤

图 4-16　轻钢龙骨吊顶特有机具

（三）作业条件

1）结构施工时，在现浇混凝土楼板或预制混凝土楼板缝中，按设计要求间距预埋 Φ6～Φ8 的钢筋吊杆，一般间距为 900～1200mm。

2）当墙柱为砖砌体时，按吊顶标高预埋防腐木砖，间距 900～1200mm，柱每边应埋设两块以上。

3）吊顶中各种管线及设备已安完并通过验收。确定好灯位、通风口及各种明露孔口位置。

4）墙面、地面的湿作业已作完，屋面防水施工完成。

5）各种吊顶材料，尤其是各种零配件经过进场验收，各种材料配套齐全。

6）操作平台架子或液压升降台已通过安全验收。

7）轻钢骨架吊顶大面积施工前，应做样板间，对吊顶的起拱度、等槽、通风口等处进行构造处理，通过样板间决定分块及固定方法，经鉴定认可后方可大面积施工。

二、施工工艺流程

轻钢龙骨吊顶施工工艺流程：①弹线→②安装吊杆→③安装主龙骨→④安装次龙骨→⑤安装灯具→⑥安装罩面板→⑦细部处理。

三、施工步骤

（一）弹线

弹线包括水平标高线、吊顶造型位置线和吊挂点布置线、大中型灯位线。

1）确定标高线。用水柱法或水平仪，先弹室内墙面 + 500mm 水平线（图 4-17），再用尺量至吊顶的设计标高划线、弹线。

图 4-17　弹室内墙面 +500mm 水平线

2）确定造型位置线。用找点法找出吊顶造型边框有关基本点或特征点，将各点连线，得到吊顶造型框架线。

3）确定吊挂点位置。双层轻钢 U 形、T 形龙骨骨架吊挂点间距小于等于 1200mm，单层骨架吊挂点间距为 800～1500mm，如图 4-18、图 4-19 所示。平顶天花，吊挂点均匀布置；叠层造型应注意分层交界处吊挂点布置，较大灯具检修口安排吊挂点吊挂。

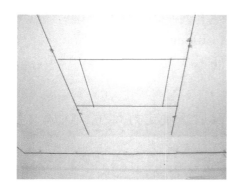

图 4-18　确定吊挂点位置

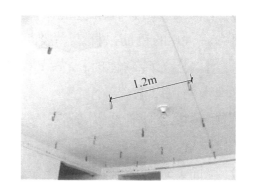

图 4-19　吊挂点间距应符合规范

（二）安装吊杆

1）用 M8 或 M10 膨胀螺栓将∟25×3 或∟30×3 角铁固定在现浇楼板底面上。注意钻孔深度大于等于 60mm，打孔直径略大于螺栓直径 2～3mm（适于不上人吊顶，如图 4-20 所示）。

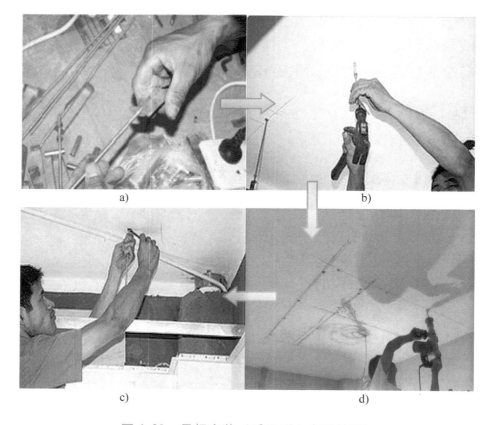

图 4-20　吊杆安装（适于不上人型吊顶）

a）组装吊杆　b）钻孔　c）钉入吊杆　d）紧固吊杆

2）用 φ5 以上高强射钉将角铁或钢板固定在楼板底面上（适于不上人吊顶，如图 4-21 所示）。

3）在浇灌楼板时，在吊点位置预埋铁件，可采用 150mm×150mm×6mm 的钢板焊接 4Φ8 锚爪，锚爪在板内锚固长度不小于 200mm（适于上人吊顶）。

4）采用短筋法在现浇楼板时预埋 Φ6、Φ8、Φ10 的短钢筋，要求外露部分不小于 150mm（适于上人吊顶）。

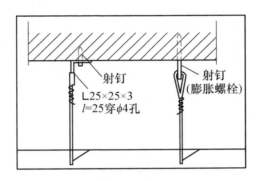

图 4-21　吊杆安装（适于上人型吊顶）

（三）安装主龙骨

1）根据吊杆在主龙骨长度方向上的间距在主龙骨上安装吊挂件。

2）将主龙骨与吊杆通过垂直吊挂件连接。

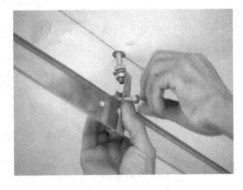

图 4-22　安装主龙骨

① 上人吊顶的悬挂，用一个吊环将龙骨箍住，用钳夹紧，既要挂住龙骨，同时防止龙骨摆动，如图 4-22 所示。

② 不上人吊顶，用一个专用的吊挂件卡在龙骨的槽中。轻钢大龙骨一般选用连接件接长，也可焊接（点焊）。连接件可用铝合金或镀锌钢板，须将表面冲成倒刺，与主龙骨方孔相连，可以焊接。连接件应错位安装。上人吊顶、不上人吊顶吊杆与主次龙骨的连接如图 4-23、图 4-24 所示。

遇到大面积房间，需每隔 12m 在大龙骨上焊接横卧大龙骨一道，以加强稳定性及吊顶整体性。

3）调平主龙骨。根据标高位置线使龙骨就位，待主龙骨与吊件及吊杆安装就位后以一个房间为单位进行调整平直。调整方法可用 6cm×6cm 方木按主龙骨间距钉铁钉，然后横放在主龙骨上，用铁钉卡住各主龙骨，使其按规定间隔定位，临时固定。方木两端要顶到墙或梁，再按十字或对角拉线，用螺栓调平。

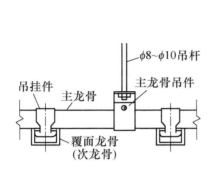

图 4-23　上人吊顶吊杆与
主次龙骨的连接

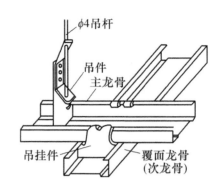

图 4-24　不上人吊顶吊杆与
主次龙骨的连接

由 T 形龙骨装配的轻型吊顶，主龙骨基本就位后，可暂时调平，待安装横撑龙骨后再调平调正。

较大面积的吊顶，主龙骨调平时注意中间部分应略有起拱，高度一般不小于房间短向跨度的 1/300~1/200。

（四）安装次龙骨

1）在次龙骨与主龙骨的垂直交叉点处，均用配套的次龙骨挂件将二者上下连接固定，挂件的下部勾挂住次龙骨，上端搭在主龙骨上，将其 U 形腿用钳子卧入主龙骨内，如图 4-25、图 4-26 所示。

图 4-25　主次龙骨用挂件搭接

图 4-26　安装次龙骨

2）安装横撑龙骨。横撑龙骨应用中龙骨截取，其方向与中龙骨垂直，装在罩面板的拼接处，底面与纵向中龙骨底面平齐。如装在罩面板内部或者作为边龙骨时，用小龙骨截取。横撑龙骨与中龙骨的连接，采用配套挂插件或将其端部凸头插入次龙骨的插孔进行连接。

3）固定边龙骨。边龙骨宜沿墙面或柱面标高线钉牢。固定时，一般采用高强水泥钉，钉的间距应不大于500mm。边龙骨一般不承重，只起封口作用，如图4-27、图4-28所示。

图4-27 边龙骨与主次龙骨的搭接　　　　图4-28 固定边龙骨

（五）安装灯具

龙骨吊好后，确定灯具及灯槽位置，安装好。灯具与吊顶的安装形式如图4-29所示。

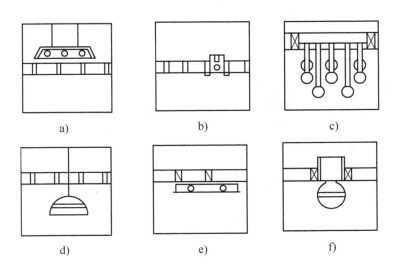

图4-29 灯具与吊顶的安装形式

a）隐藏式 b）嵌入式 c）、f）嵌入外露式 d）吊挂式 e）吸顶式

（六）安装罩面板

对于轻钢龙骨吊顶，罩面板常有明装、暗装、半隐装三种安装方式。明装是

指罩面板直接搁置在 T 形龙骨两翼上，纵横 T 形龙骨架均外露。暗装是指罩面板安装后骨架不外露。半隐装是指罩面板安装后外露部分骨架。罩面板的安装如图 4-30 所示。

（七）细部处理

吊顶边部的节点按设计要求处理，吊顶与隔墙连接紧固，喷淋头、烟感器安装好。吊顶边部构造节点形式如图 4-31 ~ 图 4-33 所示。

图 4-30　罩面板的安装

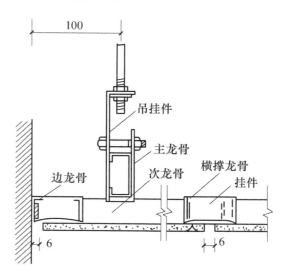

图 4-31　边龙骨与墙面间隙式

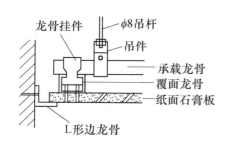

图 4-32　吊顶边龙骨与墙面平接式

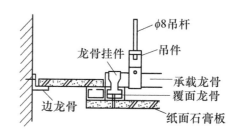

图 4-33　吊顶边龙骨与墙面留槽式

四、质量检验

（一）轻钢龙骨吊顶施工主要检验项目（同表 4-1 ~ 表 4-3）

（二）轻钢龙骨吊顶的允许偏差和检验方法（同表 4-4 ~ 表 4-6）

五、填写任务手册

完成轻钢龙骨吊顶施工，进行质量检测，填写"任务手册"中项目 4 的任务 2。

任务评价

完成轻钢龙骨吊顶参观任务，写参观日记，在班级内可以采用 PPT 形式进行展示，根据展示情况对学生的沟通能力、观察能力和展示能力进行评价；教师再结合对学生的总结归纳、学习收获的情况给出综合评价。

任务拓展

轻钢龙骨吊顶的面板类型很多，纸面石膏板、装饰石膏板因面板不同，施工处理也不同，参见本书配套资源"4.2 纸面石膏板吊顶施工"。

任务 4.3　铝合金格栅吊顶施工

铝合金格栅吊顶施工

铝合金格栅吊顶是一种开敞式吊顶，即吊顶呈开放状态，采用横向和纵向的 U 形格栅组成。其具有简洁、明快的特点，灯具和消防喷淋系统的布置也得到简化。铝合金格栅吊顶适用于商场、超市、候机楼、车站、展览大厅、大型购物中心、地铁、隧道及走廊等。

任务描述

学生分组，在学校实训室分批次进行铝合金格栅实训。学生对实训场地进行作业条件检查，讨论现场情况，小组成员共同制定施工方案，一起完成练习任务。

任务目标

一、知识目标

1. 了解铝合金格栅吊顶施工的材料要求、机具准备情况。
2. 了解铝合金格栅吊顶施工的作业条件。
3. 掌握铝合金格栅吊顶施工步骤。
4. 熟悉铝合金格栅吊顶工程质量验收。

二、技能目标

1. 能根据需要选用符合质量要求的材料。

2. 掌握施工中的操作要点。

3. 能在施工现场进行铝合金格栅吊顶质量检查。

知识准备

铝合金格栅天花是由多个方格单元组合而成，吊顶内任何一个独立单元均可轻易组合安装或拆卸，极大程度上方便了天花上冷气、电力系统的保养。铝合金格栅吊顶构造示意图如图 4-34 所示。

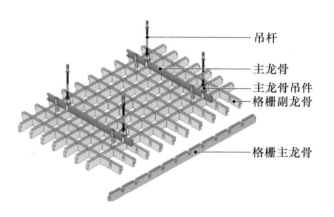

图 4-34　铝合金格栅吊顶构造示意图

任务实施

检查施工现场情况，制定铝合金格栅吊顶的施工方案，准备材料与机具，完成吊顶任务。

一、施工准备

（一）主要材料

轻钢龙骨、直径 6mm 吊杆、吊件、格栅、主副龙骨，如图 4-35 所示。

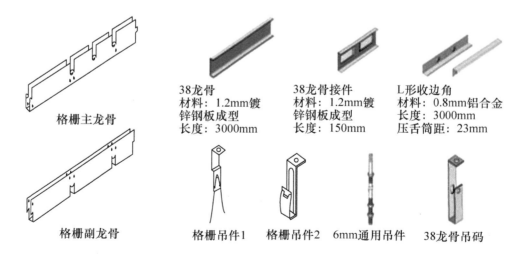

图 4-35　铝合金格栅吊顶施工主要材料

（二）主要工具

电锯、无齿锯、手锯、手枪钻、螺钉旋具、方尺、钢尺、钢水平尺等。

（三）作业条件

1）吊顶的各种管线、设备及通风道、消防报警、消防喷淋系统施工完毕，并验收。管道系统试水、打压完成。

2）提前完成吊顶的排版施工大样图，确定好通风口及各种明露孔口位置。

3）准备好施工的操作平台架子或可移动架子。在金属吊顶大面积施工前，必须做样板间或样板段，分块及固定方法等应经试装并鉴定合格后方可大面积施工。

二、施工工艺流程

铝合金格栅吊顶施工工艺流程：①弹线→②固定吊挂杆件→③轻钢龙骨安装→④弹簧片安装→⑤格栅主副骨组装→⑥格栅安装。

三、施工步骤

（一）弹线

用水准仪在房间内每个墙（柱）角上抄出水平点（若墙体较长，中间也应适当抄几个点），弹出水准线（水准线距地面一般为 500mm），从水准线量至吊顶设计高度，用粉线沿墙（柱）弹出水准线，即为吊顶格栅的下皮线，如图 4-36 所示。同时，按吊顶平面图，在混凝土顶板弹出主龙骨的位置。主龙骨应从吊顶中心向两边分，最大间距为 1000mm，并标出吊杆的固定点，吊杆的固定点间距为 900~1000mm。如遇到梁和管道固定点大于设计和规程要求，应增加吊杆的固定点，如图 4-37 所示。

图 4-36 弹线确定位置

图 4-37 弹吊顶位置线

（二）固定吊挂杆件

采用膨胀螺栓固定吊挂杆件，可以采用直径6mm的吊杆。吊杆可以采用冷拔钢筋和盘圆钢筋，但采用盘圆钢筋应用机械将其拉直。吊杆的一端与∟30×30×3角码焊接，角码的孔径应根据吊杆和膨胀螺栓的直径确定；另一端可以用攻丝套出大于100mm的丝杆，也可以买成品丝杆焊接。制作好的吊杆应做防锈处理，吊杆用膨胀螺栓固定在楼板上，用冲击电锤打孔，孔径应稍大于膨胀螺栓的直径，如图4-38、图4-39所示。

图 4-38　冲击钻打孔

图 4-39　固定吊杆

（三）轻钢龙骨安装

轻钢龙骨应吊挂在吊杆上。一般采用规格 VC38 型以上的轻钢龙骨，间距为 900～1000mm。轻钢龙骨应平行房间长向安装，同时应起拱，起拱高度为房间跨度的 1/300～1/200。轻钢龙骨的悬臂段不应大于 300mm，否则应增加吊杆，如图4-40所示。主龙骨的接长应采取对接，相邻龙骨的对接接头要相互错开。轻钢龙骨挂好后应基本调平。

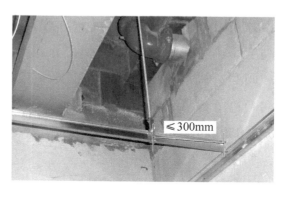

图 4-40　轻钢龙骨悬臂段不大于 300mm

跨度大于 15m 以上的吊顶，应在主龙骨上，每隔 15m 加一道大龙骨，并垂直主龙骨焊接牢固。

（四）弹簧片安装

用吊杆与轻钢龙骨连接（如吊顶较低可以将弹簧片直接安装在吊杆上，省略掉本工序），间距为 900～1000mm，再将弹簧片卡在吊杆上，如图4-41所示。

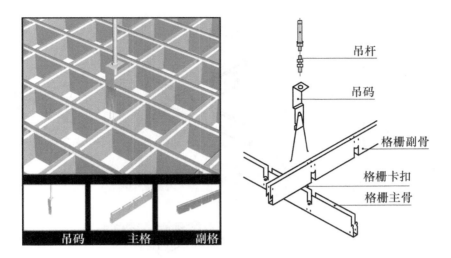

图 4-41   弹簧片安装

（五）格栅主副骨组装

将格栅的主副骨按设计图的要求预装好。格栅单体的组合与拼装：单体与单体、单元与单元，作为格栅吊顶的构成因素，必要时应尽可能在地面拼装完成，然后再按设计要求的方法悬吊，如图 4-42 所示。

图 4-42   格栅主副骨在地面预装好

（六）格栅安装

将预装好的格栅天花用吊钩穿在主骨孔内吊起。整栅的天花连接后，应拉通线依照吊顶设计标高进行调平，将下凸部分上吊杆拉紧，将上凹部分放松吊杆使下移，然后再把格栅部位加固，最后调整至水平。双向跨度较大的格栅式吊顶，其整幅吊顶面的中央部分也应略有起拱。普通格栅天花吊顶主副骨安装如图 4-43 所示。

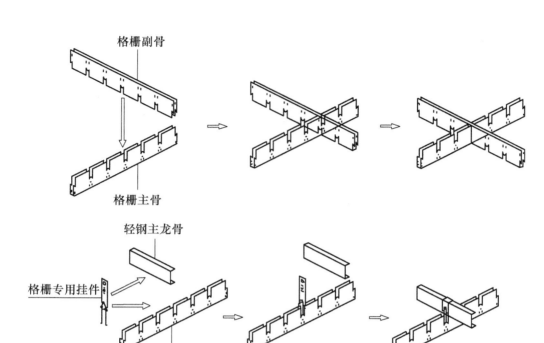

图 4-43 普通格栅天花吊顶主副骨安装示意图

四、质量标准

（一）铝格栅吊顶的质量检验项目同表 4-1 ~ 表 4-3。

（二）铝格栅吊顶的允许偏差和检验方法应符合表 4-4 ~ 表 4-6。

完成铝合金格栅吊顶施工，进行质量检测，填写"任务手册"中项目 4 的任务 3。

任务评价

完成铝格栅吊顶施工实训，在施工现场根据任务完成的情况对学生的实操能力、协助能力和解决问题的能力进行评价；教师再结合学生的任务手册和施工方案情况评价其设计能力、应用能力，给出综合评价。

任务拓展

软膜天花相关知识参见本书配套资源"4.3 软膜天花吊顶施工"。

项目 5

轻质隔墙工程施工

为了对室内空间进行功能划分，要做各种隔墙和隔断。这些隔墙或隔断不承重、体积小、自重轻、施工方便灵活，并具有隔声、防潮、防火等作用。

通过完成轻钢龙骨纸面石膏板隔墙施工、石膏空心条板隔墙施工、玻璃隔墙施工等学习任务，达到本项目的学习目标：

1. 了解轻质隔墙基本类型。
2. 掌握常见的轻质隔墙施工技术。
3. 开拓装饰施工设计思维。

任务 5.1 轻钢龙骨纸面石膏板隔墙施工

纸面石膏板具有轻质、高强、抗震、防火、防蛀、隔热保温和隔声等性能，并且具有良好的加工性，如裁、钉、刨、钻、粘结等，而且其表面平整、施工方便。

轻钢龙骨纸面石膏板隔墙施工

📋 任务描述

学生分组，在学校实训室分批次进行轻钢龙骨纸面石膏板隔墙施工实训。小组成员分工协作完成任务。

任务目标

一、知识目标

1. 了解轻钢龙骨纸面石膏板隔墙施工的材料要求、机具准备情况。
2. 了解轻钢龙骨纸面石膏板隔墙施工的作业条件。
3. 掌握轻钢龙骨纸面石膏板隔墙施工步骤。
4. 熟悉轻钢龙骨纸面石膏板隔墙施工质量验收。

二、技能目标

1. 能根据需要选用符合质量要求的材料。
2. 掌握施工中的操作要点。
3. 能在施工现场进行轻钢龙骨纸面石膏板隔墙的质量检查。

知识准备

隔墙在构造上分为 3 大类：

1）砌块式隔墙：指用各种轻质墙体砌块砌筑而成的非承重隔墙。

2）立筋隔墙：也称为立柱式、骨架式隔墙，它是以木材、钢材或其他材料构成骨架，把面层钉结、涂抹或粘贴在骨架上形成的隔墙，即隔墙由骨架和面层两部分组成。

3）板材隔墙：也称为无骨架隔墙，不设隔墙龙骨，而是由隔墙板自身承重，可直接固定在建筑主体上。用作隔墙的板材，有石膏板、加气混凝土板、纤维板、木屑板等。

轻钢龙骨纸面石膏板隔墙为骨架式隔墙，是以轻钢龙骨为骨架，石膏板为面板的有骨架隔墙。其基本构造如图 5-1 所示。

任务实施

提前到实训场地，检查施工现场情况，小组成员共同根据场地实际情况制定施工方案，准备材料机具，完成轻钢龙骨纸面石膏板隔墙施工。

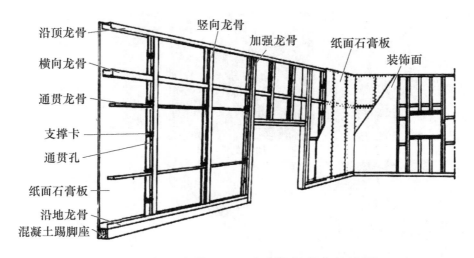

图 5-1　轻钢龙骨纸面石膏板隔墙基本构造图

一、任务准备

（一）主要材料

1）轻钢龙骨主件：沿顶龙骨、沿地龙骨、加强龙骨、竖向龙骨、横向龙骨应符合设计要求。

2）轻钢骨架配件：支撑卡、卡托、角托、连接件、固定件、附墙龙骨、压条等附件应符合设计要求。

3）紧固材料：射钉、膨胀螺栓、镀锌自攻螺钉、木螺钉和粘结嵌缝料应符合设计要求。

4）填充隔声材料：按设计要求选用。

5）罩面板材及封缝材料：纸面石膏板规格、厚度由设计人员或按图样要求选定；腻子、接缝带、穿孔纸带和玻璃纤维接缝带，应使用合格产品。

轻钢龙骨隔墙材料如图 5-2 所示。

（二）主要机具

直流电焊机（图 5-3a）、拉铆枪（图 5-3b）、电动无齿锯、手电钻、螺钉旋具、射钉枪、板锯（图 5-3c）、线坠、靠尺、腻子刀、抹子等。

（三）作业条件

1）主体结构施工完毕，并已通过验收。

2）室内地面、墙面、吊顶粗装修已完成。

3）管线已安装，水管已试压。

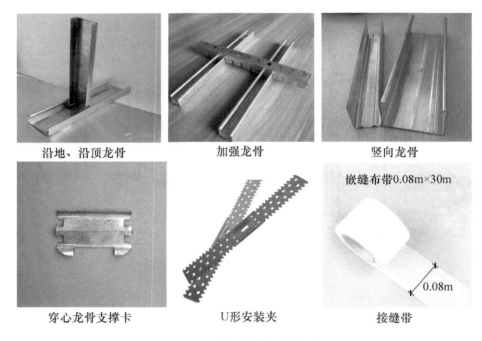

沿地、沿顶龙骨　　　　　加强龙骨　　　　　竖向龙骨

穿心龙骨支撑卡　　　　　U形安装夹　　　　　接缝带

图 5-2　轻钢龙骨隔墙材料

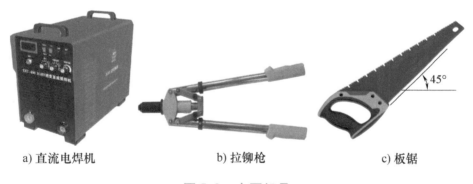

a) 直流电焊机　　　　　b) 拉铆枪　　　　　c) 板锯

图 5-3　主要机具

4）施工图规定的材料已全部进场，并已验收合格。

二、施工工艺流程

轻钢龙骨纸面石膏板隔墙施工工艺流程：①弹线→②沿顶沿地龙骨的安装→③竖向龙骨的安装→④横撑龙骨和通贯横撑龙骨的安装→⑤饰面板的安装。

三、施工步骤

（一）弹线

施工时先弹出轻钢龙骨隔断的安装位置线（包括墙体厚度线、墙体中心线），在墙体厚度中心线上标出龙骨与墙地面线连接处的固定点，固定点按 500 ~ 1000mm 的间距来定，固定点应与竖向龙骨的安装位置错开，并在位置线上标出隔断上门窗的位置，如图 5-4 所示。

按照隔断的尺寸、饰面板的规格和现场的实际情况对龙骨进行裁切。下料时按先裁大料后裁小料的原则。

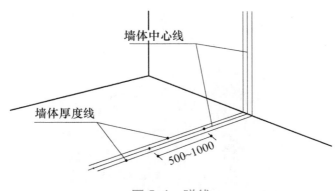

图 5-4　弹线

（二）沿顶沿地龙骨的安装

龙骨安装时，用电锤在楼地面和顶面上钻出直径 10.8mm 的孔洞，孔深 45mm 左右，然后在孔内放置 M8 膨胀螺栓。依照弹线时沿地龙骨、沿顶龙骨的安装位置用膨胀螺栓将其固定就位，如图 5-5a 所示。沿顶、沿地和沿墙的竖向龙骨也可采用连接件和铁钉连接固定，如图 5-5b 所示。

a)　　　　　　　　　　　　　　　　　　　b)

图 5-5　沿顶、沿地龙骨的安装

（三）竖向龙骨的安装

竖向龙骨可采用焊接、连接件或自攻螺钉等方法与沿顶、沿地龙骨连接，如图 5-6、图 5-7 所示。竖向龙骨的间距一般不大于 600mm。安装后的竖向龙骨与沿顶、沿地龙骨应在同一个面上。

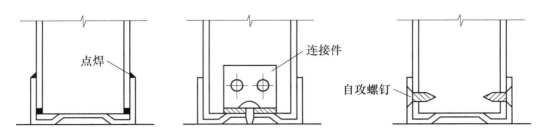

图 5-6　竖向龙骨与沿顶、沿地龙骨的连接方式

图 5-7　竖向龙骨的安装

（四）横撑龙骨和通贯横撑龙骨的安装

在竖向龙骨之间安装横撑龙骨或通贯横撑龙骨，如图 5-8、图 5-9 所示。安装通贯横撑龙骨时，在竖向龙骨的背面开出通贯横撑龙骨的贯通孔，并用支撑卡将通贯横撑龙骨固定在竖向龙骨的开口面，通贯横撑龙骨可用连接件加长。

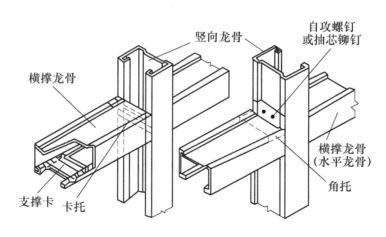

图 5-8　横撑龙骨的安装

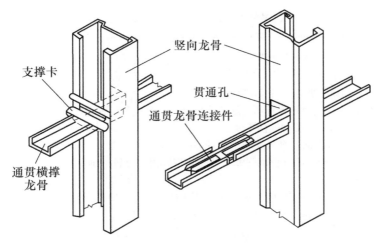

图 5-9 通贯横撑龙骨的安装

（五）饰面板的安装

对骨架体系进行检查，检查合格后方能进行饰面板的铺钉。

1）板材在固定时应保证板的四周与龙骨之间的连接有效，不得有虚铺边缘的存在。

2）板材内如果填塞保温、隔热和隔声材料时，应先安装隔断上一个侧面的板材，待填充材料装好后再安装隔断的另一侧面的板材，如图 5-10 所示。

3）在隔断的丁字或十字相交的阴角处、板的接缝处应填嵌石膏腻子后再贴接缝带，以免板材表面的饰面层开裂，如图 5-11 所示。

图 5-10 内嵌岩棉保温隔热材料

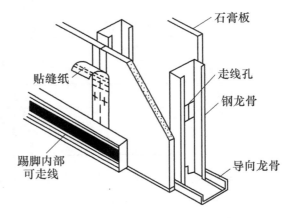

图 5-11 填嵌石膏腻子、贴接缝带

四、质量检验

（一）轻钢龙骨纸面石膏板隔墙施工主要检验项目

轻钢龙骨纸面石膏板隔墙施工主要检验项目见表 5-1。

表 5-1　轻钢龙骨纸面石膏板隔墙施工主要检验项目

主控项目	① 轻钢龙骨纸面石膏板隔墙所用龙骨、配件、墙面板、填充材料及嵌缝材料的品种、规格、性能和木材的含水率应符合设计要求。有隔声、隔热、阻燃和防潮等特殊要求的工程，材料应有相应性能等级的检验报告 ② 轻钢龙骨纸面石膏板隔墙地梁所用材料、尺寸及位置等应符合设计要求。沿地、沿顶及边框龙骨应与基体结构连接牢固 ③ 轻钢龙骨纸面石膏板隔墙中龙骨间距和构造连接方法应符合设计要求。骨架内设备管线的安装、门窗洞口等部位加强龙骨的安装应牢固、位置正确。填充材料的品种、厚度及设置应符合设计要求 ④ 木龙骨及木墙面板的防火和防腐蚀处理必须符合设计要求 ⑤ 轻钢龙骨纸面石膏板隔墙的墙面板应安装牢固，无脱层、翘曲、折裂及缺损 ⑥ 墙面板所用的接缝材料的接缝方法应符合设计要求
一般项目	① 轻钢龙骨纸面石膏板隔墙表面应平整光滑、色泽一致、洁净、无裂缝，接缝应均匀、顺直 ② 轻钢龙骨纸面石膏板隔墙上的孔洞、槽、盒应位置正确。套割吻合、边缘整齐 ③ 轻钢龙骨纸面石膏板隔墙内的填充材料应干燥，填充应密实、均匀、无下坠

（二）轻钢龙骨纸面石膏板隔墙的允许偏差和检验方法

轻钢龙骨纸面石膏板隔墙安装的允许偏差和检验方法见表 5-2。

表 5-2　轻钢龙骨纸面石膏板隔墙安装的允许偏差和检验方法

项次	项　目	允许偏差/mm		检验方法
		纸面石膏板	人造木板、水泥纤维板	
1	立面垂直度	3	4	用 2m 垂直检测尺检查
2	表面平整度	3	3	用 2m 靠尺和楔形塞尺检查
3	阴阳角方正	3	3	用直角检测尺检查
4	接缝直线度	—	3	拉 5m 线，不足 5m 拉通线，用钢直尺检查
5	压条直线度	—	3	拉 5m 线，不足 5m 拉通线，用钢直尺检查
6	接缝高低差	1	1	用钢直尺和楔形塞尺检查

五、填写任务手册

完成轻钢龙骨纸面石膏板隔墙施工进行质量检测，填写"任务手册"中项目 5 的任务 1。

任务评价

完成轻钢龙骨隔墙的实训任务，根据施工现场情况进行现场考核，评价学生现场处理情况的能力和操作能力；查看学生的任务书的填写情况，评价学生的方案设计能力、专业知识的灵活应用与组织能力，教师给学生做出综合评价。

任务拓展

轻钢龙骨石膏板隔墙是骨架隔墙中现在常用的一种类型，木龙骨骨架隔墙与铝合金骨架隔墙的施工工艺参见本书配套资源"5.1 骨架隔墙施工"。

任务5.2 石膏空心条板隔墙施工

石膏空心条板隔墙施工

石膏空心条板隔墙是目前市场上较为流行使用的一种轻质隔墙板，其主要采用的材料是建筑石膏，掺加适量的粉煤灰、水泥和增强纤维，通过制浆拌和、浇注成型、抽芯、干燥等工艺制成的轻质板材。其具有质量轻、强度高、隔热、隔声，防火等性能，可钉、锯、刨、钻等，加工、施工均简便。

任务描述

本次任务带领学生参观石膏空心条板隔墙施工工程现场，要求学生搜集无骨架隔墙的资料，了解无骨架隔墙的主要类型、施工方法以及技术要点。教师进行参观实训前的安全教育，做好参观前的准备工作。进行实地参观，完成任务手册布置的实训内容，写参观日记，制作PPT，班级展示。

任务目标

一、知识目标

1. 了解石膏空心条板隔墙施工的材料要求、机具准备情况。
2. 了解石膏空心条板隔墙隔墙施工的作业条件。
3. 掌握石膏空心条板隔墙施工步骤。
4. 熟悉石膏空心条板隔墙施工质量验收。

二、技能目标

1. 能根据需要选用符合质量要求的材料。

2. 掌握施工中的操作要点。

3. 能在施工现场进行石膏空心条板隔墙的质量检查。

知识准备

石膏空心条板属于板材隔墙，用单层板来做隔墙和隔断，也可以用双层空心条板，中间加设空气层或矿棉、膨胀珍珠岩等保温材料组成隔墙。其构造做法如图 5-12 所示。

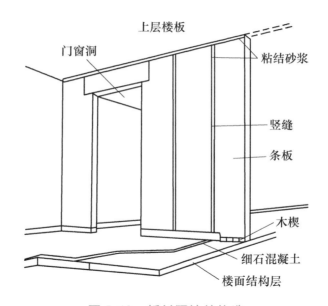

图 5-12　板材隔墙的构造

任务实施

参观实训前要做参观的准备工作，了解无骨架隔墙的施工过程。

一、施工准备

（一）主要材料

1）增强石膏空心条板。增强石膏空心条板有标准板、门框板、窗框板、门上板、窗上板、窗下板及异形板。标准板用于一般隔墙。其他的板按工程设计确定的规格进行加工。

① 规格：增强石膏空心条板的规格按普通住宅用的板和公用建筑用的板区分。普通住宅用的板规格为：长（L）2400～3000mm、宽（B）590～595mm、厚（H）60mm、90mm。公用建筑用的板规格为：长（L）2400～3900mm、宽（B）590～590mm、厚（H）90mm。

② 技术要求：面密度小于等于 $55kg/m^2$；抗弯荷载大于等于 $1.8G$（G 为板材的重量，单位 N）；单点吊挂力大于等于 800N；料浆抗压强度大于等于 4.6MPa。

2）胶黏剂。SG791 建筑胶黏剂，以醋酸乙烯为单体的高聚物作主胶料，与其他原材料配制而成，为无色透明胶液。本胶液与建筑石膏粉调制成胶黏剂，适用于石膏条板粘结，石膏条板与砖墙、混凝土墙粘结。石膏与石膏粘结压剪强度不低于 2.5MPa。也可用类似的专用石膏胶黏剂，但应经试验确认可靠后，才能使用。

3）建筑石膏粉。应符合三级以上标准。

4）玻纤布条。条宽 50mm，用于板缝处理；条宽 200mm，用于墙面转角附加层。涂塑中碱玻璃纤维网格布。网格 8 目/英寸；布重大于 $80g/m^2$；断裂强度：经纱大于等于 300N，纬纱大于等于 150N。

5）石膏腻子。抗压强度大于 2.0MPa，抗折强度大于 1.0MPa，粘结强度大于 0.2MPa 大于终凝时间 3h。

石膏空心条板隔墙施工主要材料如图 5-13 所示。

增强石膏空心条板　　　　　胶黏剂　　　　　玻璃纤维布

图 5-13　石膏空心条板隔墙施工主要材料

（二）主要机具

扫帚、木工手锯、钢丝刷、小灰槽、2m 靠尺、开刀、2m 托线板、专用橇根、钢尺、橡皮锤、木楔、钻、扁铲、射钉枪等。

（三）作业条件

1）屋面防水层及结构分别施工和验收完毕，墙面弹出 +50cm 标高线。

2）操作地点环境温度不低于 +5℃。

3）正式安装以前，先试安装样板墙一道，经鉴定合格后再正式安装。

二、施工工艺流程

石膏空心条板隔墙施工工艺流程：①结构墙面、顶面、地面清理和找平→②放线、分档→③配板、修补→④安 U 形卡（有抗震要求时）→⑤配制胶黏剂→⑥安装隔墙板→⑦安门窗框→⑧板缝处理→⑨板面装修。

三、施工步骤

（一）结构墙面、顶面、地面清理和找平

清理隔墙板与顶面、地面、墙面的结合部，凡凸出墙面的砂浆、混凝土块等必须剔除并扫净，结合部尽力找平。

建筑结构完成后根据隔墙平面设计图在地面、主墙及顶面弹出隔墙板及门窗洞口位置。清扫隔墙板粘接面，有凸出毛刺应剔凿平整，粘接面预先刷一道 TG 胶液。

隔断高度超过 3.0m 时，施工前应搭设脚手架平台，并确保脚手架平台的使用安全和移动方便。

（二）放线、分档

在地面、墙面及顶面根据设计位置，弹好隔墙边线及门窗洞边线，并按板定分档。

（三）配板、修补

板的长度应按接面结构层净高尺寸减 20～30mm。计算并量测门窗洞口上部及窗口下部的隔板尺寸，并按此尺寸配板，如图 5-14 所示。

当板的宽度与隔墙的长度不相适应时，应将部分隔墙板预先拼接加宽（或锯窄）成合适的宽度，并放置在阴角处。有缺陷的板应修补。

（四）安 U 形卡（有抗震要求时）

有抗震要求时，应按设计要求用 U 形钢板卡固定条板的顶端。在两块条板顶端拼缝之间用射钉将 U 形钢板卡固定在梁或板上，随安板随固定 U 形钢板卡，如图 5-15 所示。

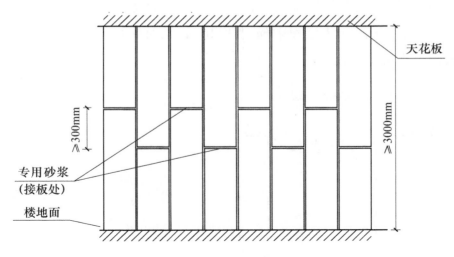

图 5-14　墙板安装排列

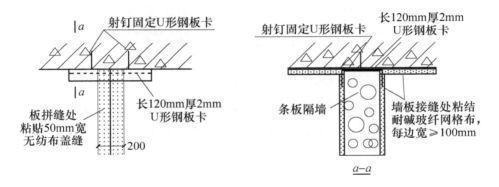

图 5-15　U 形钢板卡固定条板大样图

（五）配制胶黏剂

将 SG791 胶与建筑石膏粉配制成胶泥，石膏粉：SG791 = 1：0.6 ~ 0.7（重量比）。胶黏剂的配制量以一次不超过 20min 使用时间为宜。配制的胶黏剂超过 30min 凝固的，不得再加水加胶重新调制使用，以避免板缝因粘接不牢而出现裂缝。

（六）安装隔墙板

隔墙板安装顺序应从与墙的结合处或门洞边开始，依次顺序安装。板侧清刷浮灰，在墙面、顶面、板的顶面及侧面（相拼合面）先刷 SG791 胶液一道，再满刮 SG791 胶泥，按弹线位置安装就位，用木楔顶在板底（图 5-16），再用手平推隔板，使板缝冒浆。一个人用特制的撬根在板底部向上顶，另一人打木楔（图 5-17），使隔墙板挤紧挤实，然后用开刀（腻子刀）将挤出的胶黏剂刮平。按以上操作办法依次安装隔墙板。在安装隔墙板时，一定要注意使条板对准预先在顶板和地板上弹好的定位线，并在安装过程中随时用 2m 靠尺及塞尺测量墙面的平整度，用 2m 托线板检查板的垂直度。

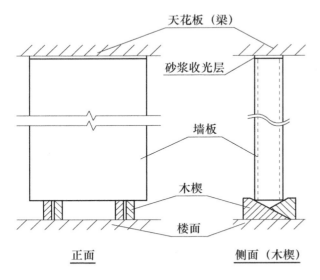

图 5-16　木楔的位置　　　　　　　　　图 5-17　墙板下部的安装

粘结完毕的墙体，应在 24h 以后用 C20 干硬性细石混凝土将板下口堵严，当混凝土强度达到 10MPa 以上，撤去板下木楔，并用同等强度的干硬性砂浆灌实。

（七）安装门窗框

一般采用先留门窗洞口，后安门窗框的方法。钢门窗框必须与门窗口板中的预埋件焊接。木门窗框用 L 形连接件连接，一边用木螺钉与木框连接，另一端与门窗口板中预埋件焊接。门窗框与门窗口板之间缝隙不宜超过 3mm，超过 3mm 时应加木垫片过渡。将缝隙浮灰清理干净，先刷 SG791 胶液一道，再用 SG791 胶泥嵌缝。嵌缝要严密，以防止门扇开关时碰撞门框造成裂缝，如图 5-18 所示。

（八）板缝处理

隔墙板安装后 10d，检查所有缝隙是否粘结良好，有无裂缝，如出现裂缝，应查明原因后进行修补，如图 5-19 所示。已粘结良好的所有板缝、阴角缝，先清理浮灰，再刷 SG791 胶液粘贴 50mm 宽玻纤网格带，转角隔墙在阳角处粘贴 200mm 宽（每边各 100mm 宽）玻纤布一层。干后刮 SG791 胶泥，略低于板面。

图 5-18　安装门窗框　　　　　　　　　　图 5-19　板缝处理

1）平面缝的嵌缝。

① 清理接缝后用小刮刀将嵌缝石膏腻子均匀饱满地嵌入板缝，并在接缝处刮上宽约 60mm、厚约 1mm 的腻子。随即贴上穿孔纸带，用宽为 60mm 的腻子刮刀，顺着穿孔纸带方向，将纸带内的腻子挤出穿孔纸带，并刮平、刮实，不得留有气泡。

② 用宽为 150mm 的刮刀将石膏腻子填满宽约 150mm 宽的带状接缝部分。

③ 再用宽约 300mm 的刮刀补一道石膏腻子，其厚度不得超过纸面石膏板面 2mm。

④ 待腻子完全干燥后（约 12h），用 2 号砂布或砂纸打磨平滑，中部可略微凸起并向两边平滑过渡。

2）阳角缝的嵌缝。

① 将金属护角用 12mm 的圆钉固定在石膏板上。

② 用石膏嵌缝腻子将金属护角埋入腻子中，并压平、压实。

3）阴角缝的嵌缝。

① 先用嵌缝石膏腻子将角缝填满，然后在阴角两侧刮上腻子，在腻子上贴穿孔纸带，并压实。

② 用阴角抹子再于穿孔纸带上加一层腻子。

③ 腻子干燥后处理平滑。

4）膨胀缝的嵌缝。

① 先在膨胀缝中装填绝缘材料（纤维状或泡沫状的保温、隔声材料），并且要求其不超出龙骨骨架的平面。

② 用弹性建筑密封膏填平膨胀缝。如果加装盖缝板，则可以填满并凸起一些，然后将盖缝板盖于膨胀缝外，再用螺钉将盖缝板在膨胀缝的一边固定（注

意：另一边不要固定，以备将来膨胀或收缩产生位移）。

（九）板面装修

一般居室墙面，直接用石膏腻子刮平，打磨后再刮第二道腻子（要根据饰面要求选择不同强度的腻子），再打磨平整，最后做饰面层。

隔墙踢脚，一般板应先在根部刷一道胶液，再做水泥、水磨石踢脚；如做塑料、木踢脚，可不刷胶液，先钻孔打入木楔，再用钉钉在隔墙板上。

墙面贴瓷砖前须将板面打磨平整，为加强粘结，先刷 SG791 胶水（SG791 胶：水 = 1:1）一道，再用 SG8407 胶调水泥（或类似的瓷砖胶）粘贴瓷砖。

如通板面局部有裂缝，在做喷浆前应先处理，才能进行下一工序。

四、质量检验

（一）石膏空心条板隔墙施工主要检验项目

石膏空心条板隔墙施工主要检验项目见表 5-3。

表 5-3　石膏空心条板隔墙施工主要检验项目

主控项目	① 隔墙板材的品种、规格、性能、颜色应符合设计要求。有隔声、隔热、阻燃、防潮等特殊要求的工程，板材应有相应性能等级的检测报告 ② 安装隔墙板材所需预埋件、连接件的位置、数量及连接方法应符合设计要求 ③ 隔墙板材安装必须牢固 ④ 隔墙板材所用接缝材料的品种及接缝方法应符合设计要求 ⑤ 隔墙板材安装应位置正确，板材不应有裂缝和缺损
一般项目	① 板材隔墙表面应平整光滑、色泽一致、洁净，接缝应均匀、顺直 ② 隔墙上的孔洞、槽、盒应位置正确、套割方正、边缘整齐

（二）石膏空心条板隔墙安装的允许偏差和检验方法

石膏空心条板隔墙安装的允许偏差和检验方法见表 5-4。

表 5-4　石膏空心条板隔墙安装允许偏差和检验方法

项次	项　　目	允许偏差/mm				检 验 方 法
		复合轻质墙板		石膏空心板	增强水泥板、混凝土轻质板	
		金属夹芯板	其他复合板			
1	立面垂直度	2	3	3	3	用 2m 垂直检测尺检查
2	表面平整度	2	3	3	3	用 2m 靠尺和塞尺检查

（续）

项次	项　目	允许偏差/mm				检 验 方 法
		复合轻质墙板		石膏空心板	增强水泥板、混凝土轻质板	
		金属夹芯板	其他复合板			
3	阴阳角方正	3	3	3	4	用直角检测尺检查
4	接缝高低差	1	2	2	3	用钢直尺和塞尺检查

五、填写任务手册

完成石膏空心条板隔墙施工，进行质量检测，填写"任务手册"中项目5的任务2。

任务评价

根据参观现场情况和PPT展示情况，评价学生现场处理情况的能力、观察学习能力、展示能力；查看学生的参观日记与任务书的情况，了解学生的准备情况与收获，教师给学生做出综合评价。

任务拓展

活动隔墙也是隔墙中很重要的一种类型，其施工工艺参见本书配套资源"5.2活动隔墙施工"。

任务 5.3　玻璃砖隔墙施工

玻璃砖隔墙施工

玻璃砖具有一系列优良性能：绝热、隔声、耐酸、耐火、透光率达80%，便于清洁。由于光线漫射使室内光照柔和优美，因此玻璃砖常用于砌筑需要透光的外墙、隔墙、浴室隔断、楼梯间、门厅、通道等以及需要控制透光、眩光和阳光直射的场合。

任务描述

制定玻璃砖隔墙的施工方案，学生分小组对工程现场进行作业条件检查，讨论现场情况，小组成员共同制定施工方案，要求内容详细，符合实际。学生分组展示方案。

⊚ 任务目标

一、知识目标

1. 了解玻璃砖隔墙施工的材料要求、机具准备情况。
2. 了解玻璃砖隔墙施工的作业条件。
3. 掌握玻璃砖隔墙施工步骤。
4. 熟悉玻璃砖隔墙施工质量验收。

二、技能目标

1. 能根据需要选用符合质量要求的材料。
2. 掌握施工中的操作要点。
3. 能在施工现场进行玻璃砖隔墙的质量检查。

🎛 知识准备

玻璃砖隔墙是指用木材或金属型材作为边框，在边框内将玻璃砖四周的凹槽里灌注粘结砂浆或专用胶黏剂，把玻璃砖拼接到一起而形成的隔墙。玻璃砖隔墙的施工做法分为砌筑法和胶筑法。

玻璃砖隔墙构造如图 5-20 所示。

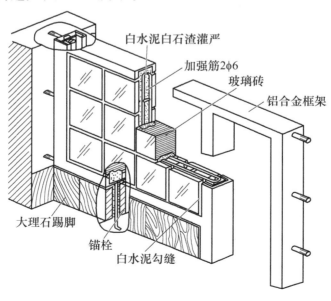

图 5-20　玻璃砖隔墙构造

📲 **任务实施**

学生实地勘察玻璃砖隔墙施工场地情况，根据实际情况设计施工方案。

一、施工准备

（一）主要材料

1）玻璃砖：一般为内壁呈凹凸状的空心砖或实心砖，四周有 5mm 的凹槽，常用规格为 300mm×300mm×100mm 和 100mm×100mm×100mm，要求棱角整齐。

2）胶结材料：一般选用 42.5 级或 52.5 级的普通硅酸盐白水泥。某些场合也可选用其他类型透明胶黏剂。

3）细骨料：宜选用筛余的白色砾砂。粒径为 0.1~1.0mm，洁净无杂质。

4）掺合料：石灰膏或石膏粉及少量胶黏剂。

5）其他材料：墙体 Φ6 钢筋、玻璃丝毡条或聚苯乙烯、槽钢等。

玻璃砖隔墙施工主要材料如图 5-21 所示。

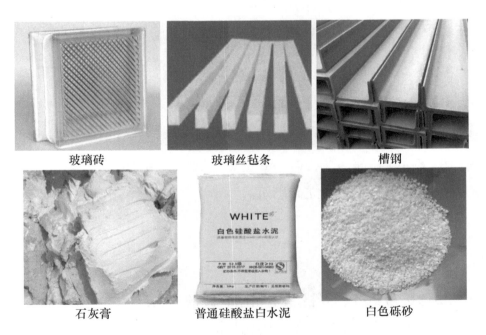

玻璃砖	玻璃丝毡条	槽钢

| 石灰膏 | 普通硅酸盐白水泥 | 白色砾砂 |

图 5-21　玻璃砖隔墙施工主要材料

（二）主要工具

大铲、托线板、线坠、小白线、2m 钢卷尺、铁水平尺、皮数杆、小水桶、储灰槽、扫帚、透明塑料胶带、橡皮锤，如图 5-22 所示。

大铲   线坠   皮数杆

图 5-22 玻璃砖隔墙施工主要工具

（三）作业条件

1）基层防水层及保护层已施工完毕并预验收。

2）基层用素混凝土或垫木找平，并控制好标高。

3）按设计图中隔墙的尺寸要求，弹好墙身线、门窗洞口位置线及其他尺寸线，办完预检手续。

4）安装固定好墙顶及两端的槽钢或木框。

5）在墙下弹好摞底砖线，按标高立好皮数杆，皮数杆的间距以 15 ~ 20m 为宜。

二、施工工艺流程

玻璃砖隔墙施工工艺流程：①选砖→②基层处理→③抹找平层→④放线→⑤固定周边框架→⑥扎筋→⑦排砖→⑧砌砖→⑨勾缝→⑩饰边处理。

组砌方法一般采用十字缝立砖砌筑。

三、施工步骤

（一）选砖

应预先挑选棱角整齐、规格基本相同、砖的对角线基本一致、表面无裂纹、磕碰的玻璃砖备用。比较每块玻璃砖的色泽深浅、尺寸大小，分开存放。

（二）基层处理

基层经检查符合要求，清除表面浮灰或杂物，打扫干净。

（三）抹找平层

用 1:3 的水泥砂浆打底，做到平整、阴阳角方正。

（四）放线

在墙下面弹好撂底砖线，按标高立好皮数杆，皮数杆的间距以 15～20m 为宜。砌筑前用素混凝土或垫木找平并控制好标高；在玻璃砖墙四周根据设计图尺寸要求弹好墙身线。

（五）固定周边框架

将框架固定好，用素混凝土或垫木找平并控制好标高，框架与结构连接牢固，同时做好防水层及保护层。固定金属型材框用的镀锌膨胀螺栓直径不得小于 8mm，间距不大于 500mm。

（六）扎筋

非增强的室内空心玻璃砖隔墙尺寸应符合规定。室内空心玻璃砖隔墙的尺寸超过规定时，应采用直径为 6mm 或 8mm 的钢筋增强。当只有隔墙的高度超过规定时，应在垂直方向上每 2 层空心玻璃砖水平布 1 根钢筋；当只有隔墙的长度超过规定时，应在水平方向上每 3 个缝垂直布 1 根钢筋；高度和长度都超过规定时，应在垂直方法上每 2 层空心玻璃砖水平布 2 根钢筋，在水平方向上每 3 个缝至少垂直布 1 根钢筋。钢筋每端伸入金属型材框的尺寸不得小于 35mm。用钢筋增强的室内空心玻璃砖隔墙的高度不得超过 4m。水平、竖向钢筋布置如图 5-23、图 5-24 所示。

图 5-23　竖向钢筋布置

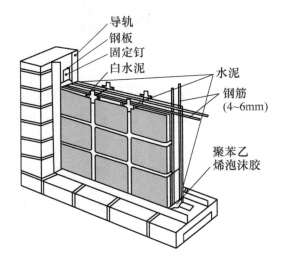

图 5-24　水平与竖向钢筋布置

（七）排砖

根据弹好的玻璃砖墙位置线，认真核对玻璃砖墙长度尺寸是否符合排砖模数。如不符合排砖模数，可调整墙两端的槽钢或木框的厚度及砖缝的厚度。砖墙两端调整的宽度以及砖墙两端调整后的槽钢或木框的宽度，应与砖墙上部槽钢调整后的宽度保持一致。

（八）砌砖

砌玻璃砖采用整跨度分皮立砌（通长分层砌筑）。玻璃砖采用白水泥：细砂 = 1：1 或白水泥：108 胶 = 100：7 的水泥浆砌筑。白水泥浆要有一定的稠度，以不流淌为好。

1）按上下层对缝的方式，自下而上砌筑，如图 5-25 所示。两玻璃砖之间的砖缝不得小于 10mm，且不得大于 30mm。

2）砌筑之前，应双面挂线。如玻璃砖墙较长，则应在中间多设几个支线点，找好线的标高，使全长高度一致。每皮玻璃砖砌筑时均要挂平线，并穿线看平，使水平灰缝均匀一致，平直通顺，如图 5-26 所示。

图 5-25　自下而上砌筑

图 5-26　每皮玻璃砖都要挂平线

3）每层玻璃砖在砌筑之前，宜在玻璃砖上放置十字定位架，卡在玻璃砖的凹槽内，如图 5-27 所示。

4）砌筑时，将上层玻璃砖压在下层玻璃砖上，同时使玻璃砖的中间槽卡在定位架上，两层玻璃砖的间距为 5 ~ 10mm。填缝剂应铺得稍厚一些，慢慢揉挤，立缝中灌入填缝剂一定要捣实，如图 5-28、图 5-29 所示。每砌筑完一层后，用湿布将玻璃砖表面上的填缝

图 5-27　放十字定位架

剂擦掉。缝中承力钢筋间隔小于 650mm，伸入竖缝和横缝，并与玻璃砖上下、两侧的框体和结构体牢固连接。

图 5-28 填缝剂应铺得稍厚一些

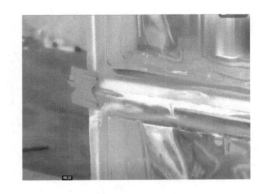

图 5-29 及时擦掉挤出的填缝剂

5）玻璃砖墙宜以 1500mm 高为一个施工段，待下部施工段填缝剂达到设计强度后再进行上部施工。当玻璃砖墙面积过大时应增加支撑。

6）最上层的空心玻璃砖应伸入顶部的槽钢中，深入尺寸不得小于 10mm，且不得大于 25mm。空心玻璃砖与顶部槽钢的腹面之间应用木楔固定。

（九）勾缝

玻璃砖墙砌筑完成后，立即进行表面勾缝，如图 5-30 所示。勾缝要勾严，以保证填缝剂饱满，先勾水平缝，再勾竖缝，缝内要平滑，缝的深度要一致。勾缝与抹缝之后，应用布或棉纱将砖表面擦干净，如图 5-31 所示。待勾缝砂浆达到强度后，用硅树脂胶涂敷。

图 5-30 勾缝

图 5-31 及时擦缝

（十）饰边处理

1）当玻璃砖墙没有外框时需要进行饰边处理。常用的有木饰边（图 5-32）和不锈钢饰边（图 5-33）。

2）金属型材与建筑墙体和屋顶的结合部，以及玻璃砖砌体与金属型材框翼端的结合部应用弹性密封剂密封。

图 5-32　木饰边

图 5-33　不锈钢饰边

四、质量检验

（一）玻璃砖隔墙施工主要检验项目

玻璃砖隔墙施工主要检验项目见表 5-5。

表 5-5　玻璃砖隔墙施工主要检验项目

主控项目	① 玻璃砖隔墙工程所用材料的品种、规格、性能、图案和颜色应符合设计要求 ② 玻璃砖安装及砌筑方法应符合设计要求 ③ 有框玻璃砖隔墙的受力杆件应与基体结构连接牢固，玻璃砖安装橡胶垫位置应正确。玻璃砖安装应牢固，受力应均匀 ④ 无框玻璃砖隔墙的受力爪件应与基体连接牢固，爪件的数量、位置应正确，爪件与玻璃砖的连接应牢固 ⑤ 玻璃门与玻璃墙板的连接、地弹簧的安装位置应符合设计要求 ⑥ 玻璃砖隔墙砌筑中埋设的拉结筋应与基体结构连接牢固，数量、位置应正确
一般项目	① 玻璃砖隔墙表面应色泽一致、平整洁净、清晰美观 ② 玻璃砖隔墙接缝应横平竖直，玻璃砖应无裂纹、缺损和划痕 ③ 玻璃砖隔墙嵌缝及玻璃砖墙勾缝应密实平整、均匀顺直、深浅一致

（二）玻璃砖隔墙的允许偏差和检验方法

玻璃砖隔墙的允许偏差和检验方法见表 5-6。

表 5-6　玻璃砖隔墙的允许偏差和检验方法

项次	项　目	允许偏差/mm		检　验　方　法
		玻璃砖	玻璃板	
1	立面垂直度	3	2	用 2m 垂直检测尺检查
2	表面平整度	3	—	用 2m 靠尺和塞尺检查

（续）

项次	项　目	允许偏差/mm		检　验　方　法
		玻璃砖	玻璃板	
3	阴阳角方正	—	2	用直角检测尺检查
4	接缝直线度	—	2	拉5m线，不足5m拉通线，用钢直尺检查
5	接缝高低差	3	2	用钢直尺和塞尺检查
6	接缝宽度	—	1	用钢直尺检查

五、填写任务手册

完成玻璃砖墙施工，进行质量检测，填写"任务手册"中项目5的任务3。

任务评价

完成玻璃砖隔墙的施工方案后，班级展示，根据展示情况，评价学生的展示能力和表达能力；查看学生的任务书的填写情况，评价学生的方案设计能力、专业知识的灵活应用与组织能力，教师给学生做出综合评价。

任务拓展

玻璃板隔墙是玻璃隔墙的一种类型，玻璃板隔墙的施工工艺参见本书配套资源"5.3 玻璃板隔墙施工"。

项目 6

幕墙工程施工

幕墙是由面板与支承结构体系组成，相对主体结构有一定位移能力或自身有一定变形能力，不承担主体结构荷载与作用的建筑外围护墙。因其像幕布一样挂上去，故又称为悬挂墙，是现代大型和高层建筑常用的带有装饰效果的轻质墙体。

幕墙种类很多，根据面板可分为玻璃幕墙、金属板幕墙、非金属板幕墙（石材板、蜂巢复合板、陶瓷板、钙塑板等）；根据构件类型可分为框架式（元件式）幕墙、单元式幕墙。

任务 6.1　玻璃幕墙施工

玻璃幕墙
施工准备

📋 任务描述

带领学生参观玻璃幕墙施工工程现场，要求学生做好参观前的准备工作，查阅资料了解玻璃幕墙施工的材料、机具及过程，并填写参观记录表，最后写出实习参观日记。

玻璃幕墙
施工过程

🎯 任务目标

一、知识目标

1. 了解玻璃幕墙主要类型。

2. 掌握玻璃幕墙材料的要求。

3. 了解玻璃幕墙施工程序。

二、技能目标

1. 能看懂玻璃幕墙主要连接构造。

2. 掌握玻璃幕墙施工工序及施工要点。

3. 能熟练完成玻璃幕墙施工质量的检验。

知识准备

玻璃幕墙的形式和结构类型虽然有很多种，但主要由饰面玻璃和固定玻璃的骨架两部分构成。玻璃幕墙的主要结构类型，主要有型钢骨架、铝合金型材骨架、不露骨架结构及无骨架玻璃幕墙体系四种。玻璃幕墙的组成如图 6-1 所示。

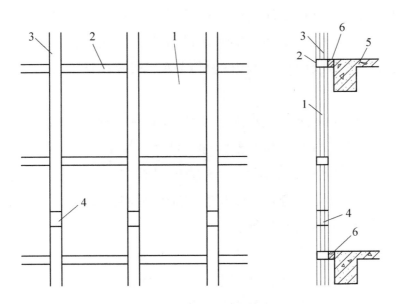

图 6-1 玻璃幕墙的组成

1—幕墙玻璃 2—横梁 3—立柱 4—立柱接头 5—主体结构 6—立柱悬挂点

任务实施

进行幕墙施工参观任务前，学生查阅资料了解幕墙施工需要做的准备工作与施工过程。

一、施工准备

（一）主要材料

1）铝合金型材。铝合金挤压型材和板材，应符合规范要求。

2）钢材。

① 碳钢：型材、板材紧固件应符合我国对幕墙碳钢的规范要求。

② 不锈钢：紧固件、型材、板材应符合我国对幕墙不锈钢的规范要求。

3）配套用铝合金门窗、玻璃、转接件和连接件、五金件、紧固件、滑撑、限位器、螺栓及螺母、螺钉等。幕墙所用金属材料除不锈钢外，均应做防腐处理（如铝合金表面的阳极氧化处理）；在主体结构与玻璃幕墙的构件之间，应使用耐热的硬质有机材料垫片；在立柱与横梁间的连接件，宜使用橡胶垫片。

4）结构硅酮密封胶。按设计确定各种密封胶，并进行鉴定。隐框、半隐框幕墙所采用的结构粘结材料必须是中性硅酮结构密封胶，其性能必须符合《建筑用硅酮结构密封胶》（GB 16766—2005）的规定；硅酮结构密封胶必须在有效期内使用。结构硅酮密封胶应与所接触的材料间有相容性试验报告，并具有质量使用保证书。

5）低发泡间隔双面胶带。幕墙上使用的密封材料（如密封条、密封胶等）应均为耐水、耐溶剂、耐老化和低温弹性、低透气率的特点。

6）聚乙烯发泡填充材料。幕墙上的填充材料应符合国家或行业的有关质量规定，并附有出厂合格证，符合不燃材料或难燃材料的要求。

玻璃幕墙主要材料如图 6-2 所示。

（二）主要机具（工具）

电动吊篮、电动吸盘、热压胶带电炉、双斜锯、双轴仿形铣床、凿榫机、自攻钻、手电钻、夹角机、铝型材弯型机、双组分注胶机、清洗机、电焊机、经纬仪、水准仪、2m 靠尺、拖线板、线坠、钢卷尺、水平尺、钢丝线、专业吸盘、牛皮带、胶枪、滚轮、螺钉旋具、工具刀、泥灰刀、撬板、竹签等。部分机具如图 6-3 所示。

（三）作业条件

1）安装玻璃幕墙的主体结构已经完成，其结构工程已通过质量验收并办理验收手续。

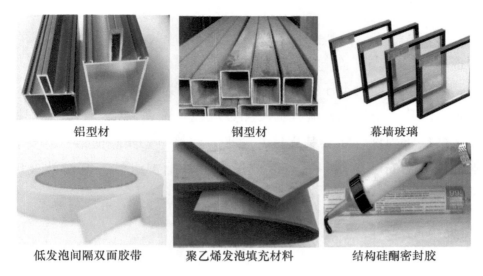

铝型材　　　　　　　　钢型材　　　　　　　　幕墙玻璃

低发泡间隔双面胶带　　聚乙烯发泡填充材料　　结构硅酮密封胶

图 6-2　玻璃幕墙主要材料

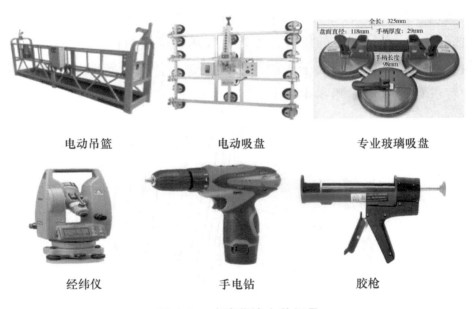

电动吊篮　　　　　　电动吸盘　　　　　　专业玻璃吸盘

经纬仪　　　　　　　手电钻　　　　　　　胶枪

图 6-3　玻璃幕墙安装机具

2）玻璃幕墙与主体结构连接的预埋件，已在主体结构施工时按设计要求埋设；预埋件的位置偏差不应大于 20mm。

3）现场清洁，脚手架和起重运输设备已安装完毕并经过安全检验，具备幕墙施工条件。

4）构件储存已依照安装顺序排列，储存架有足够的承载能力和刚度。构件已进行检验和校正。

二、施工工艺流程

玻璃幕墙有构件式玻璃幕墙、单元式玻璃幕墙、全玻幕墙、点支承玻璃幕墙等，其施工方式也不同。本任务以构件式玻璃幕墙为例来学习。

构件式玻璃幕墙施工工艺流程：①测量放线、预埋件检查→②装配横梁、立柱→③安装楼层紧固件→④安装立柱并超平、调整→⑤安装横梁→⑥安装防火材料及其他附件→⑦安装玻璃→⑧安装侧压板等外围护组件→⑨清洁玻璃面板及铝框。

三、施工步骤

（一）测量放线、预埋件检查

在工作层面上放出 X、Y 轴线，用激光经纬仪依次向上定出轴线。根据各层轴线定出楼板预埋件的中心线，并用经纬仪逐层校核，定各层连接件的外边线。分格线放完后，检查预埋件的位置，不符合要求的应进行调整或预埋件补救处理。高层建筑的测量应在风力不大于4级的情况下进行，每天定时对玻璃幕墙的垂直及立柱位置进行校核，如图6-4所示。

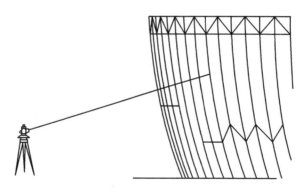

图6-4　运用经纬仪、反射贴片对骨架竖框进行三维坐标实测

（二）装配横梁、立柱

该工序可在室内进行。装配竖向主龙骨紧固件之间的连接件、横向次龙骨连接件。安装镀锌钢板、主龙骨之间接头的内套管、外套管以及防水胶等。装配横向次龙骨与主龙骨连接的配件及密封橡胶垫等。

（三）安装楼层紧固件

将紧固件与每层楼板连接。立柱（竖梃）连接时需内衬套管，立柱与横梁

（横档）通过角形铸铝连接，立柱（竖梃）通过板凳形连接件和角形连接件与楼板连接，如图 6-5 所示。

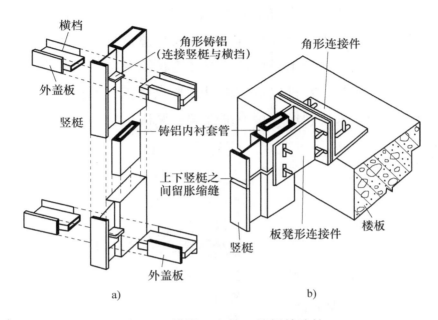

图 6-5　横梁、立柱、楼板的连接
a）立柱与横梁的连接　b）立柱与楼板的连接

（四）安装立柱并超平、调整

安装立柱，通过紧固件与每层楼板连接。立柱每安装完一根，即用水平仪调平，固定。金属立柱安装完毕，复验其间距，垂直度。临时固定螺栓在紧固后及时拆除。立柱轴线前后偏差不大于 2mm，左右偏差不大于 3mm，立柱连接件标高偏差不大于 3mm。相邻两根立柱安装标高偏差不大于 3mm，同层立柱的最大标高偏差不大于 5mm，相邻两根立柱距离偏差不大于 2mm。

> **小提示**：立柱在加长时应用配套的专用芯管连接，上下柱之间应留有空隙，空隙宽度不宜小于 10m，其接头应为活动接头，从而满足立柱在热胀冷缩时发生的变形需求。

（五）安装横梁

安装横梁，水平方向拉通线，通过连接件与立柱连接。同一楼层横梁安装应由下而上进行，安装完一层及时检查、调整、固定。相邻两根横梁的水平标高偏差不大于 1mm，同层水平标高偏差：当一幅幕墙宽度小于等于 35m 时，不应大于 5mm；当一幅幕墙宽度大于 35m 时，不应大于 7mm；横梁水平标高应与立柱的嵌玻璃凹槽一致，其表面高低差不大于 1mm。

（六）安装防火材料及其他附件

有热工要求的幕墙，保温部分宜由内向外安装，如图6-6所示。当采用内衬板时，四周应套装弹性橡胶密封条，内衬板与构件接缝应严密；内衬板就位后，即进行密封处理。固定防火、保温材料，应铺设平整且可靠固定，拼接处不留缝隙。冷凝水排出管及其附件与水平构件预留孔连接严密，与内衬板出水孔连接处应密封。其他通气槽孔及雨水排出口应按设计要求施工，不得遗漏。封口应按设计要求进行封闭处理。采用现场焊接或高强螺栓紧固的构件，应在紧固后及时进行防锈处理。

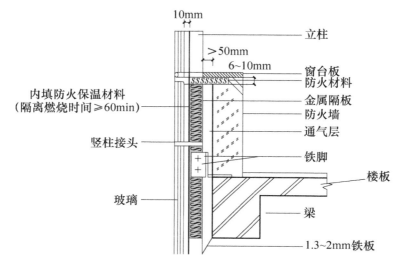

图6-6 防火保温材料填嵌

（七）安装玻璃

玻璃安装应进行表面清洁，除设计另有要求外，应将单片阳光控制镀膜玻璃的镀膜面朝向室内，非镀膜面朝向室外。按规定型号选用玻璃四周的橡胶条，其长度宜比边框内槽口长1.5%~2%；橡胶条斜面断开后应拼成预定的设计角度，并应采用胶黏剂粘结牢固；镶嵌应平整。

玻璃的安装应根据幕墙的具体种类来定。

1）隐框幕墙玻璃。隐框幕墙的玻璃是用结构硅酮胶黏结在铝合金框格上，从而形成玻璃单元体。玻璃单元体的加工一般在工厂内用专用打胶机来完成。这样能保证玻璃的粘结质量。在施工现场受环境条件的影响，较难保证玻璃与铝合金框格的粘结质量。玻璃单元体制成后，将单元件中铝合金框格的上边挂在横梁上，再用专用固定片将铝合金框格的其余三条边钩夹在立柱和横梁上，框格每边的固定片数量不少于 2 片，如图 6-7 所示。

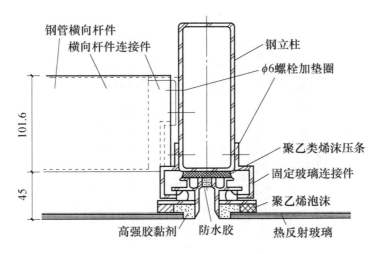

图 6-7　隐框玻璃幕墙立柱、横梁、玻璃连接

2）明框玻璃幕墙。明框幕墙的玻璃是用压板和橡皮条固定在横梁和立柱上，压板再用螺栓固定在横梁或立柱上。在固定玻璃时，压板上的连接螺栓应松紧合适，从而使压板对玻璃不致压得过紧或过松，并使压板与玻璃间的橡皮条紧闭。立柱处安装玻璃时，在内侧安上铝合金压条，将玻璃放入凹槽内，再用密封条密封。在横梁上设置定位垫块，垫块的搁置点离玻璃垂直边缘的距离宜为玻璃宽度的 1/4，且不宜小于 150mm，垫块的宽度应不大于所支撑玻璃的厚度，长度不宜小于 25mm，并符合有关要求，如图 6-8 所示。

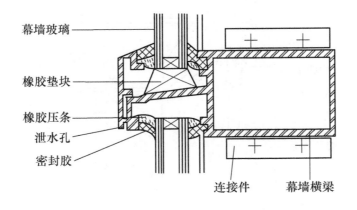

图 6-8　明框玻璃幕墙横梁安装玻璃

3）半隐框幕墙。半隐墙幕墙在一个方向上隐框的，在另一方面上则为明框。它在隐框方向上的玻璃边缘用结构硅硐胶固定，在明框方向上的玻璃边缘用压板

和连接螺栓固定，隐框边和明框边的具体施工方法可分别参照隐框幕墙和明框幕墙的玻璃安装方法，如图 6-9 所示。

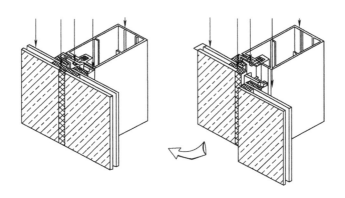

图 6-9　隐框幕墙玻璃安装示意图

（八）安装侧压板等外围护组件

玻璃四周与主体之间的缝隙处理：采用防火保温材料填塞，内外表面采用密封胶连续封闭。

1）压顶部位处理。

① 挑檐处理：用密封材料将幕墙顶部与挑檐下部之间的缝隙填实，并在挑檐口做滴水。

② 封檐处理：用钢筋混凝土压檐或轻金属板盖顶，如图 6-10 所示。

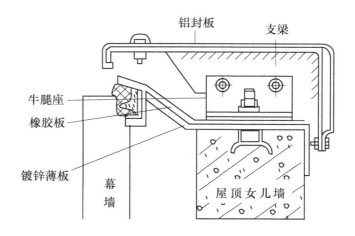

图 6-10　轻金属板盖顶

2）封口处理：立柱侧面收口用铝板和密封胶封住。

3）横梁与结构相交部位收口用密封胶和铝合金板条处理。

4）采用硅酮建筑密封胶不宜在夜晚、雨天打胶，打胶温度应符合设计要求和产品要求，打胶前应使打胶面清洁、干燥。硅酮建筑密封胶的施工应符合下列要求：硅酮建筑密封胶的施工厚度应大于 3.5mm，施工宽度不宜小于施工厚度的 2 倍；较深的密封槽口底部应采用聚乙烯发泡材料填塞。硅酮建筑密封胶在接缝内应面对面粘结，不应三面粘结，如图 6-11 所示。

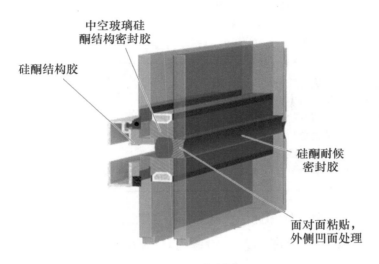

图 6-11　密封胶

（九）清洁玻璃面板和铝框

玻璃和铝框粘结表面的尘埃、油渍和其他污物，应分别使用带溶剂的擦布和干擦布清除干净。在清洁后 1h 内注胶。注胶前再度污染时，应重新清洁。每清洁一个构件或一块玻璃，应更换清洁的干擦布。使用溶剂清洁时，不应将擦布浸泡在溶剂里，应将溶剂倾倒在擦布上。使用和储存溶剂，应用干净的容器。

四、质量检验

（一）玻璃幕墙施工主要检验项目

玻璃幕墙施工主要检验项目见表 6-1。

表 6-1　玻璃幕墙施工主要检验项目

主控项目	① 玻璃幕墙工程所使用的各种材料、构件和组件的质量
	② 玻璃幕墙的造型和立面分格应符合设计要求
	③ 玻璃幕墙主体结构上的埋件
	④ 玻璃幕墙连接安装质量
	⑤ 隐框或半隐框玻璃幕墙玻璃托条

（续）

主控项目	⑥ 明框玻璃幕墙的玻璃安装质量 ⑦ 吊挂在主体结构上的全玻璃幕墙吊夹具和玻璃接缝密封 ⑧ 玻璃幕墙节点、各种变形缝、墙角的连接点 ⑨ 玻璃幕墙的防火、保温、防潮材料的设置 ⑩ 玻璃幕墙防水效果 ⑪ 金属框架和连接件的防腐处理 ⑫ 玻璃幕墙开启窗的配件安装质量 ⑬ 玻璃幕墙防雷
一般项目	① 玻璃幕墙表面质量 ② 玻璃与铝合金型材的表面质量 ③ 明框玻璃幕墙的外露框或压条 ④ 玻璃幕墙拼缝 ⑤ 玻璃幕墙板缝注胶 ⑥ 玻璃幕墙隐蔽节点的遮封

（二）明框玻璃幕墙安装的允许偏差和检验方法

明框玻璃幕墙安装的允许偏差和检验方法见表6-2。

表 6-2　明框玻璃幕墙安装的允许偏差和检验方法

项次	项　目		允许偏差/mm	检 验 方 法
1	幕墙垂直度	幕墙高度≤30m	10.0	经纬仪检查
		30m<幕墙高度≤60m	15.0	
		60m<幕墙高度≤90m	20.0	
		幕墙高度>90m	25.0	
2	幕墙水平度	幕墙幅宽≤35m	5.0	用水平仪检查
		幕墙幅宽>35m	7.0	
3	构件直线度		2.0	用2m靠尺和塞尺检查
4	构件水平度	构件长度≤2m	2.0	用水平仪检查
		构件长度>2m	3.0	
5	相邻构件错位		1.0	用金属直尺检查
6	分格框对角线长度差	对角线长度≤2m	3.0	用金属直尺检查
		对角线长度>2m	4.0	

（三）隐框、半隐框玻璃幕墙安装的允许偏差和检验方法

隐框、半隐框玻璃幕墙安装的允许偏差和检验方法见表6-3。

表6-3 隐框、半隐框玻璃幕墙安装的允许偏差和检验方法

项次	项 目		允许偏差/mm	检 验 方 法
1	幕墙垂直度（幕墙高度H）	$H \leq 30m$	10.0	用经纬仪检查
		$30m < H \leq 60m$	15.0	
		$60m < H \leq 90m$	20.0	
		$90m < H \leq 150m$	25.0	
2	幕墙水平度	层高≤3m	3.0	用水平仪检查
		层高>3m	5.0	
3	幕墙表面平整度		2.0	用2m靠尺和塞尺检查
4	板材立面垂直度		2.0	用2m靠尺和塞尺检查
5	板材上沿水平度		2.0	用2m靠尺和塞尺检查
6	相邻板材板角错位		1.0	观察
7	阳角方正		2.0	金属直尺检查
8	接缝直线度		3.0	用2m靠尺和塞尺检查
9	接缝高低差		1.0	金属直尺检查
10	接缝宽度		1.0	金属直尺检查

五、填写任务手册

查阅了解幕墙施工相关知识后，进行参观安全教育，了解参观要求，进行实地参观，填写"任务手册"中项目6的任务1。

任务评价

完成玻璃幕墙施工工地的参观任务，根据施工现场参观情况进行考核，评价学生的现场处理问题、现场学习、与人沟通交流的能力，教师结合查看任务手册的填写情况来给出对学生的综合评价。

任务拓展

点支撑式玻璃幕墙目前应用较多，其施工过程参见本书配套资源"6.1点支撑式玻璃幕墙"。

任务 6.2 金属幕墙施工

金属幕墙是将玻璃幕墙中的玻璃更换为金属板材，但由于面材的不同两者之间又有很大的区别，所以设计、施工过程中应对其分别进行考虑。

任务描述

进行金属幕墙施工模拟实训：学生对实训场地进行作业条件检查，讨论现场情况，查阅相关资料，小组成员共同制定金属幕墙施工方案，准备材料机具，一起完成实训任务。

任务目标

一、知识目标

1. 了解金属幕墙主要类型。
2. 掌握金属幕墙材料的要求。
3. 了解金属幕墙施工程序。

二、技能目标

1. 能看懂金属幕墙主要连接构造。
2. 掌握金属幕墙施工工序及施工要点。
3. 能熟练金属幕墙施工质量的检验。

知识准备

金属幕墙常用的材料包括铝复合板、单层铝板、铝蜂窝板、防火板、钛锌塑铝复合板、夹芯保温铝板、不锈钢板、彩涂钢板、珐琅钢板等。铝板幕墙因其量轻、防水、防污、防腐蚀、易加工、易安装、便宜、易维护、寿命长、装饰效果好的特点，一直在金属幕墙中占主导地位。

铝板幕墙按幕墙的结构形式可分单元铝板幕墙和构件式铝板幕墙两种形式。单元铝板幕墙是指将面板、横梁、立柱在工厂组装为幕墙单元，以幕墙单元形式在现场完成安装施工的有框幕墙。构件式铝板幕墙是在现场依次安装立柱、横梁和面板的有框幕墙。金属幕墙构造如图6-12、图6-13所示。

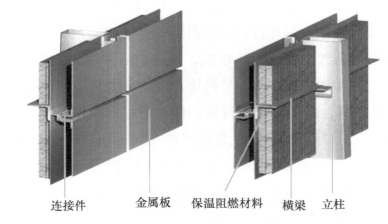

连接件　金属板　保温阻燃材料　横梁　立柱

图6-12　金属幕墙构造

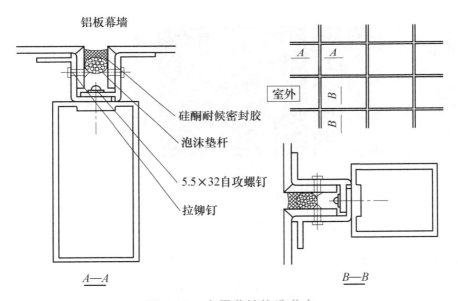

图6-13　金属幕墙构造节点

任务实施

　　查看幕墙施工模拟现场情况，制定金属幕墙施工方案，准备材料机具，按照金属幕墙的施工要求完成幕墙的安装。

一、施工准备

（一）主要材料

1）幕墙板材（单层铝合金板、蜂窝铝板、铝塑复合板、不锈钢板等）。金属板材的品种、规格及色泽应符合设计要求，并符合国家质量规定。

2）幕墙支撑金属件、连接件、螺栓、螺母、螺钉等。金属框架及连接件的防腐处理应符合设计要求。预埋件及连接件：骨架锚固一般采用预埋件或后置埋件，后置埋件数量和位置要符合设计要求，并在现场做拉拔试验。钢板连接件与非同质骨架连接时，中间要垫有机材质垫块，以免发生电化学腐蚀。

3）建筑密封材料、结构硅酮密封胶、低发泡间隔双面胶带、聚乙烯发泡填充材料。隐框、半隐框幕墙构件板材与金属框之间硅硐结构密封胶的粘结宽度，应分别计算风荷载标准值和板材自重标准值作用下硅硐结构密封胶的粘结宽度，并取最大值，且不得小于7.0mm。金属幕墙的防火、保温、防潮材料的设置应符合设计要求，并应密实、均匀、厚度一致。

金属幕墙主要材料如图6-14所示。

 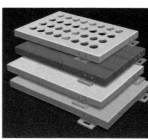 

防火岩棉板　　　　　铝单板　　　　　幕墙金属构件

图6-14　金属幕墙主要材料

（二）主要机具（工具）

1）机械设备：电动吊篮、滚轮、热压胶带电炉、双斜锯、双轴仿形铣床、凿榫机、自攻钻、手电钻、夹角机、铝型材弯型机、双组分注胶机、清洗机、电焊机等。

2）测量、放线、检验工具：经纬仪、水准仪、2m靠尺、托线板、线坠、钢卷尺、水平尺、钢丝线等。

3）施工操作工具：筒式打胶枪、螺丝刀、工具刀、泥灰刀等。

（三）作业条件

同玻璃幕墙施工作业条件。

二、施工工艺流程

金属幕墙施工工艺流程：①测量放线→②预埋件校核→③幕墙支撑金属件、

连接件安装→④金属板安装→⑤注密封胶→⑥清洗保洁。

三、施工步骤

（一）测量放线

同玻璃幕墙工程，根据设计和施工现场实际情况准确测放出幕墙的外边线和水平垂直控制线，然后将骨架竖框的中心线按设计分格尺寸弹到结构上。测量放线要在风力不大于4级的天气情况下进行，个别情况应采取防风措施。

> **小提示**：安装施工测量应与主体结构的测量配合，其误差应及时调整。

（二）预埋件校核

幕墙骨架锚固件应尽量采用预埋件，在无预埋件的情况下采用后置埋件，后置埋件结构形式要符合设计要求，锚栓要现场进行拉拔试验，满足强度要求后才能使用。锚固件一般由埋板和连接角码组成，施工时按照设计要求在已测放的竖框中心线上准确标出埋板位置，然后打孔将埋件固定，并将竖框中心线引至埋件上，再计算出连接角码的位置，在埋板上划线标记。同一竖框同侧连接角码位置要拉通线检测，不能有偏差。角码位置确定后，将角码按此位置焊到埋板上，如图 6-15 所示。焊缝宽度和长度要符合设计要求，焊完后焊口要重新做防锈处理，一般涂刷防锈漆两遍。

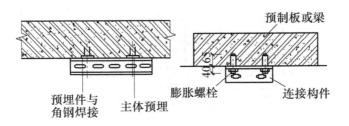

图 6-15　预埋件与连接角码

（三）幕墙支撑金属件、连接件安装

根据施工图及现场实际情况确定的分格尺寸，在加工场地内，下好骨架横竖料，并运至现场进行安装，安装前要先根据设计尺寸挂出骨架外皮控制线，挂线一定要准确无误，其控制质量将直接关系幕墙饰面质量。骨架如果选用铝合金型材，锚固件一般采用螺栓连接，骨架在连接件间要垫有绝缘垫片，螺栓材质规格和质量要符合设计要求及规范规定。骨架如采用型钢，连接件即可采用螺栓也可采用焊接

的方法连接，焊接质量要符合设计要求及规范规定，并要重新做防锈处理。

主体结构与幕墙连接的各种预埋件，其数量、规格、位置和防腐处理必须符合设计要求。立柱标高偏差小于等于 3mm，左右偏差小于等于 3mm；相邻两根立柱安装标高偏差小于等于 3mm，同层立柱最大标高偏差小于等于 5mm，相邻两根立柱的距离小于等于 2mm。相邻两根横梁的水平标高偏差小于等于 1mm，同层标高偏差：当一幅幕墙宽度小于等于 35m 时，小于等于 5mm；当一幅幕墙宽度大于 35m 时，小于等于 7mm。

幕墙的金属框架与主体结构预埋件的连接、立柱与横梁的连接及幕墙面板的安装必须符合设计要求，安装必须牢固。

（四）金属板安装

面板要根据其材质选择合适的固定方式，一般采用自攻螺钉直接固定到骨架上或板折边加角铝后再用自攻螺钉固定角铝的方法，如图 6-16 所示。饰面板安装前，要在骨架上标出板块位置，并拉通线，控制整个墙面板的竖向和水平位置。安装时要使各固定点均匀受力，不能挤压板面，不能敲击板面，以免发生板面凹凸或翘曲变形。同时，饰面板要轻拿轻放，避免磕碰，以防损伤表面漆膜。面板安装要牢固，固定点数量要符合设计及规范要求，施工过程中要严格控制施工质量，保证表面平整，缝格顺直。

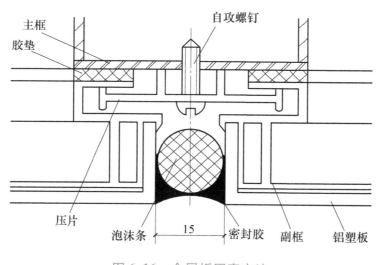

图 6-16　金属板固定方法

（五）注密封胶

打胶要选用与设计颜色相同的耐候胶，打胶前要在板缝中嵌塞大于缝宽 2 ~

4mm 的泡沫棒，嵌塞深度要均匀，打胶厚度一般为缝宽的 1/2。打胶时，板缝两侧饰面板要粘贴美纹纸进行保护，以防污染。打完后，要在表层固化前用专用刮板将胶缝刮成凹面，胶面要光滑圆润，不能有流坠、褶皱等现象，刮完后应立即将缝两侧美纹纸撕掉，如图 6-17 所示。打胶操作阴雨天不宜进行。硅碉结构密封胶应打注饱满，并应在温度 15～30℃、相对湿度 50% 以上、洁净的室内进行，不得在现场墙上打注。

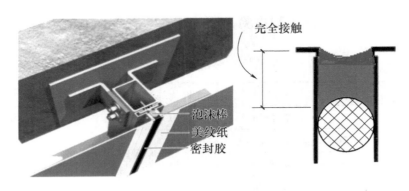

图 6-17 正确注胶的方式

（六）清洗保洁

待耐胶固化后，将整片幕墙用清水清洗干净，个别污染严重的地方可采用有机溶剂清洗，但严禁用尖锐物体刮，以免损坏饰面板表现涂膜。清洗后要设专人保护，在明显位置设警示牌以防污染或破坏。

四、质量检验

（一）金属幕墙施工主要检验项目

金属幕墙施工主要检验项目见表 6-4。

表 6-4 金属幕墙施工主要检验项目

主控项目	① 金属幕墙工程所用材料、和配件质量 ② 金属幕墙的造型和立面分格、颜色、光泽、花纹和图案 ③ 金属幕墙主体结构上的埋件 ④ 金属幕墙连接安装质量 ⑤ 金属幕墙的防火、保温、防潮材料的设置 ⑥ 金属框架和连接件的防腐处理 ⑦ 金属幕墙防雷 ⑧ 变形缝、墙角的连接节点 ⑨ 金属幕墙防水效果

（续）

一般项目	① 金属幕墙表面质量 ② 金属幕墙的压条安装质量 ③ 金属幕墙板缝注胶 ④ 金属幕墙流水坡道和滴水线 ⑤ 金属板表面质量

（二）金属幕墙安装的允许偏差和检验方法

金属幕墙安装的允许偏差和检验方法见表6-5。

表6-5　金属幕墙安装的允许偏差和检验方法

项次	项　　目		允许偏差/mm	检 验 方 法
1	幕墙垂直度	幕墙高度≤30m	10.0	用经纬仪检查
		30m＜幕墙高度≤60m	15.0	
		60m＜幕墙高度≤90m	20.0	
		幕墙高度＞90m	25.0	
2	幕墙水平度	幕墙幅宽≤3m	3.0	用水平仪检查
		幕墙幅宽＞3m	5.0	
3	幕墙表面平整度		2.0	用2m靠尺和塞尺检查
4	板材立面垂直度		3.0	用垂直检测尺检查
5	板材上沿水平度		2.0	用1m水平尺和金属直尺检查
6	相邻板材板角错位		1.0	用金属直尺检查
7	阳角方正		2.0	用直角检测尺检查
8	接缝直线度		3.0	拉5m线，不足5m拉通线，用金属直尺检查
9	接缝高低差		1.0	用金属直尺和塞尺检查
10	接缝宽度		1.0	用金属直尺检查

五、填写任务手册

完成金属幕墙施工，填写"任务手册"中项目6的任务2。

任务评价

完成金属幕墙模拟施工任务，根据施工现场情况进行现场考核，评价学生的现场操作能力，教师结合学生的任务手册填写情况来给出综合评价。

任务拓展

金属幕墙的板材类型丰富多样，参见本书配套资源"6.2 金属幕墙板材"。

任务 6.3　石材幕墙施工

石材幕墙施工

任务描述

设计石材幕墙施工方案：查看实施施工方案现场的情况，确定石材幕墙的构造形式，考虑实施方案需要的施工机具与材料，采用的施工工艺及施工步骤，在施工过程中如何进行质量控制，小组间将施工方案进行相互审核，制作PPT进行班级展示。

任务目标

一、知识目标

1. 了解石材幕墙主要类型。
2. 掌握石材幕墙材料的要求。
3. 了解石材幕墙施工程序。

二、技能目标

1. 能看懂石材幕墙主要连接构造。
2. 掌握石材幕墙施工工序及施工要点。
3. 能熟练石材幕墙施工质量的检验。

知识准备

石材幕墙是由石板与支承结构组成，不承担主体结构载荷与作用的建筑围护结构。石材幕墙一般采取干挂的安装方式，该方法是用金属挂件将饰面石材直接吊挂于墙面或空挂于钢架之上，不再灌浆粘贴。其原理是在主体结构上设置主要受力点，通过金属挂件将石材固定在建筑物上，形成石材装饰幕墙。

石材墙面干挂构造如图 6-18、图 6-19 所示。

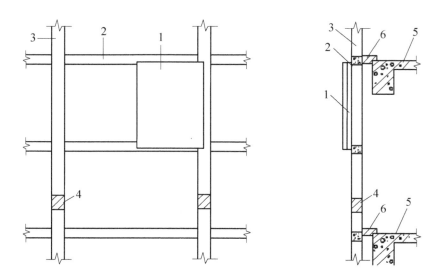

图 6-18　大理石干挂构造

1—幕墙石板构件　2—横梁　3—立柱　4—立柱活动接头　5—主体结构　6—立柱悬挂点

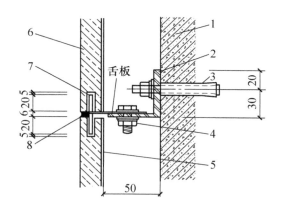

图 6-19　石材饰面板干挂板销式做法构造节点

1—钢筋混凝土结构基体　2—∟50×40×4 不锈钢连接件　3—金属胀铆螺栓　4—M8 调节螺栓

5—玻璃纤维网格布增强层　6—石材饰面板　7—不锈钢板销连接件　8—闭缝耐候密封胶

📱 任务实施

查看幕墙施工任务现场情况，制定石材幕墙施工方案。

一、施工准备

（一）主要材料

1）幕墙板材。石材幕墙工程所用材料的品种、规格、性能和等级，应符合设计要求及国家现行产品标准及工程技术规范的规定。石材的弯曲强度不应小于8.0MPa；吸水率应小于0.8%。石材要求厚度一致，无裂纹，颜色一致并且无其他质量缺陷，为降低外界对饰面的污染，所选石材一般要做防护处理。

2）钢材及铝合金材料、幕墙支撑件（骨架）、连接件、螺栓、螺母、螺钉等。铝合金型材骨架表面必须经阳极氧化处理，型钢骨架则必须进行热镀锌防腐处理，工程焊接处必须重新做防锈处理，工程特殊部位要采用不锈钢骨架。石材幕墙的铝合金挂件厚度不应小于4.0mm，不锈钢挂件厚度不应小于3.0mm。金属框架和连接件的防腐处理应符合设计要求。锚固件：必须通过现场拉拔试验确定其承载力。金属挂件：挂件主要有不锈钢类和铝合金类两种，挂件要有良好的抗腐蚀能力，挂件种类要与骨架材料相匹配，非同类金属不宜同时使用，以免发生电化学腐蚀。

3）建筑密封材料、结构硅酮密封胶、低发泡间隔双面胶带、聚乙烯发泡填充材料。石材幕墙的防火、保温、防潮材料的设置应符合设计要求，填充应密实、均匀厚度一致。防火层应采取隔离措施。防火层的衬板应采用经防腐处理且厚度不小于1.5mm的钢板，不得采用铝板。防火层的密封材料应用防火密封胶。防火层与玻璃不应直接接触，一块玻璃不应跨两个防火分区。

（二）主要机具

1）机械设备：数控刨沟机、手提电动刨沟机、电动吊篮、滚轮、热压胶带电炉、双斜锯、双轴仿形铣床、凿榫机、自攻钻、手电钻、夹角机、铝型材弯型机、双组分注胶机、清洗机、电焊机等。

2）测量、放线、检验工具：经纬仪、水准仪、2m靠尺、托线板、线坠、钢卷尺、水平尺、钢丝线等。

3）施工操作工具：筒式打胶枪、螺钉旋具、工具刀、泥灰刀等。

（三）作业条件

同玻璃幕墙安装作业条件。

二、施工工艺流程

石材幕墙施工类型有两种：直接干挂石材幕墙施工和单元体干挂石材幕墙施工。

直接干挂石材幕墙施工工艺流程：①测量放线→②预埋件位置尺寸检查→③金属骨架安装→④防火、保温材料安装→⑤石材饰面板安装→⑥灌注嵌缝硅胶→

⑦清洗和保护。

三、施工步骤

（一）测量放线

由于土建施工允许误差较大，幕墙工程施工要求精度很高，所以不能依靠土建水平基准线，必须由基准轴线和水准点重新测量，并校正复核。按照设计在底层确定幕墙定位线和分格线，用经纬仪或激光垂直仪将幕墙的阳角和阴角引上，并用固定在钢支架上的钢丝线作标志控制线。使用水平仪和标准钢卷尺等引出各层标高线，确定好每个立面的中线。测量时应控制分配测量误差，不能使误差积累。测量放线应在风力不大于4级的情况下进行，并要采取避风措施。所有外立面装饰工程应统一放基准线，并注意施工配合。

> **小提示**：在结构各转角处吊垂线，确定石材的外轮廓尺寸，以轴线和标高线为基线，弹出板材竖向分格控制线，再以各层标高线为基线放出板材横向分格控制线。

（二）预埋件位置尺寸检查

预埋件应在土建施工时埋设，幕墙施工前要根据该工程基准轴线和中线以及基准水平点对预埋件进行检查和校核，一般允许位置尺寸偏差为±20mm。如有预埋件位置超差而无法使用或漏放时，应根据实际情况提出选用膨胀螺栓的方案，并必须报设计单位审核批准，且应在现场做拉拔试验，做好记录。

（三）金属骨架安装

根据施工放样图检查放线位置，安装固定竖框的铁件。先安装同立面两端的竖框，如图6-20所示，然后拉通线顺序安装中间竖框。将各施工水平控制线引至竖框上，并用水平尺校核。每根竖框与连接件点焊连接，然后及时进行调整和固定，每

图6-20 立柱安装

根竖框均用线坠调整垂直度，每三层用经纬仪调一次垂直度，全部调整完后满焊焊牢。

按照设计尺寸安装金属横梁，如图6-21所示。横梁一定要与竖框垂直。如有焊接时，应对下方和邻近的已完工装饰面进行成品保护。焊接时要采用对称焊，

以减少因焊接产生的变形。检查焊缝质量合格后，所有焊点、焊缝均需去焊渣及防锈处理，如刷防锈漆等。待金属骨架完工后，应通过监理公司对隐蔽工程检查后，方可进行下道工序，如图6-22所示。

图6-21 横梁安装

图6-22 安装后的骨架

同一层横框安装由下而上进行，每安装完一层高度应进行检查、调整、校正和固定。

小提示：石材幕墙骨架的防锈一定要符合要求：槽钢主龙骨、预埋件及各类镀锌角钢焊接破坏镀锌层后均满涂两遍防锈漆进行防锈处理，并控制第一道与第二道的间隔时间不小于12h。型钢进场必须有防潮措施，并应除去灰尘及污物后进行防锈操作，严格控制不得漏刷防锈漆，如图6-23所示。

图6-23 刷过防锈漆的锚固件

（四）防火、保温材料安装

必须采用合格的材料，即要求有出厂合格证。在每层楼板与石板幕墙之间不能有空隙，应用镀锌钢板和防火棉形成防火带。在北方寒冷地区，保温层最好应有防水、防潮保护层，在金属骨架内填塞固定，要求严密牢固，如图 6-24 所示。

（五）石材饰面板安装

将运至工地的石材饰面板按编号分类，检查尺寸是否准确和有无破损、缺楞、掉角，按施工要求分层次将石材饰面板运至施工面附近，并注意摆放可靠。

图 6-24　保温层填充

先按幕墙面基准线仔细安装好底层第一皮石材板。注意安放每皮金属挂件的标高，金属挂件应紧托上皮饰面板，而与下皮饰面板之间留有间隙。安装时，要在饰面板的销钉孔或切槽口内注入石材胶，以保证饰面板与挂件的可靠连接，如图 6-25、图 6-26 所示。安装时，宜先完成窗洞口四周的石材板镶边，以免安装发生困难。安装到每一楼层标高时，要注意调整垂直误差，不要积累，如图 6-27、图 6-28 所示。在搬运石材板时，要有安全防护措施，摆放时下面要垫木方。

图 6-25　石材开槽

图 6-26　切槽口内注入石材胶

图 6-27　石材板安装后的检查平整度

图 6-28　用木楔调整垂直度

（六）灌注嵌缝硅胶

石材板间的胶缝是石板幕墙的第一道防水措施，同时也使石板幕墙形成一个整体。要按设计要求选用合格且未过期的耐候嵌缝胶。最好选用含硅油少的石材专用嵌缝胶，以免硅油渗透污染石材表面。用带有凸头的刮板填装泡沫塑料圆条，保证胶缝的最小深度和均匀性。选用的泡沫塑料圆条直径应大于缝宽。在胶缝两侧粘贴纸面胶带纸保护，以避免嵌缝胶污染石材板表面质量。用专用清洁剂或草酸擦洗缝隙处石材板表面。

派受过训练的工人注胶，注胶应均匀无流淌，边打胶边用专用工具勾缝，使嵌缝胶呈微弧形凹面。施工中要注意不能有漏胶污染墙面，如墙面上沾有胶液应立即擦去，并用清洁剂及时擦净余胶，如图 6-29 所示。在大风和下雨时不能注胶。

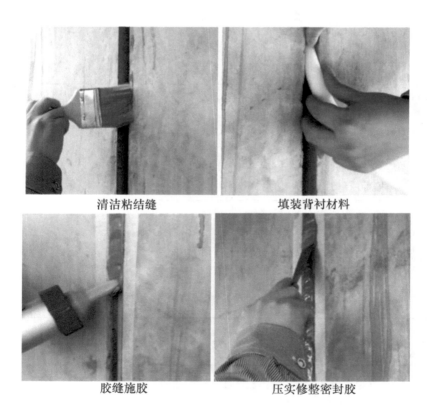

清洁粘结缝　　　　　　填装背衬材料

胶缝施胶　　　　　　压实修整密封胶

图 6-29　施胶过程

（七）清洗和保护

施工完毕后，除去石材板表面的胶带纸，用清水和清洁剂将石材表面擦干净，按要求进行打蜡或刷保护剂。

四、质量检验

(一) 石材幕墙施工主要检验项目

石材幕墙施工主要检验项目见表 6-6。

表 6-6　石材幕墙施工主要检验项目

主控项目	① 石材幕墙工程所用材料质量 ② 石材幕墙的造型、立面分格、颜色、光泽、花纹和图案 ③ 石材孔、槽加工质量 ④ 石材幕墙主体结构上的埋件 ⑤ 石材幕墙连接安装质量 ⑥ 金属框架和连接件的防腐处理 ⑦ 石材幕墙防雷 ⑧ 石材幕墙的防火、保温、防潮材料的设置 ⑨ 变形缝、墙角的连接节点 ⑩ 石材表面和板缝的处理 ⑪ 有防水要求的石材幕墙防水效果
一般项目	① 石材幕墙表面质量 ② 石材幕墙的压条安装质量 ③ 石材幕墙的接缝、阴阳角、凹凸线、洞口、槽 ④ 石材幕墙板缝注胶 ⑤ 金属幕墙流水坡向和滴水线 ⑥ 石材表面质量

(二) 石材幕墙安装的允许偏差和检验方法

石材幕墙安装的允许偏差和检验方法见表 6-7。

表 6-7　石材幕墙安装的允许偏差和检验方法

项次	项　目		允许偏差/mm		检　验　方　法
			光面	麻面	
1	幕墙垂直度	幕墙高度≤30m	10.0		用经纬仪检查
		30m<幕墙高度≤60m	15.0		
		60m<幕墙高度≤90m	20.0		
		幕墙高度>90m	25.0		
2	幕墙水平度		3.0		用水平仪检查
3	板材立面垂直度		3.0		用水平仪检查
4	板材上沿水平度		2.0		用 1m 水平尺和金属直尺检查

（续）

项次	项目	允许偏差/mm		检验方法
		光面	麻面	
5	相邻板材板角错位	1.0		用金属直尺检查
6	幕墙表面平整度	2.0	3.0	用垂直检测尺检查
7	阳角方正	2.0	4.0	用直角检测尺检查
8	接缝直线度	3.0	4.0	拉5m线，不足5m拉通线，用金属直尺检查
9	接缝高低差	1.0	—	用金属直尺和塞尺检查
10	接缝宽度	1.0	2.0	用金属直尺检查

五、填写任务手册

制定石材幕墙的施工方案，填写"任务手册"中项目6的任务3，将施工方案制作成PPT进行展示。

任务评价

完成石材幕墙施工方案设计，制作PPT进行展示，根据学生的展示情况，评价学生的讲解和表现能力，教师结合查看学生的任务手册评价学生的学习能力与工作能力，综合给出评价。

任务拓展

目前人造板材幕墙应用越来越多，其施工参见本书配套资源"6.3 人造板材幕墙施工"。

参 考 文 献

［1］杨洁. 建筑装饰构造与施工技术［M］. 北京：机械工业出版社，2017.

［2］刘超英. 建筑装饰装修构造与施工［M］. 北京：机械工业出版社，2018.

［3］陈永. 图说建筑装饰施工技术［M］. 北京：机械工业出版社，2016.

［4］冯宪伟. 做最好的装饰装修工程施工员［M］. 北京：中国建材工业出版社，2014.

［5］李继业，赵恩西，刘闽楠. 建筑装饰装修工程质量管理手册［M］. 北京：化学工业出版社，2017.

［6］薛剑. 装饰设计与施工手册［M］. 北京：中国建筑工业出版社，2004.

［7］倪安葵，等. 建筑装饰装修施工手册［M］. 北京：中国建筑工业出版社，2017.

建筑装饰工程施工技术

第 2 版

任 务 手 册

姓名＿＿＿＿＿＿＿＿＿＿＿＿＿

班级＿＿＿＿＿＿＿＿＿＿＿

学号＿＿＿＿＿＿＿＿＿＿＿

Contents
目 录

项目 1 地面装饰施工 ······················ **1**

    任务 1.1 水泥砂浆地面施工 ················ 1

    任务 1.2 陶瓷地砖地面施工 ················ 4

    任务 1.3 大理石地面施工 ·················· 8

    任务 1.4 塑料地板地面施工 ··············· 10

    任务 1.5 木地板地面施工 ················· 13

    任务 1.6 活动地板地面施工 ··············· 17

    任务 1.7 地毯施工 ······················ 20

项目 2 墙柱面抹灰装饰施工 ················ **23**

    任务 2.1 一般抹灰墙面施工 ··············· 23

    任务 2.2 干粘石墙面施工 ················· 27

    任务 2.3 拉毛灰墙面施工 ················· 29

    任务 2.4 斩假石墙面施工 ················· 30

项目 3 墙柱面装饰施工 ···················· **34**

    任务 3.1 外墙涂料施工 ··················· 34

    任务 3.2 内墙涂料施工 ··················· 37

    任务 3.3 壁纸裱糊施工 ··················· 40

    任务 3.4 内墙镶贴瓷砖施工 ··············· 43

    任务 3.5 外墙镶贴瓷砖施工 ··············· 45

    任务 3.6 墙面贴挂石材施工 ··············· 48

    任务 3.7 木龙骨镶板施工 ················· 50

任务3.8　软包墙面施工 ·················· 53

任务3.9　金属板包柱面施工 ·················· 55

项目4　吊顶装饰施工 ·················· 58

任务4.1　木龙骨吊顶施工 ·················· 58

任务4.2　轻钢龙骨吊顶施工 ·················· 61

任务4.3　铝合金格栅吊顶施工 ·················· 64

项目5　轻质隔墙工程施工 ·················· 68

任务5.1　轻钢龙骨纸面石膏板隔墙施工 ·················· 68

任务5.2　石膏空心条板隔墙施工 ·················· 71

任务5.3　玻璃砖隔墙施工 ·················· 74

项目6　幕墙工程施工 ·················· 78

任务6.1　玻璃幕墙施工 ·················· 78

任务6.2　金属幕墙施工 ·················· 81

任务6.3　石材幕墙施工 ·················· 84

项目 1

地面装饰施工

任务 1.1　水泥砂浆地面施工

任务名称：水泥砂浆地面的施工方案设计

一、任务要求

分小组对工程现场进行作业条件检查，讨论现场情况，参阅《建筑工程施工技术标准》《建筑装饰工程施工手册》，小组成员共同制定施工方案。

二、任务内容

（一）根据现场情况确定合理施工前期准备工作。

1）作业条件是否具备，应如何处理？

2）请自行查阅主要机具及型号并记录。

3）如何检验材料是否合格？

4）绘制施工平面图，标示出灰饼的位置及间距。

（二）施工作业流程安排。

1）写出施工作业步骤的安排，并标出哪些属于关键步骤。

2）每一步的技术关键是什么？

3）每一步完成后是否有需要马上进行检查的项目，如果有，写出检验方法。

4）对施工中可能出现的情况进行讨论，找出解决问题的方法。

（三）施工质量要求及检查方法。根据质量检查项目，制定出严格的质量控制方法，保证工程顺利进行，试写出主要的质量控制方法。

（四）制定施工安全保证措施。对施工安全进行讨论，根据各种可能制定出施工安全保证措施。

小组讨论后，写出施工方案，班级展示。

三、任务评定

根据展示情况，小组间互相打分，教师根据小组现场表现和方案制定情况打分。最后给出本任务的综合成绩，见表 1-1。

表 1-1　水泥砂浆地面方案设计成绩评定表

序号	评 分 项 目	分值	评 分 标 准	互评结果	教师评定	得分
1	资料查阅是否正确	10	不符合标准不得分			
2	书写内容是否完整	10	不完善不得分			
3	施工现场作业条件是否检查	10	没有不得分			
4	施工流程安排	10	不准确不得分			
5	施工要点	20	没有不得分			
6	检验项目	20	少一个扣 4 分			
7	检验方法是否得当	10	错一个扣 5 分，扣完为止			
8	施工安全考虑	10	没有不得分			
合计						

四、思考与练习

（一）水泥砂浆地面施工所用的材料质量有严格要求，水泥强度等级不应小于____，不同品种、不同强度等级的水泥严禁混用；砂应为____，当采用石屑时，其粒径应为_____。

（二）施工中铺水泥砂浆时，在灰饼之间（或标筋之间）将砂浆铺均匀，注意水泥砂浆虚铺厚度宜高于灰饼_____，随铺随用_____拍实，然后按灰饼（或标筋）高度刮平。

（三）水泥砂浆地面施工中，用木抹子抹平水泥砂浆，_____后，随即用铁抹子压第一遍；_____，用铁抹子压第二遍；_____，进行第三遍压光。

（四）水泥砂浆地面浇水养护的时间要合适，一般春秋季_____后浇水，炎热的夏季_____后浇水。浇水过早易起皮；过晚，又影响地面强度的增长，易开裂或起砂。保湿养护的时间长短以水泥品种而定，一般情况下，硅酸盐水泥和普通硅酸盐水泥的保湿时间_____，矿渣水泥的保湿时间_____。

任务 1.2 陶瓷地砖地面施工

任务名称：陶瓷地面铺贴实训

一、任务要求

学生分组，在学校实训室进行地面瓷砖铺贴实训。

每 6 名学生为一组，小组长对组员进行分工，小组成员共同协作完成任务。

实训场地为一个 3m×3m 的小型空间，如图 1-1 所示，基层为混凝土垫层，用水泥砂浆铺设 300mm×300mm 陶瓷地砖面层。学生对实训场地进行作业条件检查，讨论现场情况，参阅《建筑工程施工技术标准》《建筑装饰工程施工手册》，小组成员共同制定地面瓷砖铺贴施工方案，一起完成瓷砖铺贴任务。

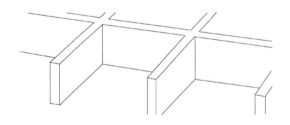

图 1-1 实训场地

二、任务准备

（一）材料准备（查阅资料，填表 1-2）。

表 1-2 陶瓷地砖地面施工材料配置表

序　号	名　称	规　格	数　量	备　注
1				
2				
3				
4				
5				
6				

（二）机具准备（查阅机具类型与型号，填表 1-3）。

表 1-3　陶瓷地砖地面施工设备配置表

序　号	名　称	数　量	规　格
1			
2			
3			
4			
5			
6			
7			
8			
9			
10			
11			
12			
13			
14			
15			
16			
17			

三、任务内容

（一）施工计划制定。

1）学生实测场地尺寸为＿＿＿＿＿＿＿；根据所给瓷砖规格及缝宽，合理安排砖的布置，绘制出施工平面图。

2）根据陶瓷地砖施工要求，合理安排施工工序。

3）小组长做出小组成员任务分工。

（二）材料准备。

现场领取材料，自己计算材料用量：

检验材料质量是否合格，检验方法为：_____。

（三）机具准备。

小组根据需要领取必要的主要机具，其中具有危险性的操作机具，由实习指导老师掌握并现场操作。学生做好实习前的安全教育。

（四）铺贴瓷砖。

按照施工工序进行小组操作。教师巡视检查，及时解决现场问题，根据现场小组及成员表现给出现场成绩。

1）_____；

关键技术要求：_____。

2）_____；

关键技术要求：_____。

3）_____；

关键技术要求：_____。

4）_____；

关键技术要求：_____。

5）_____；

关键技术要求：_____。

6）_____；

关键技术要求：_____。

7）_____；

关键技术要求：_____。

（五）成果展示。

小组完工后，自己先检查施工质量。然后展示成果，小组间互查，互相给出现场成绩。

（六）清理场地。

四、任务评定

陶瓷地砖施工任务评分表见表1-4。

表1-4 陶瓷地砖施工任务评分表

序号	测定项目	分项内容	分值	评定标准	得分
1	表面	平整	10	允许偏差2mm	
2	表面	整洁	10	污染每块扣2分，抹缝不洁每处扣2分	
3	缝格平直	平直	10	大于3mm，每超1mm扣2分	
4	板块间隙宽度	一致	10	大于2mm，每超1mm扣2分	
5	粘结	牢固	10	起壳每块扣2分	
6	接缝高低差	一致	10	大于0.5mm每块扣2分	
7	踢脚线上口平直	平直	10	大于3mm每块扣2分	
8	工艺	符合操作规范	10	错误无分，部分错递减扣分	
9	安全文明施工	无安全事故、事后清理现场	10	重大事故本项目不合格，一般事故扣4分，现场未清理扣2分	
10	工效	定额时间	10	开始时间： 结束时间：	
合计					

五、思考与练习

（一）陶瓷地砖铺贴施工工艺流程：① ＿＿＿＿＿＿→② ＿＿＿＿＿＿→③ ＿＿＿＿＿＿→④ ＿＿＿＿＿＿→⑤ ＿＿＿＿→⑥ ＿＿＿＿→⑦ ＿＿＿＿→⑧ ＿＿＿＿。

（二）陶瓷地砖铺贴结合层砂浆应为 ＿＿＿＿＿＿，配合比为 ＿＿＿＿＿，应随拌随用，＿＿＿用完，防止影响粘结质量。干硬性程度以 ＿＿＿＿＿＿＿＿为宜。

（三）陶瓷地砖铺贴前应浸水湿润，使用前要求 ＿＿＿＿＿＿＿＿＿＿＿＿，这样做的原因是 ＿＿＿＿＿＿＿＿＿＿＿＿＿＿＿＿＿＿＿＿。

（四）地砖面层铺贴应在 ＿＿＿＿后进行勾缝、擦缝的工作，并应采用 ＿＿＿＿＿＿，或用 ＿＿＿＿＿＿材料。

（五）陶瓷地砖面层与下一层的结合（粘结）应牢固，无空鼓，检验方法：＿＿＿＿，如果空鼓出现，可能的原因是 ＿＿＿＿＿＿＿＿＿＿＿＿＿＿＿。

（六）用_____方法检查陶瓷地砖表面的平整度，平整度合格的要求是_____。

任务1.3 大理石地面施工

任务名称：大理石地面铺贴施工参观实训

一、任务要求

本次任务带领学生参观大理石地面施工工程现场，要求学生做好参观前的准备工作，并填写参观记录表，最后写出实地参观日记。

二、任务准备

学生按小组参观，每个小组参观前先查阅资料了解大理石施工的材料、机具及过程。

（一）大理石施工需准备哪些材料？

（二）大理石施工可能应用的机具有哪些？

（三）大理石地面铺贴构造（绘出构造图）。

（四）大理石铺贴施工流程。

（五）参观实习时小组的安全要求。

三、任务内容

（一）现场参观时见到哪些材料（可附上材料的规格、等级、品牌）？

（二）现场看到哪些机具及型号（可绘制一些机具的简单样图）？

（三）现场工人施工的工序。

步骤一：

步骤二：

步骤三：

（四）现场提出的问题及解答情况（每小组不少于3个问题）。

问题1：

问题2：

问题3：

（五）实习日记（谈谈自己的收获，不少于300字，可另附纸书写）。

四、任务评定

大理石地面施工任务评分表见表1-5。

表1-5 大理石地面施工任务评分表

序号	测定项目	分值	评定标准	得分
1	参观前准备情况	20	充分查阅资料，理论准备充足	
2	安全纪律情况	10	听从教师安排，注意安全，不打闹	
3	问题设置情况	10	提出问题数量多少，质量如何	
4	参观记录	20	记录详实有内容	
5	参观日记	20	日记真实有收获	
6	现场沟通能力	10	与现场工人沟通态度好、气氛融洽	
7	现场发现问题能力	10	观察仔细，有求知欲	
合计				

五、思考与练习

（一）在正式铺设前，对每一个房间的大理石（或花岗石）板块，应按图案、颜色、纹理_____，将非整块板对称排放在房间靠墙部位，_____后编号排列，然后按编号码放整齐。

（二）板块应先用水_____，待擦干或表面晾干后方可铺设。这是保证面层与结合层粘结牢固，防止_____等质量通病的重要措施。

（三）铺贴大理石地面，根据房间拉的_____线，纵横各铺一行，做为大面积铺砌标筋用。在_____线交点开始铺砌，先试铺，即_____，然后正式镶铺。

（四）在板块铺砌后1~2昼夜进行_____。所有工序完成后，面层加以覆盖，养护时间_____。

（五）大理石、花岗石面层铺设前，板块的背面和侧面应进行_____。检验方法：_____。

任务 1.4　塑料地板地面施工

任务名称：调查不同类型塑料地板地面铺贴技术

一、任务要求

学生分组，小组同学一起查阅塑料地板的类型，了解不同类型塑料地板施工的方法，小组同学一起讨论其施工方式的差别，最后汇总出不同类型塑料地板施工技术对比表。

二、任务内容

（一）搜集资料的方式；查阅的相关书籍名称。

（二）塑料地板的类型。

（三）塑料地板常见的规格尺寸。

（四）塑料地板的施工方式。

第一种：

第二种：

第三种：

第四种：

（五）不同施工方式的常用工具。

第一种：

第二种：

第三种：

第四种：

（六）不同施工方式的施工程序。

第一种：

第二种：

第三种：

第四种：

（七）小组汇总并制定一张不同类型塑料地板施工对照表，班级内部展示。

三、任务评定

塑料地板施工任务评分表见表 1-6。

表 1-6　塑料地板施工任务评分表

序号	测 定 项 目	分值	评 定 标 准	得分
1	资料查阅情况	20	资料查阅详实 20 分、一般 15 分、不认真细致 10 分	
2	小组归纳情况	20	条理清楚 20 分、一般 15 分、混乱 10 分	
3	表格制定	20	项目总结能力分为 20 分、15 分、10 分三个等级	
4	小组展示情况	20	讲解能力分为 20 分、15 分、10 分三个等级	
5	小组协作情况	10	根据分工明确，积极主动来分 10 分、8 分、6 分三个等级	
6	小组进步情况	10	根据学习能力、学习态度的逐步提高分为 10 分、8 分、6 分三个等级	
合计				

四、思考与练习

（一）塑料地板施工前应检查基层是否干燥洁净，含水量不大于_____。

（二）塑料地板基层表面平整度偏差用＿＿＿＿＿＿＿＿检查，不得大于＿＿＿，表面有蜂窝麻面、孔隙时，应用＿＿＿＿＿＿＿＿修补平整，并刷一道石膏乳液腻子找平，然后刷一道＿＿＿＿＿＿＿＿＿＿＿，第二次找平。

（三）弹线时，在基层上弹出＿＿＿＿＿＿＿（正铺）或＿＿＿＿＿＿＿（斜铺），纵横分格，间隔2～4板块弹第一道线，用以控制板的位置和接缝顺直；排列后周边出现非整块时，要设置边条，并弹出＿＿＿＿＿＿＿＿；当四周有镶边要求时，要弹出＿＿＿＿＿＿＿＿，镶边宽度宜200～300mm；由地面往上量踢脚板高度，弹出＿＿＿＿＿＿＿＿＿＿＿。弹线的线痕必须清楚准确。

（四）塑料板面层采用的胶黏剂进入施工现场时，应有以下有害物质限量合格的检测报告：＿＿＿＿＿＿＿＿＿＿＿＿＿＿＿＿＿＿、＿＿＿、＿＿＿＿＿＿＿；水性胶黏剂中的＿＿＿＿＿＿＿＿＿＿＿＿＿＿＿＿。

（五）塑料底板粘贴时，将板块摆正，使用滚筒从＿＿＿＿＿＿＿赶压，以便排除空气，并用＿＿＿＿敲实，发现翘边翘角时，可＿＿＿＿。粘贴时挤出的余胶要及时＿＿＿＿＿。

（六）铺贴塑料板面层时，室内相对湿度不宜大于＿＿＿＿＿＿＿，温度宜在＿＿＿＿＿之间。

任务 1.5　木地板地面施工

任务名称：木地板地面铺贴实训

一、任务要求

学生分组，在学校实训室分批次进行木地板铺贴实训。

小组长对组员进行分工，小组成员共同协作完成任务。

实训场地为一个5m×4m的小型空间，基层为水泥砂浆找平层，练习复合实木地板地面施工。学生对实训场地进行作业条件检查，讨论现场情况，参阅《建筑工程施工技术标准》《建筑装饰工程施工手册》等资料，小组成员共同制定复合木地板铺贴施工方案，一起完成铺贴任务。

二、任务准备

根据任务选用的木地板类型，进行施工准备。

（一）材料准备（查阅资料，填表1-7）。

表 1-7　木地板施工材料配置表

序　号	名　称	规　格	数　量	备　注
1				
2				
3				
4				
5				
6				

（二）机具准备（查阅机具类型与型号，填表 1-8）。

表 1-8　木地板施工设备配置表

序　号	名　称	数　量	规　格
1			
2			
3			
4			
5			
6			
7			
8			
9			
10			
11			
12			

三、任务内容

（一）施工计划制定。

1）学生实测场地尺寸＿＿＿＿＿＿＿；根据所给木地板的类型及规格，合理安排木地板的布局，绘制出地面材料布置图。

2）检验基层情况，根据需要制定施工方案。

3）小组长做出小组成员任务分工。

（二）现场材料准备。

现场领取材料，自己计算材料用量：

检验材料质量是否合格，检验项目和检验方法：＿＿＿＿＿＿＿＿＿＿＿

＿＿＿＿＿＿＿＿＿＿＿＿＿＿＿＿＿＿＿＿＿＿＿＿＿＿＿＿＿＿＿＿＿＿。

（三）现场机具准备。

小组根据需要领取必要的施工机具，其中具有危险性的操作机具，由实习指导老师掌握并现场操作。学生做好实习前的安全教育。

（四）木地板的铺贴。

小组按照施工工序进行操作。教师巡视检查。及时解决现场问题，根据现场小组及成员表现给出现场成绩。

1）＿＿＿＿＿＿＿＿＿＿＿＿＿＿＿＿＿＿＿＿＿＿＿＿＿＿＿＿；

关键技术要求：＿＿＿＿＿＿＿＿＿＿＿＿＿＿＿＿＿＿＿＿＿＿＿＿。

2）＿＿＿＿＿＿＿＿＿＿＿＿＿＿＿＿＿＿＿＿＿＿＿＿＿＿＿＿；

关键技术要求：＿＿＿＿＿＿＿＿＿＿＿＿＿＿＿＿＿＿＿＿＿＿＿＿。

3）＿＿＿＿＿＿＿＿＿＿＿＿＿＿＿＿＿＿＿＿＿＿＿＿＿＿＿＿；

关键技术要求：＿＿＿＿＿＿＿＿＿＿＿＿＿＿＿＿＿＿＿＿＿＿＿＿。

4）＿＿＿＿＿＿＿＿＿＿＿＿＿＿＿＿＿＿＿＿＿＿＿＿＿＿＿＿；

关键技术要求：＿＿＿＿＿＿＿＿＿＿＿＿＿＿＿＿＿＿＿＿＿＿＿＿。

5）＿＿＿＿＿＿＿＿＿＿＿＿＿＿＿＿＿＿＿＿＿＿＿＿＿＿＿＿；

关键技术要求：＿＿＿＿＿＿＿＿＿＿＿＿＿＿＿＿＿＿＿＿＿＿＿＿。

6）_____；

关键技术要求：_____。

7）_____；

关键技术要求：_____。

（五）成果展示。

小组完工后，自己先检查施工质量。然后展示成果，小组间互查，互相给出现场成绩。

（六）清理场地。

四、任务评定

木地板施工任务评分表见表1-9。

表1-9　木地板施工任务评分表

序号	测定项目	分项内容	分值	评定标准	得分
1	表面	平整	10	允许偏差2mm	
2	板面缝隙	宽度	10	不宜过大，标准0.5mm	
3	板面拼缝	平直	10	不大于3mm	
4	相邻板块间	高差	10	不大于0.5mm	
5	实训前准备情况	方案设计	20	是否完备	
6	施工操作工艺	符合操作规范	10	按错误情况递减扣分	
7	小组协作情况	沟通能力	10	解决问题积极顺利	
8	安全文明施工	无安全事故、事后清理现场	10	重大事故本项目不合格，一般事故扣4分，现场未清理扣2分	
9	工效	定额时间	10	开始时间：　结束时间：	
合计					

五、思考与练习

（一）木地板实铺工艺流程：①_____→②_____→③_____→④_____→⑤____→⑥_____→⑦_____→⑧_____。

（二）地板木搁栅安装完毕，须对木搁栅进行_____，各条搁栅的顶面标高，均须符合设计要求，如有不合要求之处，须_____。铺设面层地板之前要先将_____，可以在木格栅间放入_____。

（三）铺设毛地板时，按_____°斜铺一层，毛地板需_____处理，含水率应严格控制_____，木材髓心应_____。铺设毛地板时接缝应落在_____，钉位_____。毛地板铺完应刨修平整。用多层胶合板做毛地板使用时，应将胶合板的铺向与木地板的走向_____，其板间缝隙_____，与墙之间应留_____的空隙。

（四）木地板施工过程中，需弹线定位，一般弹_____线。

（五）木、竹面层铺设在水泥类基层上，其基层表面应_____，表面含水率不应大于_____。

（六）实木地板、实木集成地板、竹地板面层采用的材料进入施工现场时，应有以下有害物质限量合格的检测报告：

1）_____。

2）_____。

3）_____。

任务 1.6 活动地板地面施工

任务名称：活动地板地面铺贴样板间制作

一、任务要求

学生分组，小组长对组员进行分工，分小组对活动地板铺设实训工程现场进行作业条件检查，讨论现场情况，参阅《建筑工程施工技术标准》《建筑装饰工程施工手册》等资料，小组成员共同制定施工方案。

二、任务内容

（一）根据现场情况确定合理施工前期准备工作。

1）作业条件是否具备，应如何处理？

2）请查阅主要机具及型号并记录。

3）如何检验材料是否合格？

4）绘制施工大样图。

（二）施工作业流程安排。

1）写出施工作业步骤的安排，并标出哪些属于关键步骤。

2）每一步的技术关键是什么？

3）每一步完成后是否有需要马上进行检查的项目，如果有，写出检验方法。

4）对施工中可能出现的情况进行讨论，找出解决问题的方法。

（三）施工质量要求及检查方法。根据质量检查项目，制定出严格的质量控制方法，保证工程顺利进行，试写出主要的质量控制方法。

三、任务实施

小组讨论后，写出施工方案，并制作出样板间，班级展示互评。

四、任务评定

根据展示情况，小组间互相打分。教师根据小组现场表现和方案制定情况打分，最后给出本任务的综合成绩，见表1-10。

表1-10　活动地板地面方案设计成绩评定表

序号	评分项目	分值	评分标准	互评结果	教师评定	得分
1	资料查阅是否正确	10	不符合标准不得分			
2	方案书写内容是否完整	10	不完善不得分			
3	样板间施工现场作业条件是否检查	10	没有不得分			
4	施工流程安排	10	不准确不得分			
5	施工要点	10	没有不得分			
6	样板间施工过程	20	施工控制情况			
7	样板间完成情况	20	各项检验合格			
8	小组沟通协作情况	10	沟通好，能有效解决问题			
合计						

五、思考与练习

（一）活动地板基层表面应_____，含水率不大于_____。安装前应认真清擦干净，必要时根据设计要求，在基层表面上_____。

（二）铺设活动地板时，根据已量测好的尺寸进行计算，如果不符合活动板板块模数时，依据已找好的_____进行对称分格，考虑将非整块板放在室内靠墙处，在基层表面上按_____弹线并形成_____，标出_____（标在四周墙上），并标明设备预留部位。此项工作必须认真细致。

（三）铺设前活动地板面层下铺设的电缆、管线已经过检查验收，并办完_____。

（四）铺设活动地板块时，应调整_____，保证四角接触处平整、严密，不得采用_____的方法。

任务 1.7　地 毯 施 工

任务名称：地毯地面铺贴实训

一、任务要求

学生分组，在学校实训室分批次进行地毯铺贴实训。

小组长对组员进行分工，小组成员共同协作完成任务。

实训场地为一个 5m×4m 的小型空间，基层为水泥砂浆找平层，练习实训室满铺地毯施工。学生对实训场地进行作业条件检查，讨论现场情况，参阅《建筑工程施工技术标准》、《建筑装饰工程施工手册》等资料，小组成员共同制定地毯铺贴施工方案，一起完成铺贴任务。

二、任务准备

（一）熟悉常用施工材料。

常用材料有：_____

_____。

（二）认识施工机具。

常用机具有：_____

_____。

三、任务内容

（一）施工计划制定。

1）学生实测场地尺寸_____；检查场地作业条件，已达到要求的项目：_____

_____。

需要处理的项目：_____

_____。

2）根据地毯施工要求，合理安排施工工序。

3）小组长做出小组成员任务分工。

（二）现场领取材料与机具。

自己计算材料用量_____；领取材料并检验材料质量是否合格，检验方法：_____
_____。

小组根据需要领取必要的施工机具：_____
_____。

（三）地毯铺贴。

按照施工工序进行小组操作。教师巡视检查。及时解决现场问题，根据现场小组及成员表现给出现场成绩。

1）_____；

关键技术要求：_____。

2）_____；

关键技术要求：_____。

3）_____；

关键技术要求：_____。

4）_____；

关键技术要求：_____。

5）_____；

关键技术要求：_____。

6）_____；

关键技术要求：_____。

（四）成果展示。

小组完工后，自己先检查施工质量。然后展示成果，小组间互查，互相给出现场成绩。

（五）清理场地。

四、任务评定

地毯施工任务评分表见表1-11。

表1-11 地毯施工任务评分表

序号	测定项目	分值	评定标准	得分
1	表面平服	10	平整	
2	接缝	10	严密、图案吻合	
3	表面情况	10	不应起鼓、起皱、翘边、卷边、显拼缝、露线和毛边	
4	地毯收口	10	顺直压紧	
5	地毯与墙边	10	顺直压紧	
6	工艺	10	错误无分，部分错递减扣分	
7	准备情况	20	准备充分、认真	
8	小组协作情况	10	有集体意识、善于沟通	
9	安全文明施工	10	无安全事故、事后清理现场	
合计				

五、思考与练习

（一）铺设地面地毯基层必须加做_____，并在_____上面做50mm厚1:2:3细石混凝土，1:1水泥砂浆压实赶光，要求表面_____，应具有一定的_____，含水率不大于_____。

（二）对需要铺设地毯的房间、走道等，四周的_____先做好。踢脚板下口均匀应离开地面_____左右，以便于将地毯毛边掩入踢脚板下；大面积施工前应在施工区域内放出_____，并做完_____，经质量部门鉴定合格后按照样板要求进行施工。

（三）地毯裁剪应在比较宽阔的地方集中统一进行。一定要精确测量房间尺寸，并按房间和所用地毯型号在_____逐一登记编号。地毯经线方向应与_____一致。地毯每一边的长度要比实际尺寸长出_____左右，宽度方向要以裁去地毯边缘线后的尺寸计算。

（四）铺设地毯时，沿房间墙边或走道四周踢脚板边缘，用_____将倒刺板钉在基层上（钉朝向_____方向），水泥钢钉长度一般为_____，其间距约_____左右，倒刺板应离开踢脚板面_____，以便钉牢倒刺板。钉倒刺板时应注意不得损伤踢脚边。

项目 2

墙柱面抹灰装饰施工

任务 2.1　一般抹灰墙面施工

任务名称：墙面抹灰实训

一、任务要求

学生分组，在学校实训室分批次进行墙面抹灰实训。

小组长对组员进行分工，小组成员共同协作完成任务。

实训场地提供一块 3m×3m 的墙面，墙体为砌块砖墙，练习墙面一般抹灰施工。学生对实训场地进行作业条件检查，讨论现场情况，参阅《建筑工程施工技术标准》《建筑装饰工程施工手册》等资料，小组成员共同制定施工方案，一起完成练习任务。

二、任务准备

（一）材料准备（查阅资料，填表 2-1）。

表 2-1　墙面一般抹灰施工材料配置表

序　号	名　称	规　格	数　量	备　注
1				
2				
3				
4				
5				
6				

（二）机具准备（查阅机具类型与型号，填表 2-2）。

表 2-2　墙面一般抹灰施工设备配置表

序　号	名　　称	数　　量	规　　格
1			
2			
3			
4			
5			
6			
7			
8			
9			
10			

三、任务内容

（一）施工计划制定。

1）学生实测场地尺寸：＿＿＿＿＿＿＿。

2）根据墙面一般抹灰施工要求，合理安排施工工序。

3）小组长做出小组成员任务分工。

（二）材料准备。

现场领取材料，自己计算材料用量：

检验材料质量是否合格，检验方法_____。

（三）机具准备。

小组根据需要领取必要的主要机具，实习指导老师现场演示机具使用方法，学生做好实习前的安全教育。

（四）铺贴瓷砖。

首先，实习老师可以先演示施工关键技术，使学生对实际操作有一定的认识。

然后，小组按照施工工序进行操作。教师巡视检查，及时解决现场问题，根据现场小组及成员表现给出现场成绩。

1）_____；

关键技术要求：_____。

2）_____；

关键技术要求：_____。

3）_____；

关键技术要求：_____。

4）_____；

关键技术要求：_____。

5）_____；

关键技术要求：_____。

6）_____；

关键技术要求：_____。

7）_____；

关键技术要求：_____。

（五）成果展示。

小组完工后，自己先检查施工质量。然后展示成果，小组间互查，互相给出现场成绩。

（六）清理场地。

四、任务评定

墙面一般抹灰施工任务评分表见表 2-3。

表 2-3 墙面一般抹灰施工任务评分表

序号	测 定 项 目	分值	评 定 内 容	得分
1	实训准备情况	20	前期准备充分 20 分、一般 15 分、不充分 10 分	
2	基层处理情况	10	是否干净、平整、润湿	
3	层次记录	10	是否分层施工、每层厚度记录	
4	工具使用情况	10	使用方法是否正确	
5	表面	10	光滑洁净	
6	阴阳角方正	10	允许偏差 4mm	
7	粘结牢固	10	无脱皮、空鼓	
8	安全文明施工	10	重大事故本项目不合格,一般事故扣 4 分,现场未清理扣 2 分	
9	工效	10	开始时间: 结束时间:	
合计				

五、思考与练习

(一)墙面一般抹灰施工工艺流程:①_____→②_____→③_____→④_____→⑤____→⑥_____→⑦_____→⑧_____。

(二)墙面抹灰时,用线坠、方尺、拉通线等方法贴灰饼,灰饼也叫_____。在高 2000mm、距墙阴角 100mm 处,依照弹线位置用底层抹灰砂浆先做____,灰饼大小_____,水平距离约为_____,厚度为_____,灰饼抹平压实后,用抹子将其四周搓成_____。依据做好的标准标志块,挂垂线确定下部标志块的位置,一般在踢脚上方_____处做下灰饼。用_____找好垂直,使上下两个标志块在一条垂直线上。

(三)冲筋又叫标筋、出柱头,在上下两块标志块之间先抹出一条长梯形灰埂,其宽度约_____,厚度与_____相平。

(四)抹灰用的石灰膏的熟化期不应少于_____,罩面用的磨细石灰粉的熟化期不应少于_____。

(五)抹灰层与基层之间及各抹灰层之间必须_____,抹灰层应无_____,面层应无_____。检验方法:_____;用____轻击检查;检查_____。

任务 2.2 干粘石墙面施工

任务名称：归纳石粒（渣）类装饰抹灰施工

一、任务要求

学生分组，查阅资料。归纳石粒类装饰抹灰的主要类型，了解所使用的石粒以及胶凝材料的特点及性能，对其施工层次、施工工具及施工方式进行讨论，制作石粒类装饰抹灰汇总表。

二、任务内容

（一）搜集石粒（渣）类装饰抹灰的资料。

搜集资料的方式：_____。

查阅的相关书籍名称：_____。

（二）石粒（渣）类装饰抹灰的类型。

（三）石粒（渣）类装饰抹灰常用材料、规格、性能，（制作出常用材料表格）。

（四）不同类型石粒（渣）类装饰抹灰的施工方式、施工机具、施工程序（绘制出表格）。

（五）小组总结归纳石粒（渣）类装饰抹灰的类型及发展，可写成小论文形式，班级内部展示。

三、任务评定

石粒（渣）类装饰抹灰任务评分表见表2-4。

表2-4 石粒（渣）类装饰抹灰任务评分表

序号	测定项目	分值	评分标准	得分
1	资料查阅情况	20	资料查阅详实20分、一般15分、不认真细致10分	
2	小组归纳情况	20	条理清楚20分、一般15分、混乱10分	
3	表格制定	20	项目总结能力分为20分、15分、10分三个等级	
4	小组展示情况	20	讲解能力分为20分、15分、10分三个等级	
5	小组协作情况	10	分工明确，积极主动来判定	
6	小组进步情况	10	学习能力、学习态度逐步提高	
合计				

四、思考与练习

（一）做干粘石前混凝土墙基层处理：①＿＿＿＿＿＿＿：用钢钻子将混凝土墙面均匀凿出麻面，并将板面酥松部分剔除干净，用钢丝刷将粉尘刷掉，用清水冲洗干净，然后浇水均匀湿润；②＿＿＿＿＿＿＿：用＿＿＿＿＿的火碱水将混凝土表面油污及污垢清刷除净，然后用清水冲洗晾干，刷一道胶黏剂素水泥浆，或涂刷＿＿＿＿＿＿＿＿等方法均可。

（二）干粘石施工时根据设计图要求弹出＿＿＿＿＿＿，然后粘＿＿＿＿＿＿，分格条使用前要＿＿＿＿＿＿，粘时在分格条两侧用素水泥浆抹成＿＿＿＿＿八字坡形，粘分格条时应注意粘在所弹立线的＿＿＿＿＿侧，防止左右乱粘，出现分格不均匀。弹线、分格应设专人负责，以保证分格符合设计要求。

（三）为保证粘结层粘石质量，抹灰前应＿＿＿＿＿＿＿＿，粘结层厚度以所使用＿＿＿＿＿＿确定，抹灰时如果有干得过快的部位应＿＿＿＿＿＿＿，然后抹粘结层。

（四）粘石面层完成后，常温＿＿＿＿＿＿后喷水养护，养护期不少于＿＿＿＿＿，夏日阳光强烈，气温较高时，应适当＿＿＿＿＿＿，避免阳光直射，并适当增加喷水＿＿＿＿＿＿，以保证工程质量。

任务 2.3　拉毛灰墙面施工

任务名称：归纳装饰抹灰施工

一、任务要求

学生分组，查阅资料。了解装饰抹灰的主要类型，了解其所使用的骨料以及胶凝材料的特点及性能，对其施工层次、施工工具及施工方式进行讨论，制作装饰抹灰汇总表。

二、任务内容

（一）搜集装饰抹灰的资料。

搜集资料的方式：＿＿＿＿＿＿＿＿＿＿＿＿＿＿＿＿＿＿＿＿＿＿＿＿＿＿＿。

查阅的相关书籍名称：＿＿＿＿＿＿＿＿＿＿＿＿＿＿＿＿＿＿＿＿＿＿＿。

（二）装饰抹灰的主要类型有哪些？

（三）列举装饰抹灰常用材料、规格、性能（绘制常用材料表格）。

（四）列举各种装饰抹灰的施工方式、施工机具、施工程序（绘制出表格）。

（五）小组总结归纳装饰抹灰的类型及发展，可写成小论文形式，班级内部展示。

三、任务评定

装饰抹灰任务评分表见表 2-5。

表 2-5 装饰抹灰任务评分表

序号	测定项目	分值	评分标准	得分
1	资料查阅情况	20	资料查阅详实20分、一般15分、不认真细致10分	
2	小组归纳情况	20	条理清楚20分、一般15分、混乱10分	
3	表格制定	20	项目总结能力分为20分、15分、10分三个等级	
4	小组展示情况	20	讲解能力分为20分、15分、10分三个等级	
5	小组协作情况	10	分工明确,积极主动来判定	
6	小组进步情况	10	学习能力、学习态度逐步提高	
合计				

四、思考与练习

(一)拉毛灰大面积施工前,应先做_____,经鉴定并确定施工方法后,再组织施工。

(二)拉毛灰弹线、分格时,按图样要求粘分格条,特殊节点如_____等下面,应粘贴滴水条。

(三)拉毛灰施工时,最好两人配合进行,一人在前面抹拉毛灰,其厚度根据_____而定,另一人紧跟着用_____平稳地压在拉毛灰上,接着就顺势轻轻地拉起来,拉毛时用力要均匀,速度要一致,使毛显露大、小均匀。

(四)拉毛灰注意冬雨期施工:外墙面拉毛抹灰在严冬期应_____,初冬施工时应掺入能降低冰点的_____,如面层涂刷涂料时,应使其所掺入的外加剂与涂料材质相匹配。冬期室内进行拉毛施工时,其操作地点温度应在_____以上,以利施工。雨期施工应搞好_____,下雨时,严禁在外墙进行拉毛施工。

任务 2.4 斩假石墙面施工

任务名称:墙面装饰抹灰施工设计

一、任务要求

学生分组,小组成员共同协作完成任务。

根据对装饰抹灰类型及施工的了解,设计一种新型装饰抹灰。要求提出明确的设计目标，讨论并选定合理的材料配置，制订出详细的施工方案，并制作出施工小样展示。

二、任务内容

（一）设计目标。

（二）抹灰材料的选取（说出选择此种材料的理由）。

材料一：＿＿＿＿＿＿＿＿＿＿＿＿＿＿＿＿＿＿＿＿＿＿＿＿＿＿＿＿＿＿。

材料二：＿＿＿＿＿＿＿＿＿＿＿＿＿＿＿＿＿＿＿＿＿＿＿＿＿＿＿＿＿＿。

材料三：＿＿＿＿＿＿＿＿＿＿＿＿＿＿＿＿＿＿＿＿＿＿＿＿＿＿＿＿＿＿。

材料四：＿＿＿＿＿＿＿＿＿＿＿＿＿＿＿＿＿＿＿＿＿＿＿＿＿＿＿＿＿＿。

材料的配比：＿＿＿＿＿＿＿＿＿＿＿＿＿＿＿＿＿＿＿＿＿＿＿＿＿＿＿＿。

（三）工具的选取（根据饰面要求可以自己设计简单的工具）。

主要工具类型：＿＿＿＿＿＿＿＿＿＿＿＿＿＿＿＿＿＿＿＿＿＿＿＿＿＿。

（四）抹灰层次的设计。

第一层（底层灰）：＿＿＿＿＿＿＿＿＿＿＿＿＿＿＿＿＿＿＿＿＿＿＿＿；

第二层（中层灰）：＿＿＿＿＿＿＿＿＿＿＿＿＿＿＿＿＿＿＿＿＿＿＿＿；

第三层（面层灰）：＿＿＿＿＿＿＿＿＿＿＿＿＿＿＿＿＿＿＿＿＿＿＿＿。

（五）施工方案设计。

第一步：＿＿＿＿＿＿＿＿＿＿＿＿＿＿＿＿＿＿＿＿＿＿＿＿＿＿＿＿＿＿；

施工关键：＿＿＿＿＿＿＿＿＿＿＿＿＿＿＿＿＿＿＿＿＿＿＿＿＿＿＿＿＿。

第二步：＿＿＿＿＿＿＿＿＿＿＿＿＿＿＿＿＿＿＿＿＿＿＿＿＿＿＿＿＿＿；

施工关键：＿＿＿＿＿＿＿＿＿＿＿＿＿＿＿＿＿＿＿＿＿＿＿＿＿＿＿＿＿。

第三步：＿＿＿＿＿＿＿＿＿＿＿＿＿＿＿＿＿＿＿＿＿＿＿＿＿＿＿＿＿＿；

施工关键：＿＿＿＿＿＿＿＿＿＿＿＿＿＿＿＿＿＿＿＿＿＿＿＿＿＿＿＿＿。

第四步：＿＿＿＿＿＿＿＿＿＿＿＿＿＿＿＿＿＿＿＿＿＿＿＿＿＿＿＿＿＿；

施工关键：＿＿＿＿＿＿＿＿＿＿＿＿＿＿＿＿＿＿＿＿＿＿＿＿＿＿＿＿＿。

第五步：＿＿＿＿＿＿＿＿＿＿＿＿＿＿＿＿＿＿＿＿＿＿＿＿＿＿＿＿＿＿；

施工关键：＿＿＿＿＿＿＿＿＿＿＿＿＿＿＿＿＿＿＿＿＿＿＿＿＿＿＿＿＿。

第六步：＿＿＿＿＿＿＿＿＿＿＿＿＿＿＿＿＿＿＿＿＿＿＿＿＿＿＿＿＿＿；

施工关键：＿＿＿＿＿＿＿＿＿＿＿＿＿＿＿＿＿＿＿＿＿＿＿＿＿＿＿＿＿。

第七步：＿＿＿＿＿＿＿＿＿＿＿＿＿＿＿＿＿＿＿＿＿＿＿＿＿＿＿＿＿＿；

施工关键：_____。

（六）小样制作。

小组根据自己的设计方案准备材料，在学校实训场地制作一块 $1m^2$ 的施工小样。

（七）小组总结（总结小组施工过程中遇到的问题以及解决的方法）：

（八）小组展示。

三、任务评定

装饰抹灰施工任务评分表见表2-6。

表2-6　装饰抹灰施工任务评分表

序号	测 定 项 目	分值	评 分 标 准	得分
1	设计创意	20	分为20分、15分、10分三个等级	
2	材料选择	10	是否合理，一种材料不合适扣2分	
3	施工层次	10	是否合理，分为10分、8分、6分三个等级	
4	工具选择	10	工具选取是否合理，一种工具不合适扣2分	
5	施工过程	20	安排合理，施工顺利，分为20分、15分、10分三个等级	
6	小组协作情况	15	分工明确5分，积极主动5分，收获大5分	
7	小样展示效果	15	分为15分、10分、7分三个等级	
合计				

四、思考与练习

（一）斩假石工艺流程：① _____ →② _____ →③ _____ →④ _____ →⑤ _____ →⑥ _____ →⑦ _____ →⑧ _____。

（二）抹灰工程应分层进行。当抹灰总厚度大于_____时，应采取加强措施。不同材料基体交接处表面的抹灰，应采取_____措施，当采用加强网时，加强网与各基体的搭接宽度_____。

（三）斩假石面层抹好后，常温（15～30℃）约隔_____可开始试剁，在气温较低时（5～15℃）抹好后约隔_____可开始试剁，如经试剁石子不脱落便可正式剁。

（四）斩假石抹灰季节性施工要求。

1）_____阶段不能进行斩假石施工。

2）冬期施工，砂浆的使用温度_____，砂浆硬化前，应采取_____。

3）用冻结法砌筑的墙，应待其_____再抹灰。

4）砂浆抹灰层_____不得受冻。气温低于5℃时，室外抹灰所用的砂浆可掺入能降低结温度的_____，其掺量应由试验确定。

项目 3

墙柱面装饰施工

任务 3.1 外墙涂料施工

任务名称：外墙涂料施工现场参观实训

一、任务要求

本次任务带领学生参观外墙涂料施工工程现场，要求学生做好参观前的准备工作，并填写参观记录表，最后写出实地参观日记。

二、任务准备

学生按小组参观，每个小组参观前先查阅资料，了解外墙涂料施工的材料、机具及过程。

（一）外墙涂料施工需准备哪些材料，对材料有何要求？

（二）外墙涂料施工可能应用的机具有哪些？

（三）简述外墙涂料施工流程。

（四）参观实习时小组的安全要求。

三、任务内容

（一）现场外墙涂料施工方式：_____。

（二）现场参观时用到哪些材料（可附上材料的规格、等级、品牌）？

（三）现场所用的机具及型号（可绘制一些机具的简单样图或拍一些施工图片）。

（四）现场工人施工的工序（可以把参观中学到的施工技巧、施工要点登记）。

步骤一：

步骤二：

步骤三：

（五）现场提出的问题及解答情况（每小组不少于 3 个问题）。

问题 1：

问题 2：

问题 3：

（六）实习日记（谈谈自己的收获，不少于 300 字，可另附纸书写）。

四、任务评定

外墙涂料施工任务评分表见表 3-1。

表 3-1　外墙涂料施工任务评分表

序号	测 定 项 目	分值	评 分 标 准	得分
1	参观前准备情况	20	充分查阅资料，理论准备充足	
2	安全纪律情况	10	听从教师安排，注意安全，不打闹	
3	问题设置情况	10	提出问题数量多少，质量如何	
4	参观记录	20	记录详实有内容	
5	参观日记	20	日记真实有收获	
6	现场沟通能力	10	与现场工人沟通态度好、气氛融洽	
7	现场发现问题能力	10	观察仔细，有求知欲	
合计				

五、思考与练习

（一）基层涂刷涂料时，含水率不得大于_____。在施工时若没有测含水率的手段，可以在基层表面放一块 $1 m^2$ 卷材，静置_____h 后掀开检查，基层覆盖部位与卷材上未见_____即可铺设。

（二）外墙刮腻子时，为避免腻子收缩过大，出现_____，一次刮涂不要过厚，根据不同腻子的特点，厚度以_____为宜。不要过多地_____刮涂，以免出现卷皮脱落或将腻子中的胶料挤出封住表面不易干燥。

（三）打磨腻子时，不能_____，打磨必须在基层或腻子干燥后进行，以免粘附砂纸影响操作。砂纸的粗细要根据被磨表面的_____来定，砂纸粗了会产生砂痕，影响涂层的最终装饰效果。一般选用_____砂纸打磨。

（四）基层封闭底漆施工时应先_____后_____，从_____而____均匀涂刷施工。在底漆施工完毕_____h 后可以进行第一遍面涂施工。第一遍面涂施工结束_____h 后方可进行第二遍面涂施工。

（五）涂料工程的基层处理应_____。
检验方法：_____。

任务 3.2　内墙涂料施工

一、任务要求

学生分组，在学校实训室分批次进行内墙涂料涂刷实训。

小组长对组员进行分工，小组成员共同协作完成任务。

实训场地为每小组一块 3m×3m 墙面，基层为旧的涂料墙面。学生对实训场地进行作业条件检查，讨论现场情况，参阅《建筑工程施工技术标准》《建筑装饰工程施工手册》等资料，小组成员共同制定施工方案，一起完成任务。

二、任务准备

（一）熟悉内墙施工主要材料。

常用材料有：_____

_____。

（二）认识施工机具。

常用机具有：_____

_____。

三、任务内容

（一）施工计划制定。

1）学生实测场地尺寸_____；检查场地作业条件，已达到要求的项目_____

_____。

需要处理的项目：_____

_____。

2）根据内墙涂料施工要求，合理安排施工步骤。

3）小组长做出小组成员任务分工。

（二）现场领取材料与机具。

自己计算小组所需材料用量：＿＿＿＿＿＿＿＿＿＿＿。

领取材料并检验材料质量是否合格，检验方法：＿＿＿＿＿＿＿＿＿＿＿

＿＿＿＿＿＿＿＿＿＿＿＿＿＿＿＿＿＿＿＿＿＿＿＿＿＿＿＿＿＿＿＿＿＿＿＿。

小组根据需要领取必要的施工机具：＿＿＿＿＿＿＿＿＿＿＿＿＿＿＿

＿＿＿＿＿＿＿＿＿＿＿＿＿＿＿＿＿＿＿＿＿＿＿＿＿＿＿＿＿＿＿＿＿＿＿＿。

（三）涂料涂刷施工。

按照施工工序进行小组操作。教师巡视检查。及时解决现场问题，根据现场小组及成员表现给出现场成绩。

1）＿＿＿＿＿＿＿＿＿＿＿＿＿＿＿＿＿＿＿＿＿＿＿＿；

关键技术要求：＿＿＿＿＿＿＿＿＿＿＿＿＿＿＿＿＿＿。

2）＿＿＿＿＿＿＿＿＿＿＿＿＿＿＿＿＿＿＿＿＿＿＿＿；

关键技术要求：＿＿＿＿＿＿＿＿＿＿＿＿＿＿＿＿＿＿。

3）＿＿＿＿＿＿＿＿＿＿＿＿＿＿＿＿＿＿＿＿＿＿＿＿；

关键技术要求：＿＿＿＿＿＿＿＿＿＿＿＿＿＿＿＿＿＿。

4）＿＿＿＿＿＿＿＿＿＿＿＿＿＿＿＿＿＿＿＿＿＿＿＿；

关键技术要求：＿＿＿＿＿＿＿＿＿＿＿＿＿＿＿＿＿＿。

5）＿＿＿＿＿＿＿＿＿＿＿＿＿＿＿＿＿＿＿＿＿＿＿＿；

关键技术要求：＿＿＿＿＿＿＿＿＿＿＿＿＿＿＿＿＿＿。

6）＿＿＿＿＿＿＿＿＿＿＿＿＿＿＿＿＿＿＿＿＿＿＿＿；

关键技术要求：＿＿＿＿＿＿＿＿＿＿＿＿＿＿＿＿＿＿。

（四）成果展示。

小组完工后，自己先检查施工质量。然后展示成果，小组间互查，互相给出现场成绩。

（五）清理场地。

四、任务评定

内墙涂料施工任务评分表见表3-2。

表3-2 内墙涂料施工任务评分表

序号	测 定 项 目	分值	评 分 标 准	得分
1	施工准备情况	20	准备充分10分，一般8分，不充分5分	
2	基层处理情况	10	处理得当10分，不得当5分	
3	腻子施工情况	15	遍数与时间控制合适	
4	底涂施工情况	10	施工遍数与厚度控制	
5	面涂施工情况	15	面层施工、保护是否得当	
6	工艺设计创新	10	有创新10分	
7	小组协作情况	10	有集体意识、善于沟通	
8	安全文明施工	10	无安全事故、事后清理现场	
合计				

五、思考与练习

（一）内墙涂料合格的基层是涂料美观、耐久的保障，因基层因素造成腻子层、涂料层开裂是常见病。原罩白墙面若使用劣质胶水的，应用_____，墙面出现粉化的应_____。遇到基层裂缝，用_____是内墙涂饰施工的通用方法。

（二）内墙涂料施工中打磨腻子，确保基层大致平整。施工中力求不露底、不漏刮、不留接缝痕迹。腻子一般批刮_____遍成活，每遍腻子层刮涂时间不宜间隔太长，腻子厚度为_____。第二道满刮腻子完成后，阴阳角要靠直，保证阴阳角成直线状。当对墙面的平整度有高要求时，腻子批刮可增加一遍，但最后一遍批刮腻子打磨的厚度_____。

（三）底层涂料应涂刷_____遍。为确保面涂涂饰效果，底层涂料总厚度应为_____，不应贪图省工、省料而只上一遍底层涂料。

（四）刚完成的涂刷的墙面要注意保持_____。施工中尽量避免与其他工种施工共同进行，以免扬尘影响涂刷质量。涂刷完成后漆膜干燥前严禁_____，避免现场施工工具等物磕碰。如有较明显的墙面损伤可局部刮腻子，干燥后补刷面漆。

（五）混凝土或抹灰基层涂刷溶剂型涂料时，含水率不得大于＿＿＿＿；涂刷乳液型涂料时，含水率不得大于＿＿＿＿。木材基层的含水率不得大于＿＿＿＿。

任务 3.3　壁纸裱糊施工

任务名称：实训室墙面壁纸裱糊的施工方案设计

一、任务要求

分小组对实训室工程现场进行作业条件检查，讨论现场情况，参阅《建筑工程施工技术标准》《建筑装饰工程施工手册》，小组成员共同制定施工方案。

二、任务内容

（一）根据现场情况确定合理施工前期准备工作。

1）作业条件是否具备，应如何处理？

2）查阅主要机具及型号并记录。

3）如何检验材料是否合格？

4）计算壁纸用量：
根据壁纸规格尺寸绘制出墙面铺贴布置图。

（二）施工作业流程安排。

1）写出施工作业步骤的安排。

2）每一步的技术关键是什么？

3）每一步完成后是否有需要马上进行检查的项目，如果有，则写出检验方法。

4）对施工中可能出现的情况进行讨论，找出解决问题的方法。

（三）施工质量要求及检查方法。根据质量检查项目，制定出严格的质量控制方法，保证工程顺利进行，试写出主要的质量控制方法。

（四）制定施工安全保证措施。对施工安全进行讨论，根据各种可能制定出施工安全保证措施。

小组讨论后，写出施工方案，班级展示。

三、任务评定

根据展示情况，小组间互相打分，教师根据小组现场表现和方案制定情况打分。最后给出本任务的综合成绩，见表3-3。

表3-3　壁纸裱糊方案设计成绩评定表

序号	评分项目	分值	评分标准	互评结果	教师评定	得分
1	资料查阅是否正确	10	不符合标准不得分			
2	书写内容是否完整	10	不完善不得分			
3	施工现场作业条件是否检查	10	没有不得分			
4	施工流程安排	10	不准确不得分			
5	施工要点	20	没有不得分			
6	检验项目	20	少一个扣4分			
7	检验方法是否得当	10	错一个扣5分，扣完为止			
8	施工安全考虑	10	没有不得分			
合计						

四、思考与练习

（一）壁纸裱糊施工，基膜一般在裱糊壁纸前一天涂刷，可以起到_____的作用，便于粘贴时揭掉墙纸，随时较正图案和对花的粘贴位置，在以后更换壁纸时不伤基层。

（二）壁纸裱糊原则：_____。

（三）糊纸时从墙的_____开始铺贴第一张，按已画好的垂直线_____，并从____往____用手铺平，刮板刮实，并用小辊子将上、下阴角处压实。第一张粘好，应拐过阴角约_____，然后粘铺第二张，依同法压平、压实，与第一张搭槎_____，要自上而下对缝，拼花要端正，用刮板刮平，用钢板尺在第一、第二张搭槎处切割开，将纸边撕去，边槎处带胶压实，并及时将挤出的胶液用湿温毛巾擦净。

（四）裱糊壁纸产生气泡的主要原因是：＿＿＿＿＿＿＿＿＿＿＿＿＿，可用＿＿＿＿＿＿＿＿＿＿插入壁纸，抽出空气后，再注入适量的胶液后用橡胶刮板刮平。

任务 3.4　内墙镶贴瓷砖施工

任务名称：编写内墙瓷砖施工质量检验报告

一、任务要求

实训场地已经完成内墙瓷砖铺贴。学生对工程质量进行检查，参阅《建筑工程施工技术标准》、《建筑装饰工程施工手册》等资料，编制一份施工质量检验报告。

二、任务内容

（一）查阅资料方法是什么？主要查阅的资料内容包括什么？

（二）内墙瓷砖工程质量检验的项目有哪些？

（三）工程所用材料出厂合格证及实验报告检查情况。

（四）隐蔽工程验收记录情况。

（五）施工记录情况。

（六）饰面砖施工质量检查项目的检查。

项目一、＿＿＿＿＿＿＿＿＿＿＿＿

检验方法：＿＿＿＿＿＿＿＿＿＿＿＿＿＿＿；检验结果：＿＿＿＿＿＿＿＿＿＿＿＿＿＿＿＿。

项目二、＿＿＿＿＿＿＿＿＿＿＿＿

检验方法：＿＿＿＿＿＿＿＿＿＿＿＿＿＿＿；检验结果：＿＿＿＿＿＿＿＿＿＿＿＿＿＿＿＿。

项目三、＿＿＿＿＿＿＿＿＿＿＿＿

检验方法：＿＿＿＿＿＿＿＿＿＿＿＿＿＿＿；检验结果：＿＿＿＿＿＿＿＿＿＿＿＿＿＿＿＿。

项目四、＿＿＿＿＿＿＿＿＿＿＿＿

检验方法：＿＿＿＿＿＿＿＿＿＿＿＿＿＿＿；检验结果：＿＿＿＿＿＿＿＿＿＿＿＿＿＿＿＿。

项目五、＿＿＿＿＿＿＿＿＿＿＿＿

检验方法：＿＿＿＿＿＿＿＿＿＿＿＿＿＿＿；检验结果：＿＿＿＿＿＿＿＿＿＿＿＿＿＿＿＿。

项目六、＿＿＿＿＿＿＿＿＿＿＿＿

检验方法：＿＿＿＿＿＿＿＿＿＿＿＿＿＿＿；检验结果：＿＿＿＿＿＿＿＿＿＿＿＿＿＿＿＿。

项目七、＿＿＿＿＿＿＿＿＿＿＿＿

检验方法：＿＿＿＿＿＿＿＿＿＿＿＿＿＿＿；检验结果：＿＿＿＿＿＿＿＿＿＿＿＿＿＿＿＿

（七）编制瓷砖工程质量验收记录表（根据情况学生完善填写项目）。

内墙镶贴瓷砖施工工艺、施工质量检查记录表见表 3-4。

表 3-4 内墙镶贴瓷砖施工工艺、施工质量检查记录表

序号	评 分 项 目	验收意见	质量验收情况
1	墙砖铺贴前进行放线定位		
2	墙砖泡水时间不少于 2h		
3	非整砖应排在次要位置或阴角处		
4	勾缝密实，线条顺直，表面洁净		
5	立面垂直度		
6	…		
7	…		
…	…		

（八）验收结论。

最后展示小组编制的内墙镶贴瓷砖质量验收记录表和验收结论，大家互评。

三、任务评定

内墙瓷砖任务评定表见表 3-5。

表 3-5　内墙瓷砖任务评定表

序号	评 分 项 目	分值	评 分 标 准	得分
1	资料查阅充分	20	资料查阅方式及内容	
2	质量验收项目完整	20	项目完整细致	
3	施工记录检查情况	10	检查项目合理	
4	材料检查情况	10	检查内容完整	
5	隐蔽工程检查情况	10	项目合理	
6	检验方法	10	方法得当	
7	结论准确	10	一处结论不准扣 2 分	
8	小组展示情况	10	展示能力，小组团结协作能力	
合计				

四、思考与练习

（一）釉面砖镶贴前要先清扫干净，而后置于清水中浸泡。一般浸水时间不少于_____，直到不冒气泡为止，然后取出阴干备用。阴干的时间视气候和环境温度而定，一般为_____左右，即以饰面砖表面有潮湿感，但手按无水迹为准。

（二）排砖保证面砖缝隙均匀，符合设计图要求，注意大墙面、柱子和垛子要排_____，以及在同一墙面上的横竖排列，均不得有_____。非整砖行应排在次要部位，如窗间墙或阴角处等，但也应注意_____。如遇有凸出的卡件，应用_____吻合，不得用非整砖随意拼凑镶贴。

（三）镶贴瓷砖时，用废釉面砖贴标准点，用做灰饼的混合砂浆贴在墙面上，上下用_____挂直，用以控制贴釉面砖的表面平整度。横向每隔_____左右做一个标志块，在门洞口或阳角处，用拉线或靠尺校正平整度和垂直度，如无镶边，应_____。

（四）内墙面砖贴完后自检，无空鼓、不平、不直后，用棉丝擦干净。一般贴砖_____后即可勾缝或擦缝。

（五）满粘法施工的饰面砖工程应无_____。

检验方法：_____。

任务 3.5　外墙镶贴瓷砖施工

任务名称：编制外墙面砖铺贴工程施工技术交底

一、任务要求

学生分组查阅相关资料，了解施工技术交底的意义及内容要求。针对学校教学楼外墙砖铺贴，学生制定施工方案，编制出学校外墙面砖铺贴工程施工技术交底。

二、任务内容

（一）查阅资料的方式是什么？查阅资料类型有哪些？

（二）小组施工技术交底的定位（针对的对象，主要内容）。

（三）施工条件检查（施工图、施工基底等检查）。

（四）确定外墙砖施工方法（说出确定原因）。

（五）主要施工技术要求有哪些？

（六）可能发生的质量问题和安全问题有哪些，采取何种措施处理？

（七）编制外墙砖施工技术交底书。

小组编制完成后，班级展示，学生相互讲评。

三、任务评定

外墙砖铺贴任务成绩评定见表 3-6。

表 3-6 外墙砖铺贴任务成绩评定

序号	评 分 项 目	分值	评 分 标 准	得分
1	资料查阅情况	20	资料查阅方法多、资料内容丰富	
2	施工方案设计合理	10	施工前期准备条件检查充分	
3	施工技术确定	10	准确合理性	
4	施工质量控制方法	10	全面准确，少一处、错一处扣 2 分	
5	施工安全控制	10	内容全面、处理准确	
6	内容规范、条理	20	写作规范、符合要求	
7	小组合作情况	10	分工合理、沟通能力强	
8	小组展示情况	10	表述清晰，展示能力强	
合计				

四、思考与练习

（一）外墙砖铺贴，根据大样图及_____与_____和_____，进行横竖排砖，并应达到横缝与门窗脸窗台或腰线一平，竖线与阳角、门窗旁平行，门窗口阳角都是整砖。横竖方向，每_____块距离弹直线，以控制砖的横平竖直。

（二）对高层建筑物镶贴面砖，应在四周大角和门窗口边用_____打垂直线找直；对多层建筑物，可从顶层开始用大线锤，绷 0.7mm 铁丝吊垂直，然后设立标点做_____。横线则以楼层为水平基线交圈控制，竖向则以四周大角和通天柱、垛子为基线控制。线与线之间应全部为整砖。

（三）在每一分段或分块内铺贴外墙砖，均为自____而____进行。在最下一层砖下皮的位置垫好_____，并用水平尺校正，以此托住第一批砖，在砖外皮上口拉水平通线，作为铺贴的标准。

（四）冬期一般只在低温初期施工，严寒阶段不能施工。冬期施工时，砂浆温度不得低于_____℃，砂浆硬化前应采取防冻措施。铺贴砂浆硬化初期不得受冻。气温低于_____℃时，室外铺贴砂浆内可适量掺入能降低冻结温度的外加剂。冬期施工，砂浆内的石灰膏和 108 胶不能使用，可采用同体积的_____代替或改用水泥砂浆抹灰，以防灰层早期受冻，保证操作质量。

（五）基层偏差大、每层抹灰跟得太紧、勾缝不严、未洒水养护等易造成

_____。砂浆配比不准、稠度不好、砂子含泥过多、干缩率不一致等会产生_____。克服办法：冬期气温低，贴外墙砖尽量不在冬期施工；重视基层处理；严格工艺控制；砂浆中加入_____增加粘结力；加强自检，发现问题及时返工重贴。

任务 3.6　墙面贴挂石材施工

任务名称：调查比较石材施工方法

一、任务要求

学生查阅墙面石板材施工的相关资料，总结不同的施工方式的适用情况以及其优缺点，了解石材施工的发展趋势。小组汇总所有资料，编制石材施工的调查报告。

二、任务内容

（一）资料查阅。

查阅方式：

查阅资料名称：

（二）石材施工方式（施工类型的名称）。

第一种：

第二种：

第三种：

（三）各种施工方法的优缺点。

第一种：

第二种：

第三种：

（四）各种施工方法的工艺流程。

第一种：

第二种：

第三种：

（五）石材施工方式的发展趋势。

（六）编写石材施工调查报告（可以配以图片和表格）。小组展示自己的报告，同学互相点评。

三、任务评定

石材施工任务成绩评定表见表3-7。

表3-7　石材施工任务成绩评定表

序号	评分项目	分值	评分标准	得分
1	资料查阅情况	20	资料查阅方式多样，内容丰富	
2	总结全面	20	施工方法总结全面，少一种扣2分	
3	资料应用准确	10	有一处错误扣2分	
4	整理能力	10	书写条理清晰	
5	内容展示方式新颖	20	有一个创新点给5分	
6	小组协作情况	10	分工明确，沟通协调好	
7	小组展示能力	10	学生陈述清晰，展示效果好	
合计				

四、思考与练习

（一）石板材质量要求：根据设计要求，确定＿＿＿＿＿＿＿＿＿＿＿＿＿，各种性能必须符合国家标准和现行行业标准。使用前必须经质量鉴定部门检验合格方能使用，同时使用前必须进行＿＿＿＿＿＿，对板材安装的位置必须＿＿＿＿＿＿，现场安装时按编号就位，不得换位。

（二）挂贴石材以前，用线锤从上至下在＿＿＿＿＿＿＿＿＿＿＿＿找出垂直线，应考虑饰面板的厚度，灌注砂浆的空隙，以及钢筋所占尺寸，一般饰面板外皮与结构面的距离以50mm为宜。在地面上顺墙（柱）面弹出饰面板＿＿＿＿＿＿＿＿＿线，作为第一层饰面板的基准线。

（三）挂贴石材施工顺序：一般墙面从_____开始，也可以从_____开始，由_____往_____镶贴。柱梁镶贴，一般先镶两边立柱，后镶横边梁。

（四）常用规格的石板材挂贴施工一般分_____层灌浆，上一层灌浆_____h待砂浆初凝，检查无移动后再灌下一层砂浆。灌最后一层砂浆时注意其上表面一般应低于板上口_____。在上层板灌浆前，应将固定石膏顺次拆除，并用水泥擦隙，板面用湿布擦净。

（五）采用湿作业法施工的饰面板工程，石材应进行_____处理，饰面板与基体之间的灌注材料应饱满、密实。检验方法：用_____检查施工记录。

任务 3.7　木龙骨镶板施工

任务名称：木护墙施工参观

一、任务要求

本次任务带领学生参观木护壁施工工程现场，要求学生做好参观前的准备工作，并填写参观记录表，最后写出实地参观日记。

二、任务准备

学生按小组参观，每个小组参观前先查阅资料，了解木护壁施工的材料、机具及过程。

（一）木护壁施工需准备哪些材料，对材料有何要求？

（二）木护壁施工可能应用的机具有哪些？

（三）木护壁施工流程。

（四）参观实习时小组的安全要求。

三、任务内容

（一）现场木护壁施工构造层次（可以绘图）。

（二）现场参观时用到哪些材料（可附上材料的规格、等级、品牌）？

（三）现场所用的机具及型号（可绘制一些机具的简单样图或拍一些施工图片）。

（四）现场工人施工的工序（可以登记参观中学到的施工技巧、施工要点）。

步骤一：

步骤二：

步骤三：

（五）现场提出的问题及解答情况（每小组不少于3个问题）。

问题1：

问题2：

问题3：

（六）实习日记（谈谈自己的收获，不少于300字，可另附纸书写）。

四、任务评定

木护壁施工任务评分表见表3-8。

表3-8 木护壁施工任务评分表

序号	测定项目	分值	评分标准	得分
1	参观前准备情况	20	充分查阅资料，理论准备充足	
2	安全纪律情况	10	听从教师安排，注意安全，不打闹	
3	问题设置情况	10	提出问题数量多少，质量如何	
4	参观记录	20	记录详实有内容	
5	参观日记	20	日记真实有收获	
6	现场沟通能力	10	与现场工人沟通态度好、气氛融洽	
7	现场发现问题能力	10	观察仔细，有求知欲	
合计				

五、思考与练习

（一）木护壁施工时，根据图样要求和设计要求，测量墙面尺寸，计算出所需护墙板的整块数，然后在墙上弹出＿＿＿＿＿＿＿＿＿＿＿＿＿＿＿＿＿＿＿。

（二）护墙板一般为纵向接头，木纹＿＿＿＿＿＿向下，花纹通顺，相邻面板的木纹和色泽应近似。钉面板时，宜自＿＿＿＿而＿＿＿＿＿＿进行，接缝应严密。用15mm气钉枪固定罩面板，钉距＿＿＿＿＿＿，板材的拼缝落在木龙骨的＿＿＿＿＿＿＿＿＿＿，钉帽可直接冲入板面，在油漆终饰前再以油性腻子嵌平，打磨平整即可。对于9mm左右厚度的胶合板，应采用30～35mm的圆钉固定。

（三）木制作与安装所使用材料的材质、规格、纹理和颜色、木材的阻燃性能等级和含水率、胶合板的甲醛含量应符合设计要求及国家现行标准的有关规定。检验方法：＿＿＿＿＿＿＿＿＿＿＿＿＿＿＿＿＿＿＿＿＿＿＿＿＿＿＿＿。

（四）木质板做罩面时，其板材拼缝形式一般有＿＿＿＿＿＿＿＿＿＿几种。

任务 3.8　软包墙面施工

任务名称：创意功能型软包墙面样板的设计

一、任务要求

要求学生查阅资料，对墙面软包材料、类型及施工方式有全面的了解。学生自己设定某种功能明确的软包类型，确定软包造型，选择合适材料、工具、施工方式及施工流程，最后小组协作制作出软包墙面样板。

二、任务内容

（一）资料查阅。

查阅方式：

查阅资料名称：

（二）确定软包墙面的类型（明确其功能、外观特点）。

（三）选择的施工材料（颜色、规格要详细）。

（四）选择的施工工具。

（五）绘制出所设计的软包墙面的平面图及剖面图。

（六）制定施工工艺流程。

（七）小组样板制作。小组样板制做好后，班级展示，同学讲评。

三、任务评定

软包墙面样板制作任务成绩评定表见表3-9。

表3-9 软包墙面样板制作任务成绩评定表

序号	评分项目	分值	评分标准	得分
1	资料查阅情况	20	查阅方式多样，资料齐全	
2	墙面选择定位	10	类型明确、有创意	
3	材料选择	10	新颖，合理	
4	工具选用	10	合理、准确	
5	施工工艺设计	10	工艺流程合理	
6	样板制作	20	符合设计目标、制作精良	
7	小组协作	10	能很好分工，与人沟通良好	
8	展示能力	10	表达清晰，效果好	
合计				

四、思考与练习

（一）软包墙面的具体做法有两种：一是＿＿＿＿＿＿＿＿（此法操作比较简便，但对基层或底板的平整度要求较高）；二是＿＿＿＿＿＿＿＿＿，此法有一定的难度，要求必须横平竖直、不得歪斜，尺寸必须准确等。

（二）墙面软包，铺钉横、竖木龙骨，满涂氟化钠＿＿＿＿＿＿＿＿＿道，防火涂料＿＿＿＿道，中距＿＿＿＿＿＿＿＿＿，与墙体内防腐木砖钉牢，龙骨与墙体之间如有缝隙，须以防腐木片（或木块）垫平垫实。

（三）软包墙面面层裁剪，将面层按下列尺寸裁割：横向尺寸＝竖龙骨中心间距＋＿＿＿＿＿＿；竖向尺寸＝软包墙面高度＋＿＿＿＿＿＿＿＿＿＿。

（四）冬期施工应在采暖条件下进行，室内操作温度不应低于_____，要注意_____工作。做好门窗缝隙的封闭，并设专人负责测温、排湿、换气，严防寒气进入冻坏成品。

（五）软包上下口亏料的主要原因是_____、_____、刀子不快等。

任务 3.9　金属板包柱面施工

任务名称：包柱施工类型的调查

一、任务要求

学生分组查阅相关包柱施工资料，调查最新包柱类型、材料、施工方法及工艺。小组成员协作，编制包柱施工类型调查报告。

二、任务内容

（一）包柱施工资料查阅方法：

资料查阅内容：

（二）目前包柱类型有哪些?

（三）列举包柱材料及类型（新型材料的应用）。

（四）叙述包柱施工方式（新型包柱施工工艺）。

（五）包柱施工构造层次（可绘制不同柱子的施工构造层次图）。

（六）编制包柱工程装饰施工调查报告。调查报告完成后，小组展示，学生根据展示情况评定小组成绩。

三、任务评定

包柱工程任务成绩评定表见表3-10。

表3-10　包柱工程任务成绩评定表

序号	评 分 项 目	分值	评 分 标 准	得分
1	调查资料充分	20	资料丰富，每份资料得2分	
2	包柱类型统计	10	类型统计完整	
3	包柱材料统计	10	材料统计完整	
4	施工方式统计	10	施工方式准确	
5	调查报告整理情况	20	报告条理清楚、内容丰富	
6	报告新颖性	10	对新材料、新工艺整理	
7	小组展示情况	10	展示能力强，展示效果好	
8	小组协作性	10	小组协作沟通能力	
合计				

四、思考与练习

（一）包柱过程中放线时，需弹出地面、吊顶＿＿＿＿＿＿＿＿，弹出地面、吊顶＿＿＿＿＿。确定方柱基准底框，以柱底长边做边长，直角尺滑正方框，标出各边＿＿＿＿。将轴线位置用笔在楼面做好标识，定出相对位置＿＿＿＿。

（二）包柱过程中，骨架形体校正，是为了符合质量要求并且确保装饰柱体的造型准确，在骨架施工过程中，应不断进行检查和校正，检查的主要项目有＿＿＿＿＿＿＿＿＿＿。

（三）包柱安装衬板时，在圆柱木质骨架的表面刷＿＿＿＿＿＿＿＿＿＿＿＿＿＿，将胶合板粘贴在木骨架上，然后用气钉从一侧开始钉胶合板，逐步向另一侧固定。在对缝处，用钉量要适当＿＿＿＿＿＿＿，或用 U 形枪钉，钉头要＿＿＿＿＿木夹板内。

（四）金属板包柱安装的关键是使片与片的对口相接。不锈钢安装的对口方式有很多，主要有＿＿＿＿＿＿＿＿和＿＿＿＿＿＿＿＿＿两种固定方法。

项目 4

吊顶装饰施工

任务 4.1　木龙骨吊顶施工

任务名称：木龙骨吊顶的施工方案设计

一、任务要求

分小组对吊顶实训室现场进行作业条件检查，讨论现场情况，参阅《建筑工程施工技术标准》《建筑装饰工程施工手册》，小组成员共同制定木龙骨吊顶施工方案。

二、任务内容

（一）根据现场情况确定合理施工前期准备工作。

1）作业条件是否具备，应如何处理？

2）主要机具的配备，请查阅主要机具及型号并记录。

3）材料的准备，如何检验材料是否合格？

4）测量场地尺寸，绘制木龙骨吊顶布置图和面板布置图。

（二）施工作业流程安排。

1）写出施工作业步骤的安排，并标出哪些属于关键步骤。

2）每一步的技术关键是什么？

3）每一步完成后是否有需要马上进行检查的项目，如果有，写出检验方法。

4）对施工中可能出现的问题进行讨论，找出解决问题的方法。

（三）施工质量要求及检查方法。根据质量检查项目，制定出严格的质量控制方法，保证工程顺利进行，试写出主要的质量控制方法。

（四）制定施工安全保证措施。对施工安全进行讨论，根据各种可能制定出施工安全保证措施。

小组讨论后，写出施工方案，班级展示。

三、任务评定

根据展示情况，小组间互相打分，教师根据小组现场表现和方案制定情况打分。最后给出本任务的综合成绩，见表4-1。

表 4-1 木龙骨吊顶方案设计成绩评定表

序号	评分项目	分值	评分标准	互评结果	教师评定	得分
1	资料查阅是否正确	10	不符合标准不得分			
2	书写内容是否完整	10	不完善不得分			
3	施工现场作业条件是否检查	10	没有不得分			
4	施工流程安排	10	不准确不得分			
5	施工布置图绘制	10	有一处错误扣2分、扣完为止			
6	施工要点	10	没有不得分			
7	检验项目	20	少一个扣4分			
8	检验方法是否得当	10	错一个扣5分，扣完为止			
9	施工安全考虑	10	没有不得分			
合计						

四、思考与练习

（一）木龙骨吊顶是以木质龙骨为_____，配以胶合板、纤维板或其他_____作为罩面板材组合而成的吊顶，其具有加工方便、造型能力强的特点，但不适用于_____吊顶。

（二）木龙骨吊顶施工工艺流程：①弹线→②_____→③安装吊杆→④_____→⑤安装次龙骨→⑥管道及灯具的固定→⑦面板安装。

（三）确定吊挂点位置线时，有迭级造型的吊顶应在迭级_____布置吊点，两吊点距离_____m。

（四）主龙骨应_____房间长向安装，同时应起拱，起拱高度为房间跨度的 1/250 左右。主龙骨的悬臂段不大于 300mm。主龙骨接长采用对接，相邻主龙骨的对接接头要_____。

任务 4.2　轻钢龙骨吊顶施工

任务名称：轻钢龙骨吊顶施工参观实训

一、任务要求

本次任务带领学生参观轻钢龙骨吊顶施工工程现场，要求学生做好参观前的准备工作，并填写参观记录表，最后写出实地参观日记。

二、任务准备

学生按小组参观，每个小组参观前先查阅资料了解轻钢龙骨吊顶施工的材料、机具及过程。

（一）轻钢龙骨吊顶施工需准备哪些材料？

（二）轻钢龙骨吊顶施工可能应用的机具有哪些？

（三）轻钢龙骨吊顶施工构造（绘出构造图）。

（四）轻钢龙骨吊顶施工流程。

（五）参观实习时小组准备的安全要求。

三、任务内容

（一）现场参观时见到哪些材料（可填写上材料规格、品牌）？

（二）现场看到的机具及型号（可绘制一些机具的简单样图）。

（三）现场工人施工的工序。

步骤一：

步骤二：

步骤三：

（四）现场提出的问题及解答情况（每小组不少于 3 个问题）。

问题 1：

问题 2：

问题 3：

（五）实习日记（谈谈自己的收获，不少于 300 字，可另附纸书写）。

四、任务评定

轻钢龙骨吊顶任务评分表见表 4-2。

表 4-2　轻钢龙骨吊顶任务评分表

序号	测 定 项 目	分值	评 分 标 准	得分
1	参观前准备情况	20	充分查阅资料，理论准备充足	
2	安全纪律情况	10	听从教师安排，注意安全，不打闹	
3	问题设置情况	10	提出问题数量多少	
4	参观记录	20	记录详实有内容	
5	参观日记	20	日记真实有收获	
6	现场沟通能力	10	与现场工人沟通态度好、气氛融洽	
7	现场发现问题能力	10	观察仔细，有求知欲	
合计				

五、思考与练习

（一）轻钢龙骨吊顶施工工艺流程：①弹线→②_____→③安装主龙骨→④_____→⑤灯具安装→⑥安装罩面板→⑦细部处理。

（二）确定标高线用_____或水平仪，先弹室内墙面_____水平线，再用尺量至吊顶的设计标高划线、弹线。

（三）确定造型位置线，用_____，先找出吊顶造型边框有关基本点或____点，将各点连线，得到吊顶造型框架线。

（四）较大面积的吊顶主龙骨调平时注意中间部分应略有____，高度一般不小于房间短向跨度的 1/200 ~ _____。

（五）对于轻钢龙骨吊顶，罩面板常有____、____、_____三种安装方式。

任务 4.3 铝合金格栅吊顶施工

任务名称：铝合金格栅吊顶的施工实训

一、任务要求

学生分组，在学校实训室分批次进行铝合金格栅实训。

小组长对组员进行分工，小组成员共同协作完成任务。

实训场地 5m×6m 的室内空间，吊顶已抹灰处理，练习铝合金格栅吊顶施工。学生对实训场地进行作业条件检查，讨论现场情况，参阅《建筑工程施工技术标准》《建筑装饰工程施工手册》等资料，小组成员共同制定施工方案，一起完成练习任务。

二、任务准备

（一）材料准备（查阅资料，填表4-3）。

表4-3 铝合金格栅吊顶施工材料配置表

序 号	名 称	规 格	数 量	备 注
1				
2				
3				
4				
5				
6				

（二）机具准备（查阅机具类型与型号，填表4-4）。

表4-4 铝合金格栅吊顶施工设备配置表

序 号	名 称	数 量	规 格
1			
2			
3			
4			
5			
6			
7			
8			
9			
10			

三、任务内容

（一）施工计划制定。

1）学生实测场地尺寸　　　　　　　　　；绘制出吊点、龙骨、面材布置尺寸图。

2）根据吊顶施工要求，合理安排施工工序。

3）小组长做出小组成员任务分工。

（二）材料准备。

现场领取材料，自己计算材料用量。

检验材料质量是否合格，检验方法为：　　　　　　　　　　　　　　　　　　　　。

（三）机具准备。

小组根据需要领取必要的主要机具，实习指导老师现场演示机具使用方法。学生做好实习前的安全教育。

（四）吊顶施工。

首先实习老师可以先演示施工关键技术，使学生对实际操作有一定的认识。

然后小组按照施工工序进行操作。教师巡视检查。及时解决现场问题，根据现场小组及成员表现给出现场成绩。

1）　　　　　　　　　　　　　　　　　　　　　　　　　　　　　　　　；

关键技术要求：　　　　　　　　　　　　　　　　　　　　　　　　　　　　。

2 ）＿＿＿＿＿＿＿＿＿＿＿＿＿＿＿＿＿＿＿＿＿＿＿＿＿＿＿＿＿＿＿＿；

关键技术要求：＿＿＿＿＿＿＿＿＿＿＿＿＿＿＿＿＿＿＿＿＿＿＿＿＿＿＿。

3 ）＿＿＿＿＿＿＿＿＿＿＿＿＿＿＿＿＿＿＿＿＿＿＿＿＿＿＿＿＿＿＿＿；

关键技术要求：＿＿＿＿＿＿＿＿＿＿＿＿＿＿＿＿＿＿＿＿＿＿＿＿＿＿＿。

4 ）＿＿＿＿＿＿＿＿＿＿＿＿＿＿＿＿＿＿＿＿＿＿＿＿＿＿＿＿＿＿＿＿；

关键技术要求：＿＿＿＿＿＿＿＿＿＿＿＿＿＿＿＿＿＿＿＿＿＿＿＿＿＿＿。

5 ）＿＿＿＿＿＿＿＿＿＿＿＿＿＿＿＿＿＿＿＿＿＿＿＿＿＿＿＿＿＿＿＿；

关键技术要求：＿＿＿＿＿＿＿＿＿＿＿＿＿＿＿＿＿＿＿＿＿＿＿＿＿＿＿。

6 ）＿＿＿＿＿＿＿＿＿＿＿＿＿＿＿＿＿＿＿＿＿＿＿＿＿＿＿＿＿＿＿＿；

关键技术要求：＿＿＿＿＿＿＿＿＿＿＿＿＿＿＿＿＿＿＿＿＿＿＿＿＿＿＿。

7 ）＿＿＿＿＿＿＿＿＿＿＿＿＿＿＿＿＿＿＿＿＿＿＿＿＿＿＿＿＿＿＿＿；

关键技术要求：＿＿＿＿＿＿＿＿＿＿＿＿＿＿＿＿＿＿＿＿＿＿＿＿＿＿＿。

（五）成果展示。

小组完工后，自己先检查施工质量。然后展示成果，小组间互查，互相给出现场成绩。

（六）清理场地。

四、任务评定

铝合金格栅吊顶施工任务评价表见表 4-5。

表 4-5　铝合金格栅吊顶施工任务评价表

序号	测 定 项 目	分值	评 分 标 准	得分
1	实训准备情况	20	前期准备充分 20 分、一般 15 分、不充分 10 分	
2	基层处理情况	10	是否干净、平整、润湿	
3	吊杆布置	10	有一处错误扣 2 分	
4	龙骨情况	20	有一项标准不符扣 2 分	
5	面层情况	20	有一项标准不符扣 2 分	
6	小组协作情况	10	分工明确、沟通顺利	
7	安全文明施工	10	重大事故本项目不合格，一般事故扣 4 分，现场未清理扣 2 分	
合计				

五、思考与练习

（一）轻钢龙骨吊顶的主要材料包括：＿＿＿＿＿＿、直径 6mm 吊杆、＿＿＿＿＿＿、

_____主副龙骨等。

（二）铝格栅吊顶施工工艺流程：①_____→②固定吊挂杆件→③轻钢龙骨安装→④_____→⑤_____→⑥格栅安装。

（三）主龙骨应从吊顶中心向两边分，最大间距为_____mm，并标出吊杆的固定点，吊杆的固定点间距_____。如遇到____和_____固定点大于设计和规程要求，应增加吊杆的固定点。

项目 5

轻质隔墙工程施工

任务 5.1　轻钢龙骨纸面石膏板隔墙施工

任务名称：轻钢龙骨纸面石膏板隔墙施工实训

一、任务要求

学生分组，在学校实训室分批次进行轻钢龙骨纸面石膏板隔墙实训。

小组长对组员进行分工，小组成员共同协作完成任务。

在实训场地，练习轻钢龙骨纸面石膏板隔墙施工。学生对实训场地进行作业条件检查，讨论现场情况，参阅《建筑工程施工技术标准》《建筑装饰工程施工手册》等资料，小组成员共同制定施工方案，一起完成练习任务。

二、任务准备

（一）材料准备（查阅资料，填表 5-1）。

表 5-1　轻钢龙骨纸面石膏板隔墙施工材料配置表

序　　号	名　　称	规　　格	数　　量	备　　注
1				
2				
3				
4				
5				
6				

（二）机具准备（查阅机具类型与型号，填表 5-2）。

表 5-2　轻钢龙骨纸面石膏板隔墙施工设备配置表

序　号	名　称	数　量	规　格
1			
2			
3			
4			
5			
6			
7			
8			
9			
10			

三、任务内容

（一）施工计划制定。

1）学生实测场地尺寸＿＿＿＿＿＿＿＿＿；绘制出隔墙龙骨、面材布置图。

2）根据隔墙施工要求，合理安排施工工序。

3）小组长做出小组成员任务分工。

（二）材料准备。

现场领取材料，自己计算材料用量；

检验材料质量是否合格，检验方法：_____。

（三）机具准备。

小组根据需要领取必要的主要机具，实习指导老师现场演示机具使用方法。学生做好实习前的安全教育。

（四）隔墙施工。

首先，实习老师可以先演示施工关键技术，使学生对实际操作有一定的认识。

然后，小组按照施工工序进行操作。教师巡视检查，及时解决现场问题，根据现场小组及成员表现给出现场成绩。

1）_____；

关键技术要求：_____。

2）_____；

关键技术要求：_____。

3）_____；

关键技术要求：_____。

4）_____；

关键技术要求：_____。

5）_____；

关键技术要求：_____。

6）_____；

关键技术要求：_____。

7）_____；

关键技术要求：_____。

（五）成果展示。

小组完工后，自己先检查施工质量。然后展示成果，小组间互查，互相给出现场成绩。

（六）清理场地。

四、任务评定

轻钢龙骨纸面石膏板隔墙施工任务评价表见表 5-3。

表 5-3　轻钢龙骨纸面石膏板隔墙施工任务评价表

序号	测 定 项 目	分值	评 分 标 准	得分
1	实训准备情况	20	前期准备充分 20 分、一般 15 分、不充分 10 分	
2	基层处理情况	10	是否干净、平整、润湿	
3	龙骨布置情况	10	有一项错误扣 2 分	
4	面层情况	20	有一项标准不符扣 2 分	
5	接缝	20	有一项标准不符扣 2 分	
6	小组协作情况	10	分工明确、沟通顺利	
7	安全文明施工	10	重大事故本项目不合格，一般事故扣 4 分，现场未清理扣 2 分	
合计				

五、思考与练习

（一）纸面石膏板具有____、____、抗震、____、防蛀、_____和隔声等性能，并且具有良好的加工性，如裁、钉、刨、钻、粘结等，而且其表面平整、施工方便。

（二）轻钢龙骨安装的施工工艺流程为：①弹线→②_____→③竖龙骨的安装→④横撑龙骨和_____的安装→⑤饰面板的安装。

（三）在隔断的丁字或十字相交的阴角处、板的接缝处应填嵌_____后再贴接缝带，以免板材表面的饰面层_____。

（四）骨架隔墙工程的检查数量应符合下列规定：每个检验批应至少抽查____，并不得少于____间；不足____间时应全数检查。

任务 5.2　石膏空心条板隔墙施工

任务名称：石膏空心条板隔墙施工参观实训

一、任务要求

本次任务带领学生参观石膏空心条板隔墙施工工程现场，要求学生做好参观前的准备工作，并填写参观记录表，最后写出实地参观日记。

二、任务准备

学生按小组参观，每个小组参观前先查阅资料了解石膏空心板隔墙施工的材料、机具及过程。

（一）石膏空心条板隔墙施工需准备哪些材料？

（二）石膏空心条板隔墙施工可能应用的机具有哪些？

（三）石膏空心条板隔墙施工构造（绘出构造图）。

（四）石膏空心条板隔墙施工流程。

（五）参观实习时小组准备的安全要求。

三、任务内容

（一）现场参观时见到哪些材料（可填写上材料规格、品牌）？

（二）现场看到的机具及型号。（可绘制一些机具的简单样图）。

（三）现场工人施工的工序。

步骤一：

步骤二：

步骤三：

（四）现场提出的问题及解答情况（每小组不少于 3 个问题）。

问题 1：

问题 2：

问题 3：

（五）实习日记（谈谈自己的收获，不少于 300 字，可另附纸书写）。

四、任务评定

石膏空心条板隔墙任务评定表见表 5-4。

表 5-4 石膏空心条板隔墙任务评定表

序号	测 定 项 目	分值	评 分 标 准	得分
1	参观前准备情况	20	充分查阅资料，理论准备充足	
2	安全纪律情况	10	听从教师安排，注意安全，不打闹	
3	问题设置情况	10	提出问题数量多少	
4	参观记录	20	记录详实有内容	
5	参观日记	20	日记真实有收获	
6	现场沟通能力	10	与现场工人沟通态度好、气氛融洽	
7	现场发现问题能力	10	观察仔细，有求知欲	
合计				

五、思考与练习

（一）石膏空心条板隔墙施工流程：①结构墙面、顶面、地面清理和找平→
②_____→③配板、修补→④安 U 形卡（有抗震要求时）→⑤配制胶黏剂→
⑥_____→⑦安门窗框→⑧_____→⑨板面装修。

（二）作业条件：屋面_____及结构分别施工和验收完毕，墙面弹出
_____标高线。操作地点环境温度不低于____℃。

（三）在安装隔墙板时，一定要注意使条板对准预先在顶板和地板上弹好的
定位线，并在安装过程中随时用 2m 靠尺及塞尺测量墙面的_____，用 2m 托线
板检查板的_____。

任务 5.3 玻璃砖隔墙施工

任务名称：玻璃砖隔墙施工方案设计

一、任务要求

分小组对工程现场进行作业条件检查，讨论现场情况，参阅《建筑工程施工
技术标准》、《建筑装饰工程施工手册》，小组成员共同制定施工方案。

二、任务内容

（一）根据现场情况确定合理施工前期准备工作。

1) 作业条件是否具备，应如何处理？

2) 查阅主要机具及型号并记录。

3) 如何检验材料是否合格？

4) 绘制施工平面图，根据玻璃砖规格标示出砖的尺寸和位置。

（二）施工作业流程安排。

1) 写出施工作业步骤的安排，并标出哪些属于关键步骤。

2) 每一步的技术关键是什么？

3) 每一步完成后是否有需要马上进行检查的项目，如果有，写出检验方法。

4）对施工中可能出现的情况进行讨论，找出解决问题的方法。

（三）施工质量要求及检查方法。根据质量检查项目，制定出严格的质量控制方法，保证工程顺利进行，试写出主要的质量控制方法。

（四）制定施工安全保证措施。对施工安全进行讨论，根据各种可能制定出施工安全保证措施。

小组讨论后，写出施工方案，班级展示。

三、任务评定

根据展示情况，小组间互相打分，教师根据小组现场表现和方案制定情况打分。最后给出本任务的综合成绩，见表5-5。

表5-5 方案设计成绩评定表

序号	评分项目	分值	评 分 标 准	互评结果	教师评定	得分
1	资料查阅是否详实	10	不符合标准不得分			
2	书写内容是否完整	10	不完善不得分			
3	施工现场作业条件是否检查	10	没有不得分			
4	施工流程安排	10	不准确不得分			
5	施工要点	20	没有不得分			
6	检验项目	20	少一个扣4分			
7	检验方法是否得当	10	错一个扣5分，扣完为止			
8	施工安全考虑	10	没有不得分			
合计						

四、思考与练习

（一）玻璃空心砖具有一系列优良性能：绝热、____、耐酸、____、透光率达 80%，便于清洁。常用于砌筑需要透光的外墙、隔墙、淋涂隔断、楼梯间、门厅、通道等和需要控制____、眩光和阳光直射的场合。

（二）玻璃砖隔墙的施工工艺流程：①选砖→②基层处理→③_____→④排砖→⑤_____→⑥砌砖。

（三）玻璃砖砌筑隔墙中应埋设_____，_____要与建筑主体结构或受力杆件有可靠的连接；玻璃板隔墙的受力边也要与建筑_____或受力杆件有可靠的连接，以充分保证其整体稳定性，保证墙体的安全。

项目 6

幕墙工程施工

任务 6.1 玻璃幕墙施工

任务名称：玻璃幕墙施工参观

一、任务要求

本次任务带领学生参观玻璃幕墙施工工程现场，要求学生做好参观前的准备工作，并填写参观记录表，最后写出实地参观日记。

二、任务准备

学生按小组参观，每个小组参观前先查阅资料了解玻璃幕墙施工的材料、机具及过程。

（一）玻璃幕墙施工需准备哪些材料？

（二）玻璃幕墙施工可能应用的机具有哪些？

（三）玻璃幕墙构造（绘出构造图）。

（四）玻璃幕墙施工流程。

（五）参观实习时小组的安全要求。

三、任务内容

（一）现场参观时见到哪些材料（可附上材料的规格、等级、品牌）？

（二）现场看到的机具及型号（可绘制一些机具的简单样图）。

（三）现场工人施工的工序。

步骤一：

步骤二：

步骤三：

（四）现场提出的问题及解答情况（每小组不少于3个问题）。

问题1：

问题2：

问题3：

（五）实习日记（谈谈自己的收获，不少于300字，可另附纸书写）。

四、任务评定

玻璃幕墙施工任务评分表见表6-1。

表6-1 玻璃幕墙施工任务评分表

序号	测定项目	分值	评分标准	得分
1	参观前准备情况	20	充分查阅资料，理论准备充足	
2	安全纪律情况	10	听从教师安排，注意安全，不打闹	
3	问题设置情况	10	提出问题数量多少，质量如何	
4	参观记录	20	记录详实有内容	
5	参观日记	20	日记真实有收获	
6	现场沟通能力	10	与现场工人沟通态度好、气氛融洽	
7	现场发现问题能力	10	观察仔细，有求知欲	
合计				

五、思考与练习

（一）幕墙玻璃的厚度不应小于_____，全玻幕墙玻璃的厚度不应小于_____。

（二）幕墙钢化玻璃表面不得有____；8.0mm以下的钢化玻璃应进行____处理。

（三）明框玻璃幕墙安装应符合下列规定：

1）玻璃槽口与玻璃的_____应符合设计要求和技术标准规定。

2）玻璃与构件不得_____接触，玻璃四周与构件凹槽底部应保持一定的____，每块玻璃下部应至少放置_____宽与槽口宽度相同，长度不小于_____的弹性定位垫块；玻璃两边嵌入量及空隙应符合设计要求。

3）玻璃四周橡胶条的材质、型号应符合设计要求，镶嵌应_____，橡胶条长度应比边框内槽长_____。橡胶条在转角处应_____断开，并应用粘结剂粘结牢固后嵌入槽内。检验方法：_____。

（四）玻璃幕墙应无渗漏。检验方法：_____。

（五）玻璃幕墙结构胶和密封胶的打注应_____，宽度应符合设计要求和技术标准的规定。检验方法：_____。

任务 6.2　金属幕墙施工

任务名称：金属幕墙施工模拟实训

一、任务要求

学生分组，在学校实训室分批次进行金属幕墙工程施工实训。

小组长对组员进行分工，小组成员共同协作完成任务。

实训场地为一块 3m×3m 的实训墙面，基层已水泥砂浆找平处理，练习金属幕墙施工。学生对实训场地进行作业条件检查，讨论现场情况，参阅《建筑工程施工技术标准》《建筑装饰工程施工手册》等资料，小组成员共同制定金属幕墙施工方案，一起完成实训任务。

二、任务准备

（一）熟悉常用施工材料。

常用材料有：

（二）认识施工机具。

常用机具有：

三、任务内容

（一）施工计划制定。

1）学生实测场地尺寸_____；检查场地作业条件，已达到要求的项目：

需要处理的项目：

根据墙面尺寸及材料规格绘制幕墙骨架材料布置图、幕墙金属面板布置图。

2）根据金属幕墙施工要求，合理安排施工工序。

3）小组长做出小组成员任务分工。

（二）现场领取材料与机具。

1）计算材料用量。

2）领取材料并检验材料质量是否合格，检验方法是什么？

3）小组根据需要领取的必要施工机具。

（三）幕墙施工。

按照施工工序进行小组操作。教师巡视检查。及时解决现场问题，根据现场小组及成员表现给出现场成绩。

1）＿＿＿＿＿＿＿＿＿＿＿＿＿＿＿＿＿＿＿＿＿＿＿＿＿＿＿＿＿＿；

关键技术要求：＿＿＿＿＿＿＿＿＿＿＿＿＿＿＿＿＿＿＿＿＿＿＿＿＿。

2）＿＿＿＿＿＿＿＿＿＿＿＿＿＿＿＿＿＿＿＿＿＿＿＿＿＿＿＿＿＿；

关键技术要求：＿＿＿＿＿＿＿＿＿＿＿＿＿＿＿＿＿＿＿＿＿＿＿＿＿。

3）＿＿＿＿＿＿＿＿＿＿＿＿＿＿＿＿＿＿＿＿＿＿＿＿＿＿＿＿＿＿；

关键技术要求：＿＿＿＿＿＿＿＿＿＿＿＿＿＿＿＿＿＿＿＿＿＿＿＿＿。

4）＿＿＿＿＿＿＿＿＿＿＿＿＿＿＿＿＿＿＿＿＿＿＿＿＿＿＿＿＿＿；

关键技术要求：＿＿＿＿＿＿＿＿＿＿＿＿＿＿＿＿＿＿＿＿＿＿＿＿＿。

5）＿＿＿＿＿＿＿＿＿＿＿＿＿＿＿＿＿＿＿＿＿＿＿＿＿＿＿＿＿＿；

关键技术要求：＿＿＿＿＿＿＿＿＿＿＿＿＿＿＿＿＿＿＿＿＿＿＿＿＿。

6）＿＿＿＿＿＿＿＿＿＿＿＿＿＿＿＿＿＿＿＿＿＿＿＿＿＿＿＿＿＿；

关键技术要求：＿＿＿＿＿＿＿＿＿＿＿＿＿＿＿＿＿＿＿＿＿＿＿＿＿。

（四）成果展示。

小组完工后，自己先检查施工质量。然后展示成果，小组间互查，互相给出现场成绩。

（五）清理场地。

四、任务评定

金属幕墙施工任务评分表见表 6-2。

表 6-2　金属幕墙施工任务评分表

序号	测定项目	分值	评分标准	得分
1	实训准备情况	10	准备充分	
2	施工材料布置图绘制	10	立面布局合理	
3	连接件情况	10	手扳检查连接是否紧固	
4	幕墙水平度测量	10	能准确使用水平仪，水平度符合要求	
5	幕墙垂直度测量	10	准确使用经纬仪，垂直度符合要求	
6	幕墙收边的处理	10	符合要求	
7	密封情况	20	观察密封胶顺直	
8	小组协作情况	10	有集体意识、善于沟通	
9	安全文明施工	10	无安全事故、事后清理现场	
合计				

五、思考与练习

（一）金属幕墙工程，根据设计和施工现场实际情况准确测放出幕墙的____和_____，然后将_____按设计分格尺寸弹到结构上。测量放线要在风力不大于_____级的天气情况下进行，个别情况应采取防风措施。

（二）金属幕墙骨架连接角码位置确定后，将角码按此位置焊到埋板上，焊缝宽度和长度要符合设计要求，焊完后焊口_____，一般涂刷_____。

（三）金属幕墙饰面板安装前要在骨架上标出板块位置，并拉_____，控制整个墙面板的竖向和水平位置。安装时要使各固定点_____受力，不能挤压板面，不能敲击板面，以免发生板面_____，同时饰面板要轻拿轻放，避免磕碰，以防损伤_____。

（四）打胶操作_____d 不宜进行。硅碖结构密封胶应打注饱满，并应温度_____、相对湿度_____以上、洁净的室内进行，不得在现场墙上打注。

任务 6.3　石材幕墙施工

任务名称：石材墙面幕墙施工设计方案设计

一、任务要求

分小组对工程现场进行作业条件检查，讨论现场情况，参阅《建筑工程施工技术标准》《建筑装饰工程施工手册》，小组成员共同制定施工方案。完成后制作PPT班级展示。

二、任务内容

（一）根据现场情况确定合理施工前期准备工作。

1）作业条件是否具备，应如何处理？

2）查阅主要机具及型号并记录。

3）如何检验材料是否合格？

4）绘制施工平面图，标示出石材的尺寸和位置。

（二）施工作业流程安排。

1）写出施工作业步骤的安排，并标出哪些属于关键步骤。

2）每一步的技术关键是什么？

3）每一步完成后是否有需要马上进行检查的项目，如果有，写出检验方法。

4）对施工中可能出现的情况进行讨论，找出解决问题的方法。

（三）施工质量要求及检查方法。根据质量检查项目，制定出严格的质量控制方法，保证工程顺利进行，试写出主要的质量控制方法。

（四）制定施工安全保证措施。对施工安全进行讨论，根据各种可能制定出施工安全保证措施。

小组讨论后，写出施工方案，制作 PPT，班级展示。

三、任务评定

根据展示情况，小组间互相打分，教师根据小组现场表现和方案制定情况打分。最后给出本任务的综合成绩，见表6-3。

表6-3 石材幕墙方案设计成绩评定表

序号	评分项目	分值	评分标准	互评结果	教师评定	得分
1	资料查阅是否详实	10	不符合标准不得分			
2	书写内容是否完整	10	不完善不得分			
3	施工现场作业条件是否检查	10	没有不得分			
4	施工流程安排	10	不准确不得分			
5	施工要点	20	没有不得分			

（续）

序号	评 分 项 目	分值	评 分 标 准	互评结果	教师评定	得分
6	检验项目	10	少一个扣 4 分			
7	检验方法是否得当	10	错一个扣 5 分，扣完为止			
8	施工安全考虑	10	没有不得分			
9	展示效果	10	表达清晰准确			
合计						

四、思考与练习

（一）幕墙施工前要根据该工程＿＿＿＿＿＿和＿＿＿＿＿以及＿＿＿＿＿对预埋件进行检查和校核，一般允许位置尺寸偏差为＿＿＿＿＿。

（二）在每层楼板与石板幕墙之间不能有＿＿＿＿＿，应用＿＿＿＿＿和＿＿＿形成防火带。在北方寒冷地区，保温层最好应有＿＿＿＿＿＿＿，在金属骨架内填塞固定，要求严密牢固。

（三）在搬运石材板时，要有安全防护措施，摆放时下面要＿＿＿＿＿。

（四）石材幕墙工程所用材料的品种、规格、性能和等级，应符合设计要求及国家现行产品标准及工程技术规范的规定。石材的弯曲强度不应小于＿＿＿＿＿；吸水率应小于＿＿＿＿＿。石材幕墙的铝合金挂件厚度不应小于＿＿＿＿＿，不锈钢挂件厚度不应小于＿＿＿＿＿。